Jürgen Eichler

Laser und Strahlenschutz

Aus dem Programm
Physik / Chemie

Wilhelm H. Westphal
Physikalisches Praktikum

Horst Schwetlick und Werner Kessel
Elektronikpraktikum für Naturwissenschaftler

Richard T. Weidner und Robert L. Sells
Elementare moderne Physik

Berkeley Physik Kurs, Bände 1 bis 6

Gerhard Adam und Otto Hittmair
Wärmetheorie

Arthur Beiser
Atome, Moleküle, Festkörper

Otto Nachtmann
Phänomene und Konzepte der Elementarteilchenphysik

Friedrich Schlögl
Probability and Heat

Gert Roepstorff
Pfadintegrale in der Quantenphysik

Gordon M. Barrow
Physikalische Chemie

James S. Fritz und George H. Schenk
Quantitive Analytische Chemie

Andreas Heintz und Guido Reinhardt
Chemie und Umwelt

Vieweg

Jürgen Eichler

Laser
und Strahlenschutz

Anschrift des Autors:
Prof. Dr. Jürgen Eichler
Technische Fachhochschule Berlin
Luxemburger Straße 10
W-1000 Berlin 65

Die Deutsche Bibliothek – CIP-Einheitsaufnahme

Eichler, Jürgen:
Laser und Strahlenschutz / Jürgen Eichler.
– Braunschweig; Wiesbaden: Vieweg, 1992
   ISBN 3-528-06483-8

Die Wiedergabe von Gebrauchsnamen, Handelsnamen, Warenbezeichnungen usw. in diesem Buch berechtigt auch ohne besondere Kennzeichnung nicht zu der Annahme, daß solche Namen im Sinne der Warenzeichen- und Markenschutz-Gesetzgebung als frei zu betrachten wären und daher von jedermann benutzt werden dürften.

Sollte in diesem Werk direkt oder indirekt auf Gesetze, Vorschriften der Richtlinien (z. B. DIN, VDI, VDE) Bezug genommen oder aus ihnen zitiert worden sein, so kann der Verlag keine Gewähr für Richtigkeit, Vollständigkeit oder Aktualität übernehmen. Es empfiehlt sich, gegebenenfalls für die eigenen Arbeiten die vollständigen Vorschriften oder Richtlinien in der jeweils gültigen Fassung hinzuzuziehen.

Alle Rechte vorbehalten
© Friedr. Vieweg & Sohn Verlagsgesellschaft mbH, Braunschweig / Wiesbaden, 1992

Der Verlag Vieweg ist ein Unternehmen der Verlagsgruppe Bertelsmann International.

Das Werk einschließlich aller seiner Teile ist urheberrechtlich geschützt. Jede Verwertung außerhalb der engen Grenzen des Urheberrechtsgesetzes ist ohne Zustimmung des Verlags unzulässig und strafbar. Das gilt insbesondere für Vervielfältigungen, Übersetzungen, Mikroverfilmungen und die Einspeicherung und Verarbeitung in elektronischen Systemen.

Druck und buchbinderische Verarbeitung: W. Langelüddecke, Braunschweig
Gedruckt auf säurefreiem Papier
Printed in Germany

ISBN 3-528-06483-8

Vorwort

Seit der Realisierung des ersten Lasers im Jahre 1960 wird diese neue Strahlungsquelle in Wissenschaft, Technik und Medizin weltweit in zunehmenden Maße eingesetzt. Für den deutschsprachigen Raum wird für das nächste Jahrzehnt prognostiziert, daß nahezu 200 000 Beschäftigte mit Lasern arbeiten werden. Der Gebrauch von Lasern in Massenprodukten wie CD-Spielern nimmt stark zu.

Mit der Entstehung der Lasertechnik ergab sich die Notwendigkeit, einen Strahlenschutz zur Vermeidung von Unfällen zu entwickeln. Dies erfolgte weitgehend auf internationaler Ebene. Durch die Vielfalt der Laser bedingt umfaßt gegenwärtig der Strahlenschutz die ultraviolette, sichtbare und infrarote Strahlung mit Wellenlängen von 0,2 µm bis 1 mm. Die Leistungen reichen vom µW- bis in den GW-Bereich bei Pulslasern. Die Wirkung auf Gewebe kann in thermische, photochemische und nicht-lineare Effekte unterschieden werden. Besonders ist das Auge gefährdet, schon sehr geringe Leistungen können zu Schäden führen.

Der Ausbildung zum Thema "Laser und Strahlenschutz" kommt somit erhebliche Bedeutung zu. Das vorliegende Buch ist aus Vorlesungen und Strahlenschutzkursen an der Technischen Fachhochschule Berlin entstanden. Es wendet sich an jeden, der sich mit Lasern beschäftigt.

Im Buch werden zunächst die Strahlungsquelle und die Eigenschaften der Laserstrahlung beschrieben, danach die Wirkung von Strahlung auf menschliches Gewebe und das Auge. Es folgen Kapitel zum Strahlenschutz und eine Wiedergabe wichtiger Sicherheitsvorschriften und Normen. Den Abschluß bilden ein Literatur- und Sachwortverzeichnis.

Ich danke Frau Kröhnert, Technische Fachhochschule Berlin, sehr für ihre Hilfe bei der Erstellung des Mauskriptes; Herr C. Delgado, Universidade Federal do Rio de Janeiro, hat die Abbildungen gezeichnet. Die Erlaubnis zum Abdruck der Unfallverhütungsvorschrift VBG 93 erteilte Herr Kehler, ein Orginal übersandte uns Herr Peuker, beide Berufsgenossenschaft der Feinmechanik und Elektrotechnik.

Berlin, im April 1992

Prof. Dr. Jürgen Eichler

Für Sascha

Inhaltsverzeichnis

I LASER 1

1 Lasertypen 1

    1.1 Prinzipien des Lasers 1
        1.1.1 Eigenschaften von Licht 2
        1.1.2 Verstärkung von Licht 3
        1.1.3 Entstehung von Laserstrahlung 7
        1.1.4 Eigenschaften von Laserstrahlung 8

    1.2 Parameter von Lasern 10
        1.2.1 Wellenlängen und Leistungen 13
        1.2.2 Abstimmbare Laser 16
        1.2.3 Hochleistungslaser 17
        1.2.4 Kurze Pulse 19

    1.3 Beschreibung von Lasertypen 22
        1.3.1 Infrarot-Moleküllaser 22
        1.3.2 Chemische Laser 27
        1.3.3 Atomare Laser 28
        1.3.4 Ionenlaser 31
        1.3.5 UV-Moleküllaser 34
        1.3.6 Festkörperlaser 36
        1.3.7 Farbstofflaser 45
        1.3.8 Halbleiterlaser 48
        1.3.9 Elektronen- und Röntgenlaser 50

2 Laserstrahlung 51

    2.1 Verhalten der Strahlung 51
        2.1.1 Moden 51
        2.1.2 Ausbreitung der Strahlung 53
        2.1.3 Fokussierung 55

    2.2 Gepulste Strahlung 56
        2.2.1 Normaler Pulsbetrieb 56
        2.2.2 Güteschaltung (Q-switch) 57
        2.2.3 Pulsauskopplung (cavity dumping) 58
        2.2.4 Modenkopplung (mode locking) 59

II STRAHLENWIRKUNG ... 61

3 Messung der Strahlung ... 61

3.1 Größen des Strahlungsfeldes ... 62
3.1.1 Strahlungsenergie ... 62
3.1.2 Strahlungsleistung ... 62
3.1.3 Bestrahlungsstärke ... 63
3.1.4 Bestrahlung ... 64
3.1.5 Strahldichte ... 64

3.2 Reflexion und Transmission ... 67
3.2.1 Reflexionsgrad ... 67
3.2.2 Diffuse Streuung ... 69
3.2.3 Transmissionsgrad ... 72

3.3 Meßgeräte ... 74
3.3.1 Leistungsmeßgeräte ... 74
3.3.2 Energiemeßgeräte ... 80
3.3.3 Andere Systeme ... 81

4 Biologische Wirkung von Laserstrahlung ... 83

4.1 Optische Eigenschaften von Gewebe ... 83
4.1.1 Ausbreitung von Strahlung ... 83
4.1.2 Zur Optik der Haut ... 88
4.1.3 Thermische Eigenschaften von Gewebe ... 90

4.2 Wirkung von Strahlung auf Gewebe ... 93
4.2.1 Übersicht über die Wechselwirkungen ... 93
4.2.2 Thermische Wirkung ... 95
4.2.3 Photoablation ... 98
4.2.4 Photodisruption ... 100
4.2.5 Photochemische Wirkung ... 102

5 Wirkung von Strahlung auf das Auge ... 103

5.1 Aufbau und Eigenschaften des Auges ... 103
5.1.1 Anatomie und Funktion des Auges ... 103
5.1.2 Bilderzeugung und Helligkeit ... 107

5.2 Mechanismen der Schädigung ... 112
5.2.1 Optische Eigenschaften des Auges ... 112
5.2.2 Schädigung des Auges ... 118
5.2.3 Ermittlung der Grenzwerte (MZB) ... 123

III STRAHLENSCHUTZ 125

6 Maximal zulässige Bestrahlung (MZB) 125

6.1 MZB für das Auge (400 bis 1400 nm) 126
6.1.1 Laserstrahl oder Punktquellen 126
6.1.2 Ausgedehnte Quellen und Streustrahlung 130
6.1.3 Anwendungen 132
6.2 MZB für das Auge (<400 und >1400 nm) 136
6.2.1 Grenzwerte 136
6.2.2 Anwendungen 137
6.3 MZB für die Haut (200 bis 10^6 nm) 137
6.3.1 Grenzwerte 137
6.3.2 Anwendungen 139
6.4 MZB für kompliziertere Fälle 140
6.4.1 Mehrere Wellenlängen 140
6.4.2 Regelmäßige Pulsfolgen 142
6.4.3 Unregelmäßige Pulsfolgen 144
6.4.4 Anwendungen 145
6.5 Sicherheitsabstand und Laserbereich 146
6.5.1 Sicherheitsabstand 146
6.5.2 Anwendungen 151
6.5.3 Laserbereich 152
6.6 Messungen zu den Grenzwerten 153

7 Laserklassen 155

7.1 Definition der Laserklassen 156
7.1.1 Klasse 1 157
7.1.2 Klasse 2 158
7.1.3 Klasse 3A 159
7.1.4 Klasse 3B 160
7.1.5 Klasse 4 160
7.2 Vorgehen bei der Klassifizierung 160
7.2.1 Mehrere Wellenlängen 161
7.2.2 Gepulste Laser 161
7.2.3 Schilder zur Lasersicherheit 162
7.2.4 Messungen zu den Laserklassen 164

8 Schutzbrillen 167

8.1 Laserschutzbrillen 167
8.1.1 Definition der Schutzstufen 168

8.1.2 Grenzwerte und Auswahl der Brille	170
8.1.3 Beispiele zur Berechnung von Brillen	174
8.1.4 Brillenfassungen	175
8.1.5 Anforderungen	176
8.2 Sichtfenster	177
8.3 Laser-Justierbrillen	178

9 Maßnahmen zum Strahlenschutz — 179

9.1 Apparative Maßnahmen — 179
    9.1.1 Betrieb von Lasergeräten — 179
    9.1.2 Instandhaltung von Lasern — 181
    9.1.3 Bau und Installationen — 182

9.2 Organisatorische Schutzmaßnahmen — 183
    9.2.1 Strahlenschutzbeauftragter — 183
    9.2.2 Belehrung der Beschäftigen — 185
    9.2.3 Maßnahmen nach einem Unfall — 186

9.3 Strahlenschutz bei speziellen Anwendungen — 186
    9.3.1 Laser in Laboren — 186
    9.3.2 Materialbearbeitung — 187
    9.3.3 Lasertechnik in der Medizin — 190
    9.3.4 Laserstrahlenschutz in der Meßtechnik — 195
    9.3.5 Informationstechnik — 195
    9.3.6 Veranstaltungstechnik und Laser — 196
    9.3.7 Laser in Schulen — 198

9.4 Sekundäre Gefahren — 199
    9.4.1 Elektrische Sicherheit — 199
    9.4.2 Sekundäre Strahlung — 199
    9.4.3 Laserwirkung auf Materialien — 200

IV VORSCHRIFTEN — 203

10 Normen und Vorschriften zum Laserstrahlenschutz — 203

10.1 Zusammenfassung von Vorschriften — 203
    10.1.1 Technische Regeln zum Laserstrahlenschutz — 203
    10.1.2 Allgemeine Sicherheit und Strahlenmeßgeräte — 205
    10.1.3 Ausländische Richtlinien — 206

10.2 Orginaltexte zum Laserstrahlenschutz — 207
    10.2.1 Unfallverhütungsvorschrift VBG 93 — 208
    10.2.2 Durchführungsanweisungen zur VBG 93 — 216

Literatur — 256

Stichwortverzeichnis — 259

I LASER

1 Lasertypen

1.1 Prinzipien des Lasers

Der Laser ist eine spezielle Lichtquelle, deren Strahlung im Sichtbaren, Infraroten oder Ultravioletten liegen kann. Laserstrahlung ist eine sehr gleichmäßige, d.h. kohärente Lichtwelle, die sich gut bündeln läßt. Es können hohe Energiedichten erzeugt werden, die in zahlreichen wissenschaftlichen, technischen und medizinischen Bereichen Anwendung finden. Das Wort 'Laser' steht für '**L**ight **A**mplification by **S**timulated **E**mission of **R**adiation'. Übersetzt bedeutet dies: Lichtverstärkung durch stimulierte Emission von Strahlung.

Das Prinzip der stimulierten Emission wurde bereits Anfang des 20. Jahrhunderts von Einstein erklärt. Erst 1953/54 gelang es jedoch darauf aufbauend, im Bereich der Mikrowellen eine Strahlungsquelle zu entwickeln, die man 'Maser' nennt. Darauf schlossen sich Überlegungen an, ob stimulierte Emission auch im Bereich kürzerer Lichtwellen einsetzbar sei. Nach umfangreichen theoretischen Studien gelang es erstmalig Maiman (Hughes Research Laboratories) im Jahre 1960, einen Rubin-Laser in Betrieb zu nehmen. Im gleichen Jahr brachte Javan (Bell Telephone Laboratories) den ersten Helium-Neon-Laser zum Funktionieren. Seit jener Zeit hat die Laser-Physik einen starken Aufschwung erfahren und viele Bereiche der Technik und Medizin revolutioniert.

Mit fortschreitender Entwicklung der Lasertechnik stellte sich die Aufgabe, qualifizierte Schutzmaßnahmen gegen eine Gefährdung und Unfälle zu ergreifen, insbesondere des Auges. So wurde eine anspruchsvolle Fachkunde entwickelt für die Einhaltung von Grenzwerten, die Klassifizierung von Lasergeräten und Laserschutzbrillen, sowie bauliche und organisatorische Maßnahmen zum Schutz vor Laserstrahlung.

1.1.1 Eigenschaften von Licht

Lichtwellen

Laser senden kohärente elektromagnetische Strahlung aus, die vom Infraroten bis ins Ultraviolette reicht. Eine Übersicht über das gesamte elektromagnetische Spektrum zeigt Bild 1.1. Es umspannt einen sehr großen Bereich der Wellenlängen von 21 Zehnerpotenzen. Der sichtbare Teil des Spektrums, d.h. das Licht, weist Wellenlängen zwischen 400 und 750 nm auf. Zur kurzwelligen Seite schließt sich die ultraviolette Strahlung, zur langwelligen die infrarote Strahlung an. Die Klassifizierung der UV und IR-Strahlung ist in Tabelle 1.1 dargestellt. Gegenwärtig erstrecken sich die Normen des Laser-Strahlenschutzes auf Wellenlängen von 200 nm bis 1 mm.

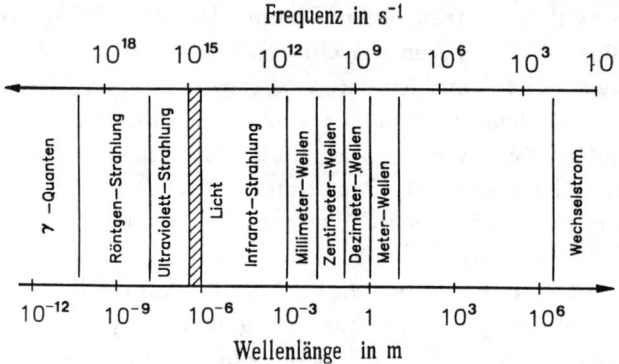

Bild 1.1. Einteilung des Lichtes, der ultravioletten und infraroten Strahlung im elektromagnetischen Spektrum

Tabelle 1.1. Einteilung der Spektralbereiche von Strahlung

Bezeichnungen (DIN 5031)		Wellenlänge (nm)	Frequenz (10^{14} Hz)	Energie (eV)
UV-C	Vakuum-UV	100 - 200	30 - 15	12,4 - 6,2
UV-C	Fernes UV	200 - 280	15 - 10,7	6,2 - 4,4
UV-B	Mittleres UV	280 - 315	10,7 - 9,5	4,4 - 3,9
UV-A	Nahes UV	315 - 380	9,5 - 7,9	3,9 - 3,3
VIS	Licht	380 - 780	7,9 - 3,9	3,3 - 1,6
IR-A	Nahes IR	780 - 1400	3,9 - 2,1	1,6 - 0,9
IR-B	Nahes IR	1400 - 3000	2,1 - 1,0	0.9 - 0,4
IR-C	Mittleres IR	3000 - 50000	1 - 0,06	0,4 - 0,025
IR-C	Fernes IR	50000 - 1 mm	0,06-0,003	0,025-0,001

Die Strahlung breitet sich im Vakuum mit der Lichtgeschwindigkeit $c = 300\,000$ km/s $= 3 \cdot 10^8$ m/s aus. Die Lichtgeschwindigkeit ist mit der Wellenlänge λ und der Frequenz f wie folgt verknüpft:

$$c = \lambda\, f. \tag{1.1}$$

Lichtquanten
Der Wellencharakter des Lichtes erklärt eine Reihe von Erscheinungen, beispielsweise die Ausbreitung in optischen Instrumenten, Phänomene der Beugung und Interferenz sowie diverse medizinisch-biologische Wirkungen. Zum Verständnis anderer Effekte, wie die Emission und Absorption von Licht, muß der Teilchencharakter des Lichtes mit herangezogen werden. Dies gilt auch für biologisch-photochemische Effekte, insbesondere im ultravioletten Spektralbereich. Die Energie W eines Lichtteilchens oder Photons läßt sich aus der Frequenz des Lichtes f errechnen:

$$W = h\, f, \tag{1.2}$$

wobei $h = 6{,}63 \cdot 10^{-34}$ Js das 'Plancksche Wirkungsquantum' genannt wird. Man erkennt, daß die Photonenenergie für ultraviolette Strahlung höher ist als für sichtbares oder infrarotes Licht, wodurch sich dessen stärkere biologische Wirkung erklärt.

Polarisation
In der Lichtwelle schwingt die elektrische Feldstärke und senkrecht dazu die magnetische. Für viele Anwendungen reicht es aus, die elektrische Feldstärke des Lichtes zu untersuchen. Die Schwingungsrichtung verläuft quer zur Ausbreitung. Liegt die Schwingung in einer Ebene, so ist das Licht linear polarisiert. Bei unpolarisiertem Licht kommen statistisch alle Schwingungsrichtungen vor.

1.1.2 Verstärkung von Licht

Licht entsteht in atomaren Systemen. Atome setzen sich aus dem Kern und der Elektronenhülle zusammen. Die Elektronen bewegen sich auf festgelegten Bahnen um den Kern, nach dem Pauli-Prinzip wird jeder Bahnzustand von nur einem Elektron besetzt. Im Grundzustand des Atoms befinden sich die Elektronen auf den niedrigsten Bahnen, und die Energie des Systems hat ein Minimum. Führt man dem Atom Energie zu, so können einzelne Elektronen in höhere Bahnen gehoben werden. Es ist üblich, die Elektronenbahnen mit dem Terminus 'Energiezustand' zu kennzeichnen.

Für jedes Atom existiert eine Anzahl von stationären Zuständen. Das Atom kann seine Energie nur dadurch ändern, daß es von einem stationären Zustand in einen anderen übergeht. Zwischenzustände gibt es nicht.

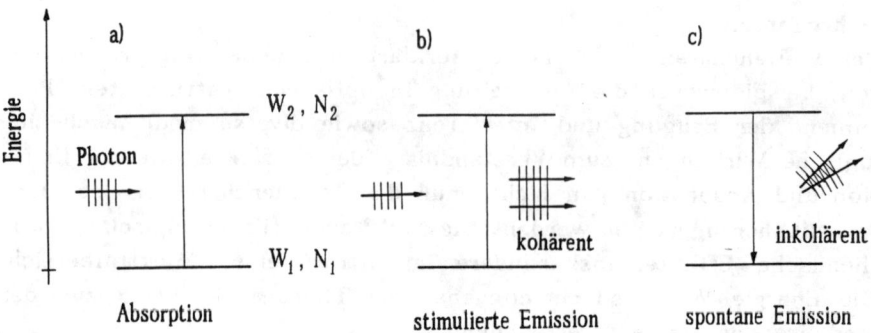

Bild 1.2. Mechanismen von Absorption, stimulierter und spontaner Emission

Absorption von Licht

Wird Licht auf Atome gestrahlt, so kann Absorption stattfinden. Dabei überträgt das Photon seine Energie an ein Elektron, das vom Grundzustand in eine höhere Bahn oder in ein höheres Energieniveau gehoben wird. Für diesen Vorgang muß die Energie des Photons gleich der Energie des angeregten Niveaus (2) minus der Energie des Anfangszustandes (1) sein (Bild 1.2), d.h.

$$hf_{12} = W_2 - W_1 . \qquad (1.3)$$

Trifft nun eine Lichtwelle der Intensität oder Leistungsdichte E auf die Atome, so wird ein bestimmter Anteil absorbiert. Die Absorption längs des Weges x, z.B. in die Tiefe eines Gases, ist durch $(dE/dx)_a$ gegeben. Dabei ist $(dE/dx)_a$, welches die pro Längeneinheit absorbierte Intensität anzeigt, proportional zur Intensität E und zur Dichte N_1 der Atome im Zustand 1:

$$(dE/dx)_a = -\sigma_{12} N_1 E. \qquad (1.4)$$

Der sogenannte 'Wirkungsquerschnitt σ' bezeichnet eine atomare Größe, welche der effektiven Querschnittsfläche entspricht, mit der ein Atom Licht absorbiert. Der Index a besagt, daß es sich um den Prozeß der Absorption handelt, und das negative Vorzeichen in der Gleichung 1.4 bedeutet, daß die Intensität abnimmt.

Man kann diese Gleichung integrieren und erhält das bekannte Beersche Absorptionsgesetz in Form einer Exponentialfunktion:

$$E_a = E_0 \exp(-\sigma_{12} N_1 x) = E_0 \exp(-\alpha x). \qquad (1.5)$$

Dabei gibt $\alpha = \sigma_{12} N_1$ den Absorptionskoeffizienten an.

Stimulierte Emission

Der Umkehrprozeß zur Absorption ist die stimulierte (oder induzierte) Emission von Strahlung. Bei der Absorption wird durch einfallende Strahlung mit der Resonanzfrequenz f_{12} ein Elektron auf ein höheres Energieniveau gehoben. Bei der stimulierten Emission wird ein Elektron durch resonante Strahlung von einem höheren Niveau auf das tiefere gezwungen (Bild 1.2b). Die frei werdende Energie wird in Form eines Lichtquants abgestrahlt. Das entstehende Licht hat die gleiche Frequenz und Phase wie das einfallende und auch die gleiche Richtung. Es handelt sich also um eine Verstärkung von Licht durch einen sogenannten 'kohärenten Prozeß'.

Die Berechnung der Lichtverstärkung verläuft nahezu analog zu der Absorption. Jedoch müssen folgende Unterschiede beachtet werden: die Indizes 1 und 2 sind zu vertauschen, und dE/dx ist wegen der Verstärkung positiv. Damit wird die Verstärkung durch stimulierte Emission gegeben durch:

$$E_s = E_0 \exp(\sigma_{12} N_2 x). \qquad (1.6)$$

Zu berücksichtigen ist dabei, daß die Wirkungsquerschnitte für Absorption und stimulierte Emission $\sigma_{21} = \sigma_{12}$ gleich sind. In einem optischen Medium finden somit in Konkurrenz eine Schwächung durch Absorption und eine Verstärkung durch stimulierte Emission statt. Fragt man, ob eine Lichtwelle verstärkt oder geschwächt wird, ist die Bilanz beider Prozesse zu betrachten:

$$dE = dE_a + dE_s. \qquad (1.7)$$

Man erhält zusammen für beide Prozesse:

$$E = E_0 \exp[(N_2 - N_1)\sigma_{12} x]. \qquad (1.8)$$

Das Vorzeichen der Exponentialfunktion bestimmt, ob eine Schwächung oder Verstärkung vorliegt. Normalerweise, d.h. im thermischen Gleichgewicht, ist das untere Niveau wesentlich stärker besetzt: $N_1 > N_2$. Das Vorzeichen ist negativ, und die Absorption überwiegt. In einem Lasermedium muß jedoch das obere Niveau stärker besetzt werden, d.h. $N_2 > N_1$. Dies wird durch einen Prozeß erreicht, den man 'Pumpen' nennt. Das Vorzeichen der Funktion 1.8 wird in diesem Fall positiv, und es tritt eine Lichtverstärkung auf. Voraussetzung für eine Verstärkung und eine Lasertätigkeit ist somit eine Inversion in der Besetzung der Zustände.

Spontane Emission

Im Vorhergehenden wurden Absorption und stimulierte Emission von Licht erklärt. Lichtverstärkung durch stimulierte Emission kann nur erfolgen, wenn einem Medium (z.B. Gas) Energie zugeführt wird, so daß sich zahlreiche Elektronen in einem angeregten Zustand befinden. In Konkurrenz zur stimulierten Emission existiert ein dritter Prozeß, die 'spontane Emission' (Bild 1.2c). Während bei der stimulierten Emission Elektronen durch eine einfallende Lichtwelle zu einem Übergang in einen tieferen Zustand "gezwungen" werden, zerfällt bei der spontanen Emission der angeregte Zustand ohne äußeren Einfluß innerhalb der 'Lebensdauer τ'. Es handelt sich um einen statistischen Zerfall mit jeweils (leicht) unterschiedlicher Frequenz in verschiedene Raumrichtungen. Daher eignet sich die spontane Strahlung für eine Lasertätigkeit nicht. Bei üblichen Lichtquellen ensteht Licht durch spontane Emission; beim Laser tritt stimulierte Emission auf, die spontane hingegen ist ein Störeffekt.

Erzeugung der Inversion

Lichtverstärkung und Lasertätigkeit treten in Materie auf, wenn die Besetzungszahl N_2 im oberen Niveau größer ist als die Zahl N_1 im unteren ($N_2 > N_1$). Dieser Zustand, als 'Inversion' bezeichnet, wird durch 'Pumpen' erreicht. Bei vielen Lasern sind vier Niveaus am Laserprozeß beteiligt (Bild 1.3). Durch das Pumpen wird Energie in das oberste Niveau des Systems gebracht, z.B. durch Einstrahlung von Licht oder durch Elektronenstoß in einer Gasentladung. Die Energie wird dann auf das obere Laserniveau übertragen. Bei manchen Lasern wird auch direkt das obere Laserniveau gepumpt, bei anderen (zB. He-Ne-Laser) gehört das Pumpniveau zu einer anderen Atomart. Das Laserniveau soll möglichst nicht durch spontane Emission zerfallen, d.h. die Lebensdauer τ_2 soll lang sein. Die Laserstrahlung ensteht durch stimulierte Emission, und es erfolgt ein Übergang in das untere Laserniveau. Dieses soll schnell entleert werden, d.h. τ_1 muß klein sein. Andernfalls wird die Laserstrahlung wieder absorbiert, und die Verstärkung sinkt nach Gleichung 1.8. Für ein Vier-Niveau-System ist das Verhältnis der Besetzungszahlen N_2/N_1 in guter Näherung nur durch die Lebensdauer der Niveaus τ_1 und τ_2 bestimmt:

$$N_2/N_1 = \tau_2/\tau_1. \qquad (1.9)$$

Bei abstimmbaren Lasern sind oberer und unterer Laserzustand nicht scharfe Energieniveaus, sondern breite Energiebänder. In diesem Falle entsteht Strahlung verschiedener Wellenlänge, die durch die Eigenschaften des Resonators verändert werden kann.

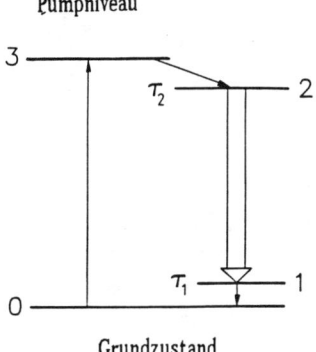

Bild 1.3. Schematische Darstellung der Funktion eines Vier-Niveau-Lasers

1.1.3 Entstehung von Laserstrahlung

Bisher wurde lediglich die Verstärkung von Licht in einem Lasermedium thematisiert. Aus der Elektronik ist bekannt, daß aus einem Verstärker ein Oszillator wird, wenn ein Teil der Ausgangsleistung wieder in den Eingang zurückgekoppelt wird. Das System beginnt dann nach dem Einschalten selbständig zu schwingen. Dieses Prinzip wird auch beim Laser angewendet. Das angeregte Lasermedium dient als Lichtverstärker. Die Rückkopplung wird durch zwei parallel angeordnete Spiegel erzielt, zwischen denen sich der Lichtverstärker befindet (Bild 1.4). In diesem optischen Resonator bildet sich eine stehende Laserwelle aus.

Anschwingen des Lasers
Die Entstehung der Laserwelle kann wie folgt erklärt werden: durch optisches Pumpen oder andere Anregungsmechanismen wird eine Inversion im Laser-Medium erzeugt. Dabei entsteht zunächst nur spontane Emission. Ein Teil der Strahlung läuft auch in axiale Richtung des Resonators. Diese Lichtwelle wird an den Spiegeln reflektiert, wodurch sich eine stehende Welle ausbildet (Bild 1.4). Die Reflexion

an den Spiegeln entspricht der Rückkopplung. Beim Durchgang durch das Laser-Material wird die Strahlung verstärkt. Sie erreicht hierbei schnell eine maximale Intensität, die durch die zugeführte Pumpenergie und die atomaren Konstanten des Materials begrenzt wird. Der Laserstrahl wird aus dem Resonator ausgekoppelt, indem auf der einen Seite des Lasers ein teildurchlässiger Spiegel mit dem Reflexionskoeffizienten R < 100% angebracht wird. Der Reflexionskoeffizient des anderen Spiegels beträgt 100 %.

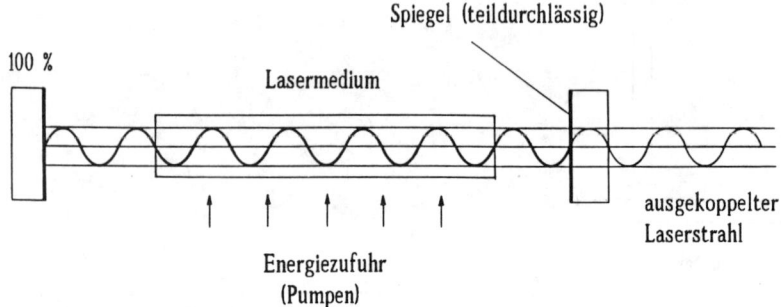

Bild 1.4. Zwischen den Spiegeln eines Lasers bildet sich eine stehende Lichtwelle aus

Die Verstärkung $V = E/E_0$ der Welle bei einmaligem Hin- und Rücklaufen durch den Resonator der Länge L läßt sich aus Gleichung 1.8 berechnen:

$$V = R \exp[(N_2 - N_1) \sigma_{12} 2 L]. \tag{1.10}$$

Der Laser schwingt an, wenn die Verstärkung mindestens $V = 1$ beträgt. Damit erhält man eine etwas genauere Bedingung für die Inversion $N_2 - N_1$ zum Anschwingen des Lasers. Im Falle mehrerer Unterniveaus muß deren Anzahl berücksichtigt werden. Ebenso ist die Linienform einzuführen.

1.1.4 Eigenschaften von Laserstrahlung

Laserstrahlung entsteht durch den Prozeß der stimulierten Emission. Daraus ergeben sich einige spezielle Eigenschaften der Strahlung, die sie vom Licht aus normalen Lichtquellen unterscheidet. Gewöhnliches Licht ist ein Ergebnis der spontanen Emission. Einzelne Atome strahlen statistisch und unkorreliert ihr Licht in unterschiedliche

Richtungen ab. Dies bedeutet, daß die Wellenzüge der Atome sich unregelmäßig und nicht phasengerecht überlagern. Man nennt derartiges Licht 'inkohärent', d.h. nicht zusammenhängend. Dagegen werden beim Laser durch den Prozeß der stimulierten Emission die angeregten Atome synchronisiert. Sie strahlen in Phase und in gleiche Richtung. Das bedingt, daß sich die Wellenzüge gleichmäßig überlagern und kohärentes Licht entsteht. Laserstrahlung, d.h. kohärentes Licht, zeichnet sich durch folgende Eigenschaften aus.

Kohärenz: Laserlicht ist eine sehr gleichmäßige zusammenhängende, d.h. kohärente Welle. Bei kohärentem Licht treten Interferenz- und Beugungseffekte sehr deutlich in Erscheinung.

Monochromasie: Laserlicht ist extrem einfarbig oder 'monochromatisch', dies ist eine Konsequenz der Kohärenz. Es bedeutet, daß das Licht durch eine scharfe Wellenlänge charakterisiert ist. Die extrem schmale Bandbreite der Strahlung führt zu zahlreichen Anwendungen, insbesondere in der Wissenschaft.

Divergenz: Der Laserstrahl breitet sich nahezu parallel mit einem kleinen Divergenzwinkel aus (Bild 1.5a). Auch dieses resultiert aus der Kohärenz. Die geringe Divergenz hat wichtige technologische Konsequenzen. Der Strahl kann relativ leicht in flexible Fasern eingekoppelt und so an die gewünschte Stelle geführt werden. Ein wichtiges Charakteristikum von nahezu parallelem Licht ist seine exakte Fokussierbarkeit. Durch Linsen oder Objektive läßt sich die Strahlung auf sehr kleine Flächen konzentrieren. Die Grenze liegt bei Flächen mit einem Durchmesser von der Größe der Wellenlänge. Für den Strahlenschutz ist die Fokussierung der Strahlung im Auge von Bedeutung (Bild 1.5b).

Großer Raumwinkel:
4π sr

Kleiner Raumwinkel:
10^{-6} sr

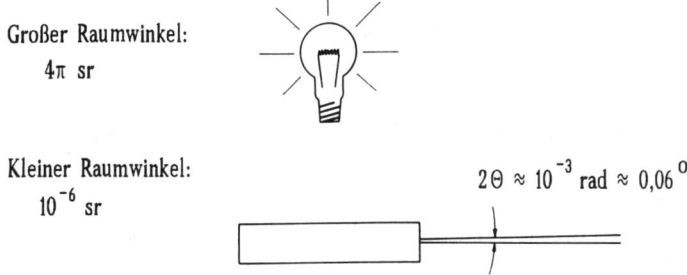

$2\Theta \approx 10^{-3}$ rad $\approx 0,06°$

Bild 1.5a. Normales Licht breitet sich in den vollen Raumwinkel aus.

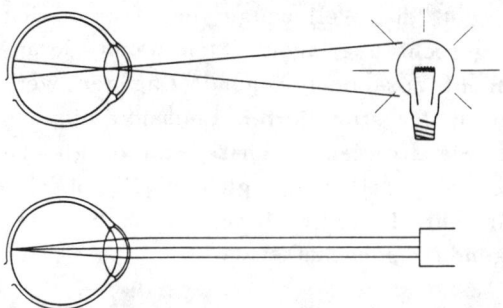

Bild 1.5b. Herkömmliche Strahlungsquellen erzeugen auf der Netzhaut ein relativ großes Bild. Bei Lasern findet eine nahezu punktförmige Fokussierung statt

Leistungsdichte: Laserlicht kann mit sehr hoher Intensität produziert werden. In Verknüpfung mit der genauen Fokussierbarkeit erhält man hohe Leistungs- und Energiedichten, die früher nicht erreichbar waren. Damit sind besondere thermische und nichtlineare Effekte an Materie erzielbar. Die hohen Energiedichten müssen beim Laserstrahlenschutz berücksichtigt werden.

Pulse: Die Strahlung des Lasers kann in sehr kurzen Pulsen im Bereich von ns (= 10^{-9} s) bis ps (=10^{-12} s) und weniger erzeugt werden. Die Laserenergie wird damit in sehr kurzen Zeiten frei. Hierdurch steigt die Leistungsdichte enorm an. Dabei treten eine Reihe von nichtlinearen Effekten auf, die der Laserstrahlenschutz mit erfaßt.

1.2 Parameter von Lasern

Die ungerichtete Ausstrahlung konventioneller Lichtquellen ist eine Folge der statistischen spontanen Emission der angeregten Atome. Bei einem Laser wird im Gegensatz dazu durch die induzierte Emission die Lichtausstrahlung der Atome miteinander gekoppelt, so daß in etwa eine ebene Lichtwelle mit einer genau definierten Frequenz entsteht.

Heutzutage sind ungefähr 10 000 verschiedene Laserübergänge bekannt, die Strahlung im Wellenlängenbereich von unter 0,1 bis über 1000 μm hervorbringen und damit die Spektralgebiete der weichen Röntgenstrahlung, des ultravioletten, sichtbaren und infraroten Lichtes sowie der Millimeterwellen abdecken. Da Strahlung kurzer Wellenlänge die Luft nicht durchdringt, berücksichtigen die Normen des Laserstrahlenschutzes bisher lediglich den Bereich von 0,2 bis 1000 μm.

Gegenüber der Strahlung konventioneller Lichtquellen zeichnet sich Laserlicht durch geringe spektrale Linienbreite, starke Bündelung, hohe Strahlintensität oder -energie sowie die Möglichkeit ultrakurzer Lichtimpulse aus. Die geringe spektrale Linienbreite ist mit einer hervorragenden Frequenzstabilität, Monochromasie oder Einfarbigkeit des Lichtes verbunden, sie ist eine Folge der hohen zeitlichen Kohärenz der Strahlung. Die starke Bündelung des Laserlichtes, d.h. die geringe Divergenz, ist mit der örtlichen Kohärenz verknüpft.

Typenübersicht
Laser können nach verschiedenen Merkmalen klassifiziert werden. Oft wird, je nach Aggregatzustand des Lasermaterials, folgende Einteilung benutzt:
- Gaslaser
- Plasmalaser
- Festkörperlaser
- Halbleiterlaser
- Flüssigkeitslaser
- Freie-Elektronen-Laser.

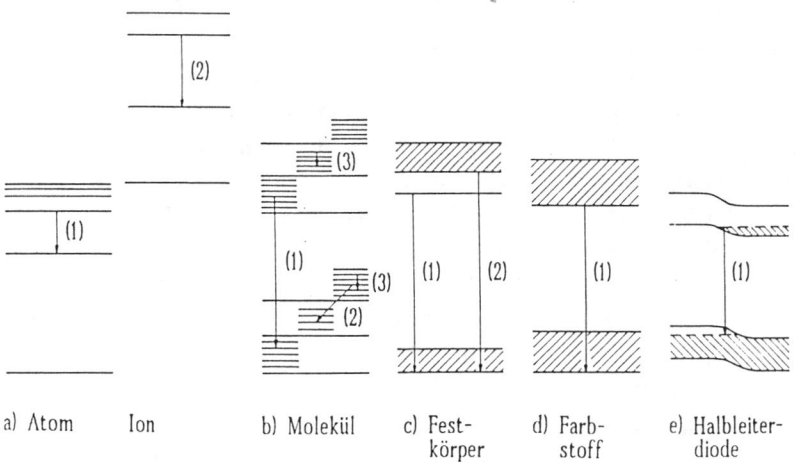

Bild 1.6. Schematische Darstellung von Laserübergängen
a) Atome und Ionen: (1) Atomare Übergänge (z.B. He-Ne-Laser), (2) Ionen-Übergänge (z.B. Argonlaser)
b) Moleküle: (1) Elektronische Zustände (z.B. Excimerlaser), (2) Vibrationsniveaus (z.B. CO_2-Laser), (3) Rotationsniveaus (z.B. FIR-Laser)
c) Festkörper: (1) Scharfe elektronische Zustände (z.B. Rubin- und Nedodymlaser), (2) Energiebänder (z.B. Vibronische Laser)
d) Farbstoffe: (1) Energiebänder
e) Halbleiter: (1) Übergänge in einer Laserdiode

Die Termschemata verschiedener Lasertypen zeigt Bild 1.6. In Gaslasern wird die Strahlung in freien Atomen oder Molekülen erzeugt, in Plasmalasern in Ionen. In Atomen, Molekülen und Ionen sind die Frequenzen elektronischer Übergänge scharf. Die auftretenden Energien sind in Ionen größer als in Atomen, so daß Ionenlaser bei kürzeren Wellenlängen strahlen. In Molekülen existieren außer den elektronischen Niveaus auch Vibrations- und Rotationszustände. Bei Laserübergängen zwischen elektronischen Niveaus entsteht Strahlung im Sichtbaren oder UV. Geringere Energien haben Vibrationszustände, die zu Laserstrahlung im IR führen. Die Energie sinkt weiter für Übergänge zwischen Rotationsniveaus, wie es bei Ferninfrarotlasern der Fall ist. Bei Festkörperlasern treten scharfe und vibronisch verbreiterte Zustände auf, die diskrete oder kontinuierliche Laserstrahlung verursachen können. In Farbstoffen sind die Energieniveaus vibronisch verbreitert, so daß abstimmbare Laserstrahlung erzeugt wird, ähnlich wie bei vibronischen Festkörperlasern. Auch bei Halbleiterlasern treten breite Energiebänder auf.

Ein wichtiger Aspekt beim Aufbau eines Lasers ist die Anregung des aktiven Materials, die sogenannte Inversionserzeugung, die eine Lichtverstärkung bewirkt. Die notwendige Energie kann auf verschiedene Weise zugeführt werden. Der erste Rubinlaser wurde durch Einstrahlung von Licht betrieben, eine Technik, die als Vorbild für viele weitere Laser diente. Derartige Geräte werden als 'optisch gepumpte' Laser bezeichnet. Statt mit Licht kann das Lasermedium mit äußeren Elektronen- oder anderen Teilchenstrahlen gepumpt werden. Bei anderen Verfahren können Gase durch direkte elektrische Energiezufuhr angeregt werden, was zur Klasse der Gasentladungslaser führt. Eine besonders wirkungsvolle Anregung durch Strom ist bei Halbleitern möglich, die zu den Injektionslasern gehören. Zusammenfassend unterscheidet man also nach der Art der Anregung des Lasermaterials folgende Lasertypen:

- optisch gepumpte Laser
  (mit Blitzlampe, kontinuierlicher Lampe, Laser, Leuchtdiode)
- elektronenstrahlgepumpte Laser
  (Sonderformen der Gaslaser und Halbleiterlaser)
- Gasentladungslaser
  (in Glimm-, Bogen-, Hohlkathodenentladungen)
- Injektionslaser
  (Anregung durch Stromdurchgang in einem Halbleiter)
- chemische Laser
  (Anregung durch chemische Reaktionen)

- gasdynamische Laser
  (Inversionserzeugung durch Expansion heißer Gase)
- Freie-Elektronen-Laser
- nuklear gepumpte Laser.

Die erwähnten Lasersysteme besitzen unterschiedliche Eigenschaften; der heutige Stand der Laserentwicklung drückt sich in folgenden Grenzwerten aus:

- Wellenlängenbereich   20 nm bis 1 mm
- Frequenzstabilität ($\Delta f/f$) 10^{-15}
- Leistung kontinuierlicher Laser 10^6 W
- Spitzenleistung gepulster Laser 10^{13} W
- Kürzeste Pulsdauer $5 \cdot 10^{-15}$ s .

Diese Werte sind nur mit speziell entwickelten Lasern jeweils einzeln erreichbar. Die bisherigen Normen zur Lasersicherheit können bisher die angegebenen Bereiche nicht voll erfassen. Für weniger hoch gezüchtete, kommerzielle Systeme sind jedoch die Sicherheitsvorschriften weitgehend formuliert. Die Normen werden ständig ergänzt, was z.B für kurze Pulse unterhalb von 10^{-9} s dringend notwendig ist.

1.2.1 Wellenlängen und Leistungen

In Tabelle 1.2 sind die Wellenlängen verschiedener Laser zusammengestellt, die im Handel angeboten werden. Mit Techniken der Frequenzumsetzung (z.B. Verdopplung, Verdreifachung, Vervierfachung) und abstimmbaren Lasern läßt sich heute praktisch jede beliebige Wellenlänge erzeugen. Die Tabelle zeigt jedoch, daß es für bestimmte Frequenzen bzw. Frequenzbereiche jeweils besonders geeignete Laser gibt. Die Laser können gepulst oder kontinuierlich betrieben werden. Aufgeführt werden die kontinuierliche Leistung P, die mittlere Leistung, die Pulsleistung, die Pulsenergie Q, der zeitliche Abstand der Pulse, die Pulsspitzenleistung und die Pulsbreite. Statt der Bezeichnung 'kontinuierlich' wird auch oft die englische Abkürzung 'cw' für 'continuous wave' verwendet.

Die verschiedenen Laser sind in Tabelle 1.3 entsprechend dem aktivem Medium in Gas-, Flüssigkeits- und Festkörperlaser eingeteilt. Die häufigsten flüssigen Lasermaterialien sind Farbstofflösungen, weshalb sie repräsentativ für Flüssigkeitslaser in die Tabelle aufgenommen sind. Die Gaslaser werden hauptsächlich elektrisch in Gasentladungen betrieben; eine Ausnahme bilden langwellige Moleküllaser, denen zur optischen Anregung meist CO_2-Laser dienen. Festkörper- und Farbstofflaser werden optisch mit Gasentladungslampen oder anderen

Tabelle 1.2. Kommerzielle Laser, nach Wellenlängen geordnet

Wellenlänge (µm)	Laser	Betriebsart, mittlere Leistung
0,152	F_2-Excimerlaser	Pulse, einige W
0,192	ArF-Excimerlaser	Pulse, einige W
0,222	KrCl-Excimerlaser	Pulse, einige W
0,248	KrF-Excimerlaser	Pulse, einige 10 W
0,266	Nd-Laser, vervierfacht	Pulse, einige 0,1 W
0,308	XeCl-Excimerlaser	Pulse, einige 10 W
0,325	He-Cd-Laser	kont., einige mW
0,337	N_2-Laser	Pulse, einige 0,1 W
0,347	Rubinlaser, verdoppelt	Pulse, einige 0,1 W
0,35	Ar^+, Kr^+-Laser	kont., 2 W
0,351	XeF-Excimerlaser	Pulse, einige 10 W
0,355	Nd-Laser, verdreifacht	Pulse, einige 10 W
0,3 ... 1,0	Farbstofflaser	Pulse, einige 10 W
0,4 ... 0,9	Farbstofflaser	kont., einige W
0,442	He-Cd-Laser	kont., einige 10 mW
0,45 ... 0,52	Ar^+-Laser	kont., mW bis 30 W
0,51	Cu-Laser	Pulse, einige 10 W
0,532	Nd-Laser, verdoppelt	Pulse u. kont., einige W
0,543	He-Ne-Laser	kont., einige 0,1 mW
0,578	Cu-Laser	Pulse, einige 10 W
0,628	Au-Laser	Pulse, bis zu 10 W
0,632	He-Ne-Laser	kont., bis zu 100 mW
0,647	Kr^+-Laser	kont., einige W
0,694	Rubinlaser	Pulse, einige W
0,7 ... 0,8	Alexandrit-Laser	Pulse, einige W
0,75 ... 0,9	GaAlAs-Diodenlaser	kont. u. Pulse, bis 1 W
0,85	Er-Laser	Pulse, unter 1 W
1,06	Nd-Laser	kont. u. Pulse, über 100 W
1,15	He-Ne-Laser	kont., mW
1,1 ... 1,6	InGaAsP-Diodenlaser	kont. u. Pulse, mW
1,3	Jodlaser	Pulse
1,32	Nd-Laser	kont. u. Pulse, einige W
1,4 ... 1,6	Farbzentrenlaser	Pulse, 100 mW
1,52	He-Ne-Laser	kont., mW
1,54	Er-Glaslaser	Pulse
1,73	Er-Laser	Pulse
2 ... 4	Xe-He-Laser	kont., mW
2,06	Ho-Laser	Pulse
2,3 ... 3,3	Farbzentrenlaser	kont., mW
2,6 ... 3,0	HF-Laser	kont. u. Pulse, bis 100 W
2,7 ... 3,0	Bleisalz-Dioden	kont., mW
3,39	He-Ne-Laser	kont., mW
3,6 ... 4	DF-Laser	kont. u. Pulse, bis 100 W
5 ... 6	CO-Laser	kont., 10 W
9 ... 11	CO_2-Laser	kont. u. Pulse, bis kW
5 ... 20	Bleisalz-Dioden	kont., mW
40 ... 1000	Ferninfrarot-Laser	kont., bis 1 W

Tabelle 1.3. Wellenlängen λ, erreichte Ausgangsleistungen P, Impulsenergien Q und -dauern τ häufig benutzter und kommerzieller Laser

Bezeichnung	Material	λ (µm)	P (Watt)	W (J)	τ
Gaslaser:					
Excimerlaser	ArF	0,19		0,4	20 ns
	KrF	0,25 (Gasentladung)		0,3	10 ns
		(Elektronenstrahl)		100	1 µs
	XeF	0,35	-	0,2	20 ns
Stickstofflaser	N_2	0,34	-	0,01	1 ns
He-Cd-Laser	Cd	0,32 ... 0,44	0,05	-	-
Edelgasionenl.	Kr	0,33 ... 1,09	10	-	-
	Ar	0,35 ... 0,53	20	-	-
Kupferdampfl.	Cu	0,51; 0,58	-	0,002	20 ns
He-Ne-Laser	Ne	0,63; 1,15; 3,39	0,05	-	-
HF-Laser	HF	2,5 ... 4	10 000	1	1 µs
CO-Laser	CO	5 ... 7	20	0,04	1 µs
CO_2-Laser	CO_2	9 ... 11	15 000	10 000	10 ns
optisch	H_2O	28; 78; 118	0,01	10^{-5}	30 µs
gepumpte	CH_3OH	40 ... 1 200	0,1	0,001	100 µs
Moleküllaser	HCN	311; 337	1	0,001	30 µs
Festkörperlaser:					
Rubinlaser	$Cr:Al_2O_3$	0,69		400	10 ps
Alexandritlaser	$Cr:BeAl_2O_4$	0,7 ... 0,8		1	10 µs
Titan-Saphir-L.	$Ti:Al_2O_3$	0,7 ... 1,0	1		
Glaslaser	Nd:Glas	1,06		1 000	1 ps
		0,21; 0,27; 0,36; 0,53; (mit Frequenzvervielfachung)			
YAG-Laser	Nd:YAG	1,06	1 000	400	10 ps
		1,05 ... 1,32 (7 Linien mit Abstimmelementen)			
Holmiumlaser	Ho:YLF	2,06	5	0,1	100 µs
Erbiumlaser	Er:YAG	2,94		1	100 µs
Farbzentrenlaser	KCl u.a.	1 ... 3,3	0,1	-	-
Farbstofflaser:		0,4 ... 0,8	1	25	6 fs
		0,05 ... 12 (mit Frequenzumsetzung)			
Halbleiterlaser:					
Galliumarsendidl.	GaAlAs	0,7 ... 0,9	10		5 ps
	GaAs	0,904			
	InGaAsP	0,65 ... 2			
Bleisalzlaser	PbCdS	3 ... 4		0,001	
	PbSSe	4 ... 8			
	PbSnTe	7 ... 30			

Lasern gepumpt. Der am weitesten verbreitete Festkörperlaser, der Nd:YAG-Laser, wird im kontinuierlichen Betrieb mit Krypton-Bogenlampen angeregt und im gepulsten Betrieb mit Xenonblitzlampen. Farbstofflaser werden oft mit Edelgasionenlasern oder Excimerlasern optisch gepumpt. Halbleiterlaser bilden eine besondere Klasse von Festkörperlasern. Hier erfolgt eine elektrische Anregung, d.h. eine Umwandlung von elektrischer Energie in Licht ohne eine Gasentladung. Aufgrund der direkten Umwandlung besitzen Halbleiterlaser hohe Wirkungsgrade. Sie sind außerdem relativ einfach und kompakt aufgebaut. Nachteilig gegenüber Gas- und Festkörperlasern sind die große Divergenz und spektrale Breite der Halbleiterlaser sowie der eingeschränkte gelbe, rote bis infrarote Emissionsbereich.

1.2.2 Abstimmbare Laser

Alle Laser lassen sich in ihrer Frequenz über einen gewissen Bereich abstimmen. Beim klassischen He-Ne-Laser umfaßt dieser Bereich $\Delta f = 10^9$ Hz bei einer Mittenfrequenz von etwa $f = 5 \cdot 10^{14}$ Hz. Der relative Abstimmbereich mißt also $\Delta f/f = 2 \cdot 10^{-6}$. Von einem abstimmbaren Laser im engeren Sinne spricht man nur, wenn der Abstimmbereich wesentlich größer ist, d.h. etwa

$$\Delta f/f = \Delta\lambda/\lambda = 10^{-2} \text{ bis } 10^{-1}$$

beträgt. Abstimmbare Laser sind in Bild 1.7 dargestellt.

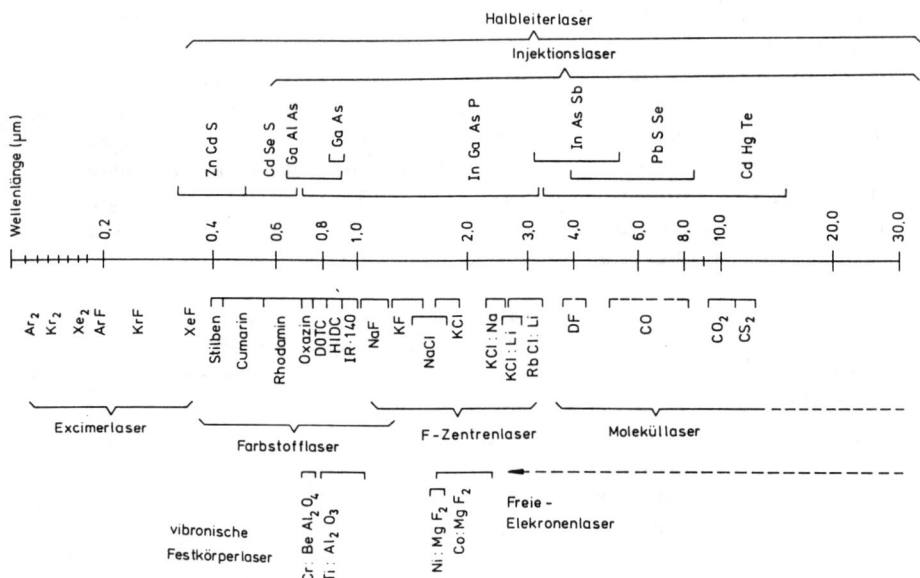

Bild 1.7. Kontinuierlich abstimmbare Laser

Die zur Zeit bekanntesten abstimmbaren Systeme sind die Farbstofflaser. Mit verschiedenen Farbstofflösungen kann ultraviolettes, sichtbares und infrarotes Licht mit 0,3 bis 1,5 µm Wellenlänge erzeugt werden. Die Abstimmbereiche liegen bei $\Delta f/f$ = 5 bis 15 %. Farbstofflaser können mit Blitzlampen optisch gepumpt werden. Eine bessere Strahlqualität erzielt man jedoch bei der Anregung mit Festkörper- oder Gaslasern. Ähnlich aufgebaut sind F-Zentren- oder Farbzentrenlaser, die vor allem für das nahe Infrarot bis 3 µm geeignet sind. Als Lasermedien dienen Kochsalz und andere Alkalihalogenidkristalle mit verschiedenen Störstellen. Da Farbstoffe und Kristalle mit F-Zentren als Lasermaterialien teilweise nicht sehr stabil sind, wurden vibronische Festkörperlaser entwickelt, bei denen sehr stabile Oxid- und Fluoridkristalle verwendet werden, die mit verschiedenen Metallionen dotiert sind. Der Titan-Saphir-Laser ($Ti:Al_2O_3$) z.B. zeigt einen breiten Abstimmbereich von 750 bis 1050 nm und besitzt dort einen höheren Wirkungsgrad als Farbstofflaser.

Für das mittlere und ferne Infrarot stehen Moleküllaser zur Verfügung. Sie besitzen zahlreiche Linien und ermöglichen damit eine diskontinuierliche Abstimmung von einer Linie zur benachbarten. Bei hohem Druck verbreitern sich die Linien bis zur Überlagerung, und eine kontinuierliche Abstimmung ist möglich.

Halbleiterlaser können durch Änderung des Anregungsstromes oder Variation der Temperatur abgestimmt werden, wobei Abstimmbereiche von 0,1 bis 1 % möglich sind. Mit Laserdioden aus verschiedenen Materialien bzw. Mischkristallsystemen kann der Bereich von 0,6 bis 30 µm abgedeckt werden.

Im Gegensatz zu abstimmbaren Lasern soll bei frequenzstabilen Lasern die Bandbreite sehr gering sein. Bisher wurden Stabilitäten bis zu $\Delta f/f \approx 10^{-15}$ erreicht.

1.2.3 Hochleistungslaser

Bei Leistungsangaben sind kontinuierliche und gepulste Systeme zu unterscheiden, wobei im Pulsbetrieb bedeutend höhere Leistungen erreicht werden können.

Häufig eingesetzte Hochleistungslaser sind die CO_2- und Festkörperlaser, besonders Neodym:YAG-Laser, die zur Materialbearbeitung und bei geringerer Leistung in der Chirurgie oft eingesetzt werden. Kommerzielle, kontinuierliche CO_2-Laser mit 10,6 µm Wellenlänge nähern sich dem Leistungsbereich von 100 kW, während Nd:YAG-Laser mit 1,06 µm mit Leistungen von etwa 1 kW angeboten werden. Die Strahlung des Nd:YAG-Lasers läßt sich durch Glasfasern übertragen, ein wesentlicher Vorteil gegenüber den CO_2-Lasern.

Mit Nd:Glas-Pulslasern werden zur Zeit die höchsten Leistungen,
$$10 \text{ Terawatt} = 10^{12} \text{ Watt},$$
erzielt mit Emissionsdauern von etwa 1 ns = 10^{-9} s. Derartige Leistungen werden zu Untersuchungen der laserinduzierten Kernfusion benötigt und können nur in wenigen Laboratorien auf der Welt realisiert werden, da hierfür große Anlagen benötigt werden. Für Fusions-Experimente wird auch auf große CO_2- und Jodlasersysteme zurückgegriffen. Mit normalen Tischaufbauten lassen sich mit Festkörperlasern Leistungen von einigen
$$\text{Gigawatt} = 10^9 \text{ W}$$
im Pulsbetrieb realisieren.

Excimerlaser sind in den letzten Jahren intensiv weiterentwickelt worden, so daß heute mittlere Leistungen wie mit Festkörperlasern erreichbar sind. Zu beachten ist, daß bisher nur Pulsbetrieb möglich ist. Von Vorteil kann die erheblich kürzere Wellenlänge sein, wodurch die Wechselwirkung des Laserlichtes mit Materialien stark beeinflußt wird. Während in der Materialbearbeitung mit Festkörper- und CO_2-Lasern hauptsächlich thermische Prozesse eine Rolle spielen, ist mit Excimerlasern das direkte Aufbrechen chemischer Bindungen möglich. Dadurch können in Kunststoffen oder am Auge sehr scharfe Schnitte durchgeführt werden, ohne eine thermische Veränderung von Material an der Schnittkante.

Die größten kontinuierlichen Leistungen von einigen
$$\text{Megawatt} = 10^6 \text{ W}$$
wurden mit chemischen HF- oder DF-Lasern erreicht. Es ist bedauerlich, daß derartige Laser für militärische Untersuchungen entwickelt werden. Auch andere Lasersysteme, z.B. Freie-Elektronenlaser, sind im Rahmen dieser Programme mit hohen Leistungen projektiert worden, haben aber bisher keine weitere Verbreitung erlangt. Hoffentlich setzen sich nur friedliche Anwendungen des Lasers durch.

Vielfältige Anwendung könnten in Zukunft Hochleistungs-Halbleiterlaser finden, wegen des kompakten Aufbaus, hohen Wirkungsgrades und einer Wellenlänge von etwa 800 nm, die sich gut zur Übertragung mit Glasfasern eignet. Bisher wurden Pulsleistungen von knapp 100 W erzielt, jedoch sind hier weitere Fortschritte zu erwarten.

1.2.4 Kurze Pulse

Laser können kontinuierlich oder gepulst strahlen. Im normalen Pulsbetrieb liegt die Pulsdauer im ms- oder µs-Bereich oder auch noch kürzer. Durch spezielle Techniken, der Güteschaltung oder Q-switch, kann die Pulsdauer in den ns-Bereich verringert werden. Eine weitere Verkürzung erfolgt durch Modenkopplung bis in den ps-Bereich und darüber hinaus. Durch eine anschließende Pulskompression können ultrakurze Lichtimpulse erzeugt werden; der Rekord liegt zur Zeit bei Pulsbreiten von nur

$$6 \cdot 10^{-15} \text{ s} = 6 \text{ fs} = 6 \text{ Femtosekunden}.$$

Die Spektralanalyse eines kurzen Pulses ergibt eine Linienbreite Δf, die mit der Pulsbreite τ über folgende Ungleichung verknüpft ist

$$\tau \geq 1/2\pi\Delta f .$$

Dies bedeutet, daß zur Erzeugung kurzer Lichtimpulse nur Laser mit breitem spektralen Emisssionsbereich geeignet sind.

Aus diesem Grunde werden die kürzesten Impulse zur Zeit mit kontinuierlichen Farbstofflasern erzeugt, insbesondere mit dem Rhodaminlaser, der mit dem Argonlaser gepumpt wird. Der Farbstofflaser wird nicht mit einer scharfen Emissionsfrequenz betrieben, sondern so, daß viele longitudinale Moden und damit ein breites Frequenzspektrum emittiert wird. Durch Modenkopplung wird eine einheitliche Phase der Moden eingestellt, so daß sich durch Überlagerung ein kurzer Puls ergibt. Es können damit Emissionsdauern von etwa 20 fs erzielt werden. Eine weitere Verkürzung wird durch nichtlineare Pulskompression erreicht. Durch Modenkopplung von Festkörperlasern ist die Emissionsdauer, wegen der geringen Linienbreite, größer:

$$10^{-12} \text{ s} = 1 \text{ ps} = 1 \text{ Pikosekunde}.$$

Mit Gaslasern werden 100 ps erreicht.

Kurze Laserpulse erlauben die Untersuchung schnell ablaufender Prozesse in der Biologie, Chemie und Technik im Sinne einer zeitlichen Mikroskopie hoher Auflösung. Im Femtosekundenbereich sind die dafür entwickelten Methoden konkurrenzlos, da die elektrische Meßtechnik auf die Pikosekundenbereiche und längere Zeiten begrenzt ist.

Tabelle 1.4a. Wichtige Anwendungsgebiete des Lasers

Lasertyp	Wellenlänge (µm)	Betriebsart	Übliche Leistung	Anwendungen
Gaslaser:				
FIR-Laser	20-1000	kont.	10 mW	Spektroskopie
CO_2	9,5-10,6	kont.	1W-20kW	Materialbearbeitung, Lidar, Medizin, Spektroskopie
CO	4,9-6,6	kont.	1W-1kW	Materialbearbeitung, Spektroskopie
HF	2,7-3,3	kont.	1W-1kW	Materialbearbeitung
He-Ne	0,633 u.a.	kont.	1-100mW	Meßtechnik, Holographie, Justieren, Techn. Optik
Cu	0,511; 0,578	quasikont.	60 W	Pumplaser
Au	0,627	" "	10	Medizin
Ar^+	0,35-0,528	kont.	0,1-100W	Meßtechnik, Medizin, Pumplaser, Holographie, Drucker, Spektroskopie, Lasershow
Kr^+	0,377-0,799	kont.	0,1-20W	Spektroskopie, Medizin, Pumplaser, Holographie, Lasershow
He-Cd	0,325; 0,441	kont.	5-100mW	Medizin, Biologie, Lithogr. Meßtechnik
N_2	0,337	gepulst	10mJ	Pumplaser, Spektroskopie, Photochemie
Excimerl.	0,193-0,351	gepulst	1J	Materialbearbeitung, Pumplaser, Medizin, Photochemie, Spektroskopie
Festkörperlaser:				
Ti-Saphir	0,65-1,1	kont.	einige W	Meßtechnik
Alexandrit	0,7-0,8	kont.;gep.	1-60W	Meßtechnik, Medizin
Rubin	0,694	gepulst	1-10J	Holographie, Medizin
Nd:YAG	1,06	kont.;gep.	1W-1kW	Materialbearbeitung, Medizin, Plasmaphysik
Nd-Glas	1,06	gepulst		Plasmaphysik
Farbstofflaser:				
Farbstoffe	0,3-1,3	kont.;gep.	1W	Spektroskopie, Medizin, Biologie, Analysetechnik
Halbleiterlaser:				
GaAs	0.65-0.9	kont.;gep.	100mW	Informationstechnik, CD, Laserdrucker, Meßtechnik
InP	1300	" "	10mW	" "

Tabelle 1.4b. Einsatzfelder des Lasers in der Medizin

Laser-typ	Betriebs-art	Wellen-länge (μm)	Typische Leistung(W)	Eigen-schaften	Effekt	Anwendungen
Ar⁺	kont.	0,488 0,514	10	spezifische Absorption in Hämoglobin und Melanin	Koagulation	Chirurgie, Urologie, Dermatologie, HNO, Opthalmologie
Farb-stoff	kont.	0,488 bis 0,788	3	spezifische Absorption d. Chromophore	Koagulation Photochemie	Plastische Chirurgie, Dermatologie, Onkologie
Nd:YAG	kont.	1,06	100	Volumen-absorption	Koagulation	Chirurgie, Urologie, Dermatologie, Gynäkologie, Neurochirurgie, Gastro-enterologie, Pulmologie
Nd:YAG	gepulst	1,06	1 MW pro Puls	opto-mechanische Effekte	Photo-disruption	Opthalmologie, Lithotripsie (höhere Energien)
CO_2	kont.	10,6	30 (100)	starke Wasser-absorption	Schneiden	Chirurgie, Urologie, Dermatologie, Gynäkologie, Neurochirurgie, HNO, Kieferchirurgie
Excimer-laser (XeCl)	gepulst	0,308	Energie 10 mJ	nichtlineare Effekte	Photo-ablation	Opthalmologie (Hornhaut), Mikro-chirurgie, Angioplastie
Au-Laser	quasi-kont.	0,627	1	HpD-Absorption	Photochemie	photodynamische Tumortherapie
3 μm-Laser Er u.a.	gepulst	2,9	Energie 10 mJ	sehr starke Wasser-absorption	Photo-ablation	Opthalmologie (Hornhaut), Mikro-chirurgie, Angioplastie
Ho-Laser	gepulst	2.1	Energie 10 mJ	mittlere Wasser-absorption	Koagulation	Opthalmologie (Hornhaut)
Alexan-drit-L.	gepulst	0,7-0.8	Energie 100 mJ	opto-mechanische Effekte	Photo-disruption	Lithotripsie

1.3 Beschreibung von Lasertypen

Es gibt zahlreiche Lasertypen mit sehr unterschiedlichen Eigenschaften. Dementsprechend breit sind die Anwendungen gefächert, die in Tabelle 1.4.a und b zusammengefaßt sind. wobei der medizinische Bereich getrennt aufgeführt wird.

1.3.1 Infrarot-Moleküllaser

Für Infrarot-Laser wird vor allem die Strahlung molekularer Gase ausgenutzt. Bei Strahlungsübergängen zwischen *Rotationsniveaus* eines Moleküls, dessen Schwingungszustand ungeändert bleibt, treten relativ kleine Energiedifferenzen auf (Bild 1.6b). Der entsprechende Wellenlängenbereich liegt zwischen 25 µm und 1 mm. In diesem Bereich arbeiten die Ferninfrarot-Laser. Die Energiedifferenzen zwischen *Vibrations-Rotations-Niveaus* desselben elektronischen Zustandes sind größer. Daher ist die Wellenlänge derartiger Laserstrahlung kleiner; sie liegt zwischen 5 µm und 30 µm. Der wichtigste Repräsentant dieses Typs ist der weit verbreitete CO_2-Laser bei 10 µm. Sind verschiedene *elektronische Niveaus* an den Laserübergängen beteiligt, so liegen die Wellenlängen im sichtbaren und ultravioletten Bereich (Abschnitt 1.3.5).

Ferninfrarot-Laser
Der Wellenlängenbereich von 50 µm bis 1 mm (Submillimeterwellen) wird als 'fernes Infrarot' (FIR) bezeichnet. Ferninfrarot-Laser haben typische Ausgangsleistungen von 100 mW bis 1 Watt und werden vor allem für spektroskopische und auch andere wissenschaftliche Anwendungen eingesetzt, sie sind nur wenig verbreitet. Die Handhabung und Meßtechnik der FIR-Strahlung erfordert spezielle Verfahren.

FIR-Laser werden häufig optisch gepumpt, es sind einige hundert verschiedene Emissionslinien bekannt. Als Beispiel soll der CH_3F (Methanfluorid)-Lasers erwähnt werden, der mit der 9,55 µm-Linie des CO_2-Lasers angeregt wird. Ähnlich arbeitet der Methanol-Laser (CH_3OH) im Wellenlängenbereich zwischen 40 und 1200 µm. Die Leistungsdaten einiger FIR-Laser sind in Tabelle 1.5 skizziert. Der Quantenwirkungsgrad für die Umwandlung der Pump- in die Laserstrahlung liegt bei einigen ‰ bis zu 30 %. Der Wirkungsgrad bezogen auf die Leistung ist kleiner, da die IR-Photonen geringere Energie als die Pumpquanten besitzen.

Tabelle 1.5. Beispiele für Eigenschaften von Ferninfrarotlasern

Typ	Wellenlänge	cw-Leistung	Pulsparameter	Anregung
H_2O	28 µm	10 mW		
	78 µm		auch gepulst	elektrisch
	119 µm	6 mW		
D_2O	66 µm		2,5 µs; 40 mJ	optisch
CH_3OH	112 µm	100 mW		optisch
HCN	337 µm	100 mW		elektrisch
	311 µm	3 mW		
CH_3F	496 µm		50 ns; 50 mJ	optisch

Bei elektrischer Anregung in Gasentladungen dissoziieren besonders größere Moleküle. Diese Anregung für FIR-Laser ist daher nur bei stabilen, einfachen Molekülen möglich. Die ersten molekularen FIR-Laser wurden mit longitudinalen Gasentladungen betrieben. Es handelt sich um den H_2O-, HCN- und ICN (+H_2O)-Laser. Später wurden auch transversale Entladungen eingesetzt, die ähnlich wie beim TEA-CO_2-Laser.

CO_2-Laser
Einer der wichtigsten Laser für die industrielle Anwendung, insbesondere in der Materialbearbeitung ist der CO_2-Laser. Er zeichnet sich durch eine hohe Leistung bis zu nahezu 100 kW im kontinuierlichen Betrieb und einen Wirkungsgrad von 10 bis 20 % aus. Für wissenschaftliche und medizinische Anwendungen gibt es Versionen mit geringer Leistung bis herunter zu 1 W. Im Pulsbetrieb können Laserpulse im Bereich von ns bis ms erzeugt werden. Für Anwendungen in der Kernfusion wurden Pulsenergien bis etwa 100 kJ erreicht. Es gibt eine größere Anzahl konstruktiver Varianten des CO_2-Lasers. Die Wellenlänge des CO_2-Lasers liegt zwischen 9 µm und 11 µm, im allgemeinen tritt die stärkste Linie um 10,4 µm auf.

Das Gas eines CO_2-Lasers ist ein Gemisch aus CO_2, N_2 und einem Zusatz von 60 bis 80% Helium. Dadurch wird die Stabilität der Entladung verbessert und die Temperatur des Gasgemisches günstig für den Laserprozeß beeinflußt. Weiterhin wird das untere Laserniveau durch Stöße mit He entleert. Die Anregung der CO_2-Moleküle ins obere Laserniveau erfolgt in der Gasentladung insbesondere durch Stöße 2.Art mit metastabilen N_2-Molekülen, ein ähnlicher Mechanismus liegt bei He-Ne-Laser vor. N_2-Moleküle werden in der Gasentladung sehr intensiv angeregt, so daß eine wirkungsvolle Energieübertragung an das obere CO_2-Laserniveau stattfindet.

Es gibt mehrere Betriebsarten für CO_2-Laser, die in folgende Typen unterteilt werden können (Tabelle 1.6):

CO_2-Laser mit langsamer axialer Gasströmung
Der typische Aufbau besteht aus einem wassergekühlten Glasrohr mit 1 bis 3 cm Durchmesser. In dem CO_2-He-N_2 Gemisch wird eine Gleichstromentladung in axialer Richtung erzeugt. Die Gasströmung dient zur Entfernung von Dissoziationsprodukten wie CO und O_2 aus dem aktiven Volumen. Die Laserleistung (Tabelle 1.6) kann mit dem Entladungsstrom reguliert werden. Mit Lasern dieses Typs lassen sich Leistungen von 50-80 W pro Meter Entladungslänge erzielen. Der Wirkungsgrad liegt über 10 %. Kommerzielle CO_2-Laser dieses Typs sind mit einer speziell gemischten Gasflasche mit etwa 10 l und 140 bar ausgerüstet, die für etwa 50 Betriebsstunden ausreicht.

Abgeschlossener CO_2-Laser (sealed-off laser)
Der Nachteil einer Gasflasche wird im abgeschlossenen Laser vermieden. Bei dieser Bauform werden die Dissoziationsprodukte CO und O_2 durch Zugabe von geringen Mengen von H_2O, H_2 oder O_2 chemisch umgewandelt. Weiterhin spielt das Elektrodenmaterial als Katalysator eine wichtige Rolle. Es können Dauerleistungen bis etwa 60 W/m mit mehreren 1000 Betriebsstunden erreicht werden. Insbesondere bei kleineren Leistungen und als Wellenleiterlaser hat dieser Lasertyp Vorteile.

Wellenleiter-Laser (waveguide laser)
Für Anwendungen mit Leistungen von 1 bis 10 W werden luftgekühlte Wellenleiter-CO_2-Laser benutzt. Diese bestehen aus BeO- oder Al_2O_3-Kapillaren mit 1 mm Durchmesser, die als dielektrische Wellenleiter wirken. Die Strahlung wird an der Wandfläche reflektiert, wobei sich ähnlich wie bei Hohlleitern für Mikrowellen stehende Wellenformen ausbilden. Dadurch verringern sich die Beugungsverluste.

Tabelle 1.6a. Eigenschaften von CO_2-Lasern

Typ (Anwendung)	Leistung (cw)	Pulsenergie; Pulsleistung	Pulsdauer/ -frequenz
abgeschlossener Laser (Ma, Me)	50 W/m		
Wellenleiter-Laser (Mo, S)	50 W		
langsame axiale Strömung - gepulst (Ma, Me) - Q-switch (Ma)	kW	1 J/l; kW/m	> µs /100 Hz 100 ns/1 kHz
schnelle Gasströmung (Ma)	100 kW		
TEA-Laser (Ma)		10 J/l; GW	100 ns/kHz
gasdynamischer Laser (Ma, F)	100 kW	10 J	
Hochdrucklaser (S, U)	siehe TEA- und Wellenleiter-Laser		

Ma = Materialbearbeitung, Me = Medizin, Mo = Monomode-Laser, S = Spektroskopie, F = Laser-Fusion, U = Ultrakurze Pulse

Tabelle 1.6b. Strahleigenschaften kommerzieller CO_2-Laser

Typ	Strahldurchmesser	Divergenz
axiale Strömung	5-70 mm	1-3 mrad
abgeschlossener Laser	3-4 mm	1-2 mrad
Wellenleiter-Laser	1-2 mm	8-10 mrad
TEA-Laser	5-100 mm	0,5-10 mrad

CO_2-Laser mit schneller Gasströmung

Um höhere Leistungen von vielen kW zu erzielen, läßt man die Gasmischung sehr schnell durch den Entladungsraum strömen. Dadurch bleibt einerseits das Gas kühl, wodurch die Besetzung des unteren Laserniveaus klein gehalten wird. Andererseits werden die Dissoziationsprodukte, die in der Entladung entstehen, abgeführt. Kommerzielle Systeme dieser Art erreichen bis zu 400 W/m und mehr. Axiale Gasströmungen bei Geschwindigkeiten bis zu 300 m/s liefern eine relativ gute Strahlqualität. Höhere Leistungen sind bei transversaler Strömung möglich. Mit beiden Systemen konnten Leistungen über 20 kW erzielt werden. Eine Anregung ist durch Gleichstrom und Hochfrequenzfelder möglich. Derartige Laser finden umfangreichen Einsatz in der Materialbearbeitung und der thermischen Behandlung von Oberflächen. Industrielle Anlagen dieses Typs sind hervorragend für die computergesteuerte Fertigung geeignet.

Transversaler Atmosphärendruck-Laser (TEA)

Die Ausgangsleistung longitudinaler CO_2-Laser kann durch Erhöhung des Druckes bis etwa 100 mbar vergrößert werden, bei höheren Werten wird die Entladung instabil. In gepulsten Entladungen ($\approx$ 1 µs) kann Lasertätigkeit erzielt werden, bevor die Instabilitäten einsetzen, so daß Gasdrucke über 1 bar möglich sind. Zur Verringerung der Spannung werden die Elektroden transversal angeordnet. Man nennt diesen Typ auch TEA-Laser, was eine Abkürzung für "transversaly excited atmospheric pressure laser" ist. Diese Bauform wird auch für Excimerlaser eingesetzt. Kommerzielle TEA-Laser erzielen pro Liter Gasgemisch eine Pulsenergie bis zu 50 J. Bei Pulsdauern zwischen 0,1 µs und 10 µs treten Spitzenleistungen im GW-Bereich auf.

Abstimmbare CO_2-Hochdruck-Laser

Bei einem Druck über 10 bar ist die Druckverbreiterung in einem natürlichen CO_2-Gemisch etwa so groß wie der Abstand der Rotations-Linien (30-50 GHz). Damit kann mit CO_2-Hochdrucklasern eine kontinuierliche Wellenlängenabstimmung erreicht werden.

CO-Laser

Dem Gas des CO-Lasers wird ähnlich wie beim CO_2-Laser Stickstoff und Helium beigemischt. In gepulsten oder kontinuierlichen Gasentladungen kann die Anregung der CO-Moleküle durch Elektronenstoß erfolgen. Zusätzlich erfolgt wie beim CO_2-Laser eine starke Besetzung durch Stöße mit metastabilen N_2-Molekülen. Zum Aufbau des CO-Lasers ist eine effektive Gaskühlung notwendig. Daher werden

Entladungsrohre mit flüssigem Stickstoff auf 77 K gekühlt. Bei Konvektionskühlung werden schnelle Gasströme eingesetzt. Die Entladungsanordnungen für CO-Laser entsprechen denen des CO_2-Lasers, allerdings ist wegen der notwendigen Kühlung das Gesamtsystem komplexer und der Einsatz weniger gebräuchlich. Das Frequenzspektrum liegt zwischen 4,744 µm und 8,225 µm mit intensiver Strahlung um 5 µm.

1.3.2 Chemische Laser

Durch chemische Reaktionen können eine Reihe von Molekülen zu Lasertätigkeit angeregt werden. Wasserstoff-Fluorid-Laser sind ein besonders intensiv untersuchtes Beispiel. Chemische Laser können sehr hohe Leistungen erzeugen, da Energie sehr effektiv in chemischen Verbindungen gespeichert werden kann. Die Energiedichte pro Volumen ist um Größenordnungen höher als bei elektrischen Kondensatoren. Die meisten chemischen Laser strahlen auf Übergängen zwischen Schwingungsniveaus zweiatomiger Moleküle. Die Strahlung liegt im infraroten Spektralbereich zwischen 1 und 10 µm (Tabelle 1.7). Leider werden große chemische Laser intensiv für militärische Anwendungen untersucht, insbesondere für Systeme im Weltraum. Kleinere chemische Laser, hauptsächlich der HF-Laser, finden Einsatz in der Forschung, wie Chemie, Spektroskopie und Materialuntersuchungen.

Tabelle 1.7. Wichtige chemische Laser

Aktives Medium	Reaktion	Wellenlänge (µm)
I	$O_2^* + I \rightarrow O_2 + I^*$	1,3
HF	$H_2 + F \rightarrow HF^* + H$	2,6-3,5
	$H + F_2 \rightarrow HF^* + F$	2,6-3,5
HCl	$H + Cl_2 \rightarrow HCl^* + Cl$	3,5-4,2
DF	$D_2 + F \rightarrow DF^* + D$	3,5-4,1
(wie HF)	$D + F_2 \rightarrow DF^* + F$	3,5-4,1
HBr	$H + Br_2 \rightarrow HBr^* + Br$	4-4,7
CO	$CS + O \rightarrow CO^* + S$	4,9-5,8
CO_2	$DF^* + CO_2 \rightarrow CO_2^* + DF$	10-11

HF-Laser

Chemische Reaktionen können so ablaufen, daß als Endprodukt ein Molekül in einem angeregten Schwingungszustand entsteht. Ein Beipiel ist die Bildung von HF aus Wasserstoff und Fluor. Ausgangsstoffe sind beispielsweise SF_6 und H_2, die in einer Gasentladung dissoziert werden. Der Energieüberschuß bei der Entstehung von HF geht mit nahezu 70 % in die Anregung der Schwingungsniveaus des HF-Moleküls. Bei der chemischen Reaktion entsteht Strahlung durch Übergänge zwischen Schwingungsniveaus (Bild 1.7b). Da den Schwingungen zahlreiche Rotationen überlagert sind, entstehen verschiedene Linien im Wellenlängenbereich zwischen 2,7 und 3,3 µm.

1.3.3 Atomare Laser

Moleküllaser mit Übergängen zwischen Rotations- und Vibrationsniveaus eignen sich für Strahlung im Infraroten. Bei Atomen ist die Energie der Zustände höher, und es entsteht sichtbare Strahlung (Bild 1.6a).

He-Ne-Laser

Der He-Ne-Laser ist häufigster und wirtschaftlichster Laser im sichtbaren Spektralbereich. Die Leistung kommerzieller Typen reicht von unterhalb 1 mW bis zu einigen 10 mW. Besonders weit verbreitet sind rot strahlende He-Ne-Laser um 1 mW, welche hauptsächlich als Justierlaser und für andere Aufgaben der Meßtechnik eingesetzt werden. Im infraroten und roten Bereich wird der He-Ne-Laser zunehmend durch den Diodenlaser verdrängt. Durch verlustarme, selektive Spiegel wurde das Emissionsspektrum des He-Ne-Lasers vom Roten bis zum Grünen erweitert.

Die Laserübergänge finden im Neonatom statt, die hauptsächlichen Wellenlängen sind in Tabelle 1.8 gegeben. In einer Entladung in einem Gasgemisch aus He und Ne werden die oberen Laserniveaus durch Stöße mit metastabilen He-Atomen selektiv besetzt. Bei den Stößen wird die Energie der angeregten Heliumatome auf die Neonatome übertragen. Man nennt diesen Prozeß 'Stoß 2. Art'. Die Anregung der He-Atome geschieht durch Elektronenstoß.

Metalldampf-Laser

Die wichtigsten Vertreter der neutralen Metalldampf-Laser sind der Kupfer- oder Golddampf-Laser. Die Wellenlängen liegen im gelben

Tabelle 1.8. Wellenlängen λ, Ausgangsleistungen und Linienbreiten Δf des He-Ne-Lasers. Übergangsbezeichnungen nach Paschen

Farbe	λ nm	Übergang (Paschen)	Leistung mW	Δf MHz	Verstärkung %/m
infrarot	3391	$3s_2-3p_4$	> 10	280	10 000
infrarot	1523	$2s_2-2p_1$	1	625	
infrarot	1153	$2s_2-2p_4$	1	825	
rot	640	$3s_2-2p_2$			
rot	635	" $-2p_3$			
rot	633	" $-2p_4$	> 10	1500	10
rot	629	" $-2p_5$			
orange	612	" $-2p_6$	1	1550	1,7
orange	604	" $-2p_7$			
gelb	594	" $-2p_8$	1	1600	0,5
grün	543	" $-2p_{10}$	1	1750	0,5

Tabelle 1.9. Eigenschaften kommerzieller Kupfer- und Goldlaser

		Cu-Laser	Au-Laser
Wellenlänge	(nm)	510,6/578,2	627,8
Mittlere Leistung	(W)	60	10
Pulsenergie	(mJ)	10	2
Pulsdauer	(ns)	15 ... 60	15 ... 60
Spitzenleistung	(kW)	< 300	50
Pulsfrequenz	(kHz)	5 ... 15	6 ... 10
Strahldurchmesser	(mm)	40	40
Strahldivergenz (instabiler Resonator)	(rad)	$0,6 \cdot 10^{-3}$	$0,6 \cdot 10^{-3}$

und grünen (Cu) sowie im roten und ultravioletten (Au) Bereich (Bild 1.8). Diese Laser zeichnen sich durch hohe Leistung (1 bis 10 W) und Wirkungsgrad (bis 1 % für Cu) aus. Dauerstrichbetrieb ist wegen der langen Lebensdauer des unteren Laserniveaus nicht möglich. Im Pulsbetrieb können Wiederholfrequenzen im kHz-Bereich erreicht werden. Aufgrund der hohen mittleren Leistungen werden Cu- und Au-Laser kommerziell angeboten (Tabelle 1.9). Die technische Entwicklung dieses Lasertyps wurde stark vorangetrieben, da der Kupferlaser als Pumpquelle für Farbstofflaser Bedeutung hat.

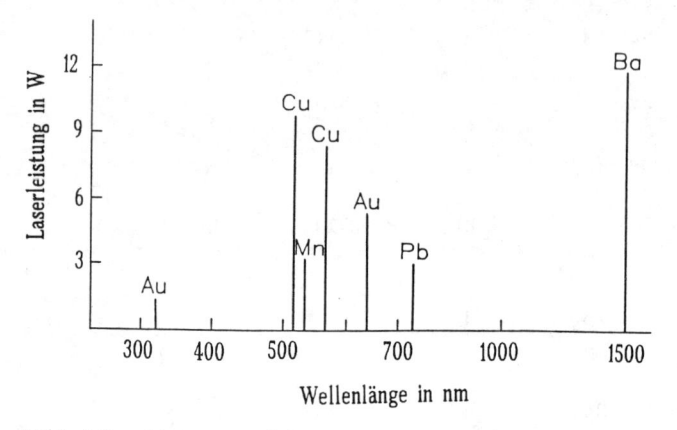

Bild 1.8. Linien und Leistungen von Metalldampflasern

Während andere Lasertypen meist gekühlt werden, ist bei Metalldampflasern eine Wärmeisolation notwendig, damit die Betriebstemperatur zum Verdampfen des Metalls ausreicht (1500 °C für Cu). An den Enden eines thermisch isolierten Keramikrohres befinden sich zwei Elektroden, zwischen denen die gepulste Entladung brennt. Zur Verbesserung der Qualität der Entladung wird Neon mit einem Druck von etwa 3000 Pa als Puffergas beigemischt. Das Metall kondensiert an kühlen Stellen, und die Metallfüllung muß nach einer Betriebsdauer von etwa 300 Stunden nachgefüllt werden. Die Betriebsdauer der Laserrohre liegt bei 1000 bis 3000 Stunden.

Jodlaser

Atomare Jodlaser mit Wellenlängen von 1,315 µm gibt es in zwei Varianten. Für militärische Anwendungen wird der chemische Sauerstoff-Jodlaser untersucht. Diese Entwicklung nützt nur wenigen. Im folgenden soll der ältere Jodlaser, beschrieben werden. Jodhaltige Moleküle werden durch ultraviolette Strahlung aufgebrochen, atomares Jod in einem angeregten Zustand wird frei, und eine Inversion entsteht. Die Laser arbeiten meist im Pulsbetrieb. In einer Anordnung mit longitudinalem Gasfluß kann beim Pumpen mit Hg-Hochdrucklampen auch kontinuierlicher Betrieb erzielt werden, wobei etwa 40 mW erreicht wurden. Kommerzielle Jodlaser können in folgenden Betriebsarten eingesetzt werden: lange Pulse (um 3 µs, 3 J), Q-switch (um 20 ns, 1 J) und Modenkopplung (2 ns bis 0,1 ns). Durch Frequenzvervielfachung kurzer Pulse entstehen Wellenlängen von 658, 438 und 329 nm. Durch den Aufbau von Laser-Verstärker-Anordnungen können hohe Pulsenergien im kJ-Bereich und Spitzenleistungen im TW-Bereich erzielt werden. Daraus ergeben sich Anwendungen in der Laserfusion.

1.3.4 Ionenlaser

Bei den Ionenlasern handelt es sich um Gasentladungslaser, ähnlich den im vorigen Abschnitt behandelten neutralen Atom-Lasern (Bild 1.6a). Ein Ion ist ein Atom, bei dem ein oder mehrere Elektronen aus den äußeren Bahnen abgelöst wurden. Es ist daher positiv geladen, die verbleibenden Elektronen sind stärker gebunden und die Energieabstände der Niveaus steigen. Daher sind Ionenlaser auch für ultraviolette Strahlung geeignet.

Edelgasionenlaser

Mit den ionisierten Edelgasen Ne, Ar, Kr und Xe wurde in Gasentladungen auf über 250 Linien zwischen 175 nm und 1100 nm Lasertätigkeit erzielt. Je höher der Ionisationszustand ist, desto kürzere Wellenlängen und größere Photonenenergien können erreicht werden. Einige der Laserlinien stammen aus Übergängen in bis zu vierfach ionisierten Edelgasen. Ein derartig hoher Ionisationszustand mit der notwendigen Ionendichte kann nur im Pulsbetrieb erzielt werden. Von besonderer Bedeutung sind kontinuierliche Laser in ein- und zweifach ionisierten Edelgasen. Die Hauptvertreter dieses Typs sind der Argon- und Kryptonionenlaser.

Argonionenlaser

Für Argonlaser sind zur Ionisierung und Anregung große Ströme auf kleinen Querschnitten notwendig. Dies erfordert einen hohen technologischen Aufwand im Vergleich mit den He-Ne-Lasern. Die Laser bestehen meist aus wassergekühlten Keramikrohren, z.B. BeO, welches eine hohe Wärmeleitfähigkeit, wie etwa Aluminium, hat. BeO ist toxisch und muß entsorgt werden. Bei einer anderen Konstruktionsform wird die Entladung durch Lochscheiben aus Wolfram geleitet, welche die Wärme über Halterungen aus Kupfer an das Rohr abführen. Zur Konzentration der Entladung wird mittels einer Spule ein axiales Magnetfeld erzeugt. Dadurch vergrößern sich die Pumprate und der Wirkungsgrad des Lasers (< 0,1 %). Die Laser können über 100 W im blaugrünen Bereich und bis zu 60 W im nahen Ultravioletten liefern.

Durch Verwendung von breitbandigen Laserspiegeln entsteht Emission auf mehreren Linien. Zur Selektion einzelner Wellenlängen wird ein

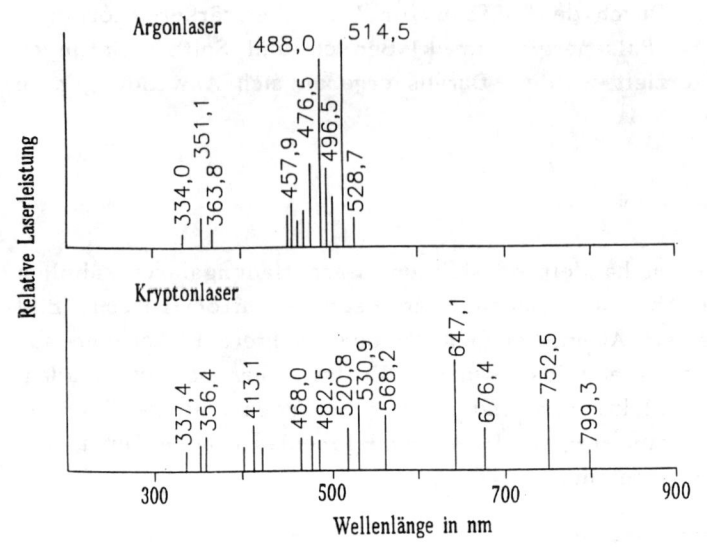

Bild 1.9. Die stärksten Linien von Edelgasionenlaser

Tabelle 1.10. Leistung eines 20 W Argonionenlasers bei verschiedenen Linien

Wellenlänge (nm)	Leistung (W)
528,7	2
514,5	10
501,7	2
496,5	3
488,0	10
476,5	3
472,7	1
465,8	1
457,9	1
454,5	1
alle Linien	20
mit UV-Optiken:	
385,1 - 351,1	3
363,8 - 333,6	5
335,8 - 300,3	2
305,5 - 275,4	0,6

Brewster-Prisma in den Laserresonator eingesetzt. Durch Drehen des Prismas können die verschiedenen Linien eingestellt werden (Bild 1.9). Typische Leistungen in den einzelnen Linien eines kommerziellen 20-W-Lasers mit und ohne Wellenlängenselektion zeigt Tabelle 1.10. Nahezu alle kommerziellen Edelgasionenlaser liefern die Grundmode TEM_{00}. Trotz der hohen Belastung der Rohre durch die hohen Ströme werden Lebensdauern von mehreren 1000 Betriebsstunden erreicht.

Kryptonionenlaser
Entladungsrohre für Kryptonlaser sind nahezu baugleich mit denen der Argonlaser. Die Linien des Kr^+-Lasers liegen zwischen 337 und 799 nm (Bild 1.9). Der geringe Wirkungsgrad des Kryptonionenlasers erfordert höhere Stromdichten als beim Argonlaser gleicher Leistung. Zusätzlich tritt ein verstärktes Sputtering auf, da die Kr-Ionen schwerer sind und höhere Energie aufweisen. Es gibt Laser, die mit einer Ar- und Kr-Mischung rotes, grünes und blaues Licht erzeugen. Die Farbmischung ergibt weißes Licht.

Metalldampfionenlaser (Cd, Se, Cu)
Neben den Edelgasionenlasern existieren noch andere Ionenlaser, insbesondere in Metalldämpfen wie Cd, Se oder Cu. Technische Bedeutung hat bisher nur der He-Cd-Laser.

He-Cd und He-Se-Laser
Kontinuierliche Emission vom infraroten bis zum ultravioletten Spektralbereich kann mit Cadmium- und Selenionen erreicht werden. Zur Anregung der Laserniveaus und zum Betrieb der Gasentladung enthalten diese Laser zusätzlich Helium. Die stärksten Laserlinien und die entsprechenden Übergänge sind in Tabelle 1.11 dargestellt.

Kommerziell werden He-Se-Laser mit 1 bis 5 mW Ausgangsleistung im Spektralbereich von 460 bis 650 nm vertrieben. Die gewünschten Wellenlängenbereiche werden durch entsprechende Spiegel eingestellt. Die Ausgangsleistung handelsüblicher He-Cd-Laser beträgt bei 325 nm etwa 1 bis 8 mW und bei 441.6 nm bis zu 60 mW. Durch gleichzeitigen Betrieb der roten, grünen und blauen Linien kann weiße Laserstrahlung erzeugt werden. Die Lebensdauer abgeschmolzener He-Cd-Laser beträgt 6000 Stunden oder mehr, beim Betrieb im UV etwa die Hälfte. Anwendungen liegen beispielsweise in der Informations- und Meßtechnik, Holographie oder Fluoreszenzanalyse. He-Cd-Laser sind billiger und besitzen geringere Linienbreiten als Argonionenlaser vergleichbarer Leistung.

Tabelle 1.11. Wellenlängen des He-Cd- und He-Se-Lasers

Ion	Wellenlänge (nm)	Leistung kommerz. Laser
Cd II	636,8 (rot)	
Cd II	537,8 (grün)	
Se II	530,5 (grün)	
Se II	525,3 (grün)	
Se II	517,6 (grün)	
Se II	506,9 (blaugrün)	
Se II	499,3 (blau)	
Se II	497,6 (blau)	
Cd II	441,6 (blau)	100 mW
Cd II	325,0 (ultraviol.)	10 mW

1.3.5 UV-Moleküllaser

Gepulste Lasertätigkeit im ultravioletten Spektralbereich wird bei Übergängen zwischen Elektronenniveaus in Molekülen erzielt. Es werden vorwiegend zweiatomige Moleküle wie H_2, N_2 und Excimere, vor allem Edelgashalogenide, als aktive Medien eingesetzt. Excimere sind Moleküle, die nur kurzzeitig im angeregten Zustand existieren und nach Übergang in den Grundzustand schnell zerfallen. Die stärksten Laserlinien sind in Tabelle 1.12 zusammengefaßt.

Als kommerzielle Systeme weit verbreitet sind Stickstoff- und Excimerlaser. Wegen des hohen Wirkungsgrades werden voraussichtlich besonders die Edelgashalogenlaser für den ultravioletten Spektralbereich ähnliche technologische Bedeutung erlangen wie die CO_2-Laser für den infraroten Bereich.

Stickstofflaser
Der N_2-Laser ist ein relativ einfach funktionierendes technisches System, und er wird daher in vielen Laboratorien selbst gebaut. Er liefert kurze Pulse mit einer Wiederholfrequenz von etwa 100 Hz, bei Atmosphärendruck-Lasern liegt die Pulsbreite im Nano- oder Subnanosekunden-Bereich. Die stärkste Linie befindet sich im Ultravioletten bei einer Wellenlänge von 337 nm, sie eignet sich besonders zum Pumpen von Farbstofflasern. Andere Anwendungen kleiner

N_2-Laser liegen dort, wo bisher UV-Lichtquellen eingesetzt werden, z. B. bei Untersuchungen zur Fluoreszenz. Der Nachteil dieses Lasertyps ist die geringe Fähigkeit des Gases, Energie zu speichern, so daß die Pulsenergie auf 10 mJ beschränkt ist. Daher werden oft als Alternative Excimer- oder frequenzvervielfachte Nd:YAG-Laser verwendet. Der Wirkungsgrad des N_2-Lasers beträgt weniger als 1 ‰. Der Aufbau mit Querentladung ist ähnlich wie beim Excimerlaser.

Tabelle 1.12. Wellenlängen der wichtigsten UV-Moleküllaser

Molekül	Wellenlänge (nm)
Xe	351 ··· 353
N_2	337
XeCl	308
Br_2	291
XeBr	282
KrF	248
KrCl	222
ArF	193
CO	181 ··· 197
ArCl	175
Xe_2	172
H_2, D_2, HD Lyman band	150 ··· 162
F_2	158
Kr_2	146
Ar_2	126
H_2 Werner band	123
H_2 Werner band	116

Tabelle 1.13. Typische Daten kommerzieller Excimerlaser

Lasertyp	F_2^*	ArF^*	$KrCl^*$	KrF^*	$XeCl^*$	XeF^*
Wellenlänge in (nm)	157	193	222	249	308	350
Pulsenergie in (mJ)	15	500	50	1000	500	400
Pulsdauer in (ns)			10 bis 30			
Spitzenleistung in (MW)	0.2	10	1	15	10	5
Pulsfrequenz in (Hz)	10	10-100	100	100	100	100
Durchschnittsleist. in (W)	10	10	5	20	10	10
Pulszahl ohne Gasaustausch	10^5	10^6	10^6	10^6	10^7	10^6

Excimerlaser

Als Excimere bezeichnet man Moleküle, die keinen stabilen Grundzustand besitzen. Das Wort ist eine Abkürzung für 'excited dimer'. Dies beschreibt ein zweiatomiges Molekül (dimer), das nur im angeregten (excited) Zustand kurzfristig "stabil" ist. Wenn das Molekül seine Anregungsenergie abgibt und somit in den Grundzustand zurückkehrt, zerfällt es in zwei Atome. Es werden insbesondere Edelgas-Halogen-Verbindungen, wie ArF^*, KrF^*, $XeCl^*$, XeF^*, und Edelgasdimere, wie Ar_2^*, Kr_2^* eingesetzt. Der Index symbolisiert den angeregten Zustand. Die Excimerlaser können energiereiche Pulse mit über 1 J im ultravioletten Bereich bei Durchschnittsleistungen über 100 Watt liefern (Tabelle 1.13). Elektronenstrahlgepumpte Excimerlaser können Pulsenergien von mehreren 100 J erzeugen.

Die Anregung erfolgt in einer Hochspannungsentladung, die wegen des hohen Gasdrucks quer zum Laserstrahl liegt. Der Aufbau ist ähnlich wie beim N_2- oder TEA-CO_2-Laser. Um Verstärkung zu erzielen, müssen elektrische Leistungsdichten von einigen 100 MW/l im Gasvolumen eingesetzt werden. Derartige Anforderungen lassen sich nur im Pulsbetrieb erreichen. Das Gasgemisch mit 1 bis 4 bar enthält 5 bis 10 % des aktiven Edelgases, 0.1 bis 0.5 % des Halogens (z.B. F_2) und ein Puffergas (He oder Ne). Der Wirkungsgrad eines Excimerlasers beträgt einige Prozent. Alle kommerziellen Typen sind mit einer Vakuumpumpe versehen, welche einen Gasaustausch ermöglicht. Die abgepumpten Gase sind toxisch und können nicht direkt in die Atmosphäre geblasen werden.

1.3.6 Festkörperlaser

Das aktive Medium der meisten Festkörperlaser besteht aus Kristall- oder Glasstäben von einigen cm Länge, welche mit optisch wirksamen Ionen dotiert sind. Dabei werden meist Übergangsmetalle wie Cr, Ni, Co oder seltene Erden wie Nd, Er oder Ho verwendet. Die Laserstrahlung entsteht in inneren ungefüllten Schalen, die weitgehend vom Kristallfeld abgeschirmt sind. Die Übergänge sind daher relativ scharf, und sie liegen im infraroten oder sichtbaren Spektralbereich. Daneben gibt es auch vibronisch verbreiterte Niveaus, die zu abstimmbaren Festkörperlasern führen (Bild 1.6c).

Bei der Dotierung werden ein Teil (etwa 10^{-3} bis 10^{-1}) der Atome durch Fremdionen ersetzt. Demnach liegt die Dichte der laseraktiven Teilchen bei etwa 10^{19} cm^{-3}, was wesentlich größer ist als die Dichte in Gaslasern (10^{15} bis 10^{17} cm^{-3}). Da oft die Lebensdauer der oberen Laserniveaus lang ist, lassen sich große optische Energien in Festkörpern speichern und hohe Pulsleistungen extrahieren. Die Anregung erfolgt durch sogenanntes optisches Pumpen mit Lampen oder Lasern. Das Material des Festkörperlasers, Kristall oder Glas, muß gute optische, mechanische und thermische Eigenschaften besitzen, z.B. Schlierenfreiheit, Bruchfestigkeit und hohe Wärmeleitfähigkeit. Als Kristalle werden Oxide und Fluoride, als Gläser Phosphate und Silikate eingesetzt.

Beispiele für die Oxide sind Saphir, die Granate und Aluminate. Das erste Lasermaterial war der Saphir Al_2O_3 des Rubinlasers. Bei den Granaten sind besonders $Y_3Al_5O_{15}$ (YAG = Yttrium Aluminium Garnet), $Gd_3Ga_5O_{12}$ (GGG = Gadolinium Gallium Garnet) und $Gd_3Sc_2Ga_3O_{12}$ (GSGG = Gadolinium Scandium Gallium Garnet) bekannt, welche beim Neodymlaser eingesetzt werden. Von den Aluminaten wird $YAlO_3$ (YAlO) mit Nd, Er, Mo oder Tm dotiert und als Lasermedium verwendet. Außerdem werden Wolframate wie Nd:$CaWO_4$ und Beryllate wie Nd:$La_2Be_2O_5$ (BEL) verwendet. Bei den Fluoriden wurden insbesondere CaF_2 und $YLiF_4$ (YLF) untersucht und mit verschiedenen Ionen dotiert, wie Nd, Ho und Er.

Bei einer speziellen Klasse von Festkörperlasern kann die Energie des Überganges in Photonen und Phononen, d.h. Gitterschwingungen, aufgeteilt werden. Dieses ermöglicht bei diesen vibronischen Lasern eine breitbandige kontinuierliche Abstimmung der Wellenlänge. Die wichtigsten Vertreter sind der Alexandrit-Laser ($BeAl_2O_4$:Cr^{3+}), der Titan-Saphir-Laser (Al_2O_3:Ti^{3+}), der Cr:$KZnF_3$-Laser, der Smaragd-Laser ($Be_3Al_2Si_6O_{18}$:Cr^{3+}) und andere.

Eine weitere Klasse der Festkörperlaser stellen die Farbzentrenlaser dar, bei denen Alkalihalogenidkristalle mit Defekten, die eine Färbung der Kristalle hervorrufen, verwendet werden.

Im folgenden werden die wichtigsten kommerziellen Festkörperlaser behandelt, deren Wellenlängen im roten bis infraroten Spektralbereich zwischen 0,7 und 3 µm liegen.

Rubinlaser
Der Rubinlaser, historisch der erste Laser, benutzt als aktives Medium einen synthetischen Rubin-Kristallstab. Dieser besteht aus Al_2O_3 (Saphir), welcher mit Chrom dotiert ist (Al_2O_3:Cr^{3+}). Die Laserübergänge finden in inneren Schalen des Cr^{3+}-Ions statt. Die Anregung

erfolgt optisch mittels einer Blitzlampe. Der Rubin-Laser ist ein Dreiniveau-System, was nachteilig ist, da etwa 50% der Atome angeregt werden müssen, ehe es zu einer Überbesetzung und Lichtverstärkung kommt. Das verlangt eine hohe Pumpenergie, die in der Praxis nur im Pulsbetrieb erreicht wird. Die Wellenlänge des Rubin-Lasers (R_1-Linie) beträgt 694,3 nm bei Zimmertemperatur.

Der Rubinlaser kann ebenso wie andere Festkörperlaser in folgenden Betriebsarten benutzt werden: Normalbetrieb, Q-Switch und Modenkopplung (Tabelle 1.14). Im Normalbetrieb erfolgt die Emission eines Rubin-Lasers während des Pumppulses (etwa 1 ms) nicht kontinuierlich, sondern mit starken statistischen Intensitätsschwankungen oder Spikes.

Tabelle 1.14. Verschiedene Betriebsarten des Rubinlasers (λ = 694,3 nm)

Betriebsart	Pulsdauer	Pulsleistung	Pulsenergie
Normalpuls	0,5 ms	100 kW	50 J
Q-switch	10 ns	100 MW	1 J
Modenkopplung	20 ps	einige GW	0,1 J

Neodym-YAG-Laser

Der wichtigste Festkörperlaser ist der Neodymlaser, bei dem die Strahlung von Nd^{3+}-Ionen erzeugt wird. Das Nd^{3+}-Ion kann in verschiedene Wirtsmaterialien eingebaut werden, wobei für Laserzwecke am häufigsten YAG-Kristalle (Yttrium-Aluminium-Granat - $Y_3Al_5O_{12}$) und verschiedene Gläser verwendet werden. Der Nd:YAG-Laser weist eine hohe Verstärkung und geeignete mechanische und thermische Eigenschaften auf, so daß er in zahlreichen kontinuierlichen und gepulsten Versionen eingesetzt wird. Weitere Kristalle für Nd-Laser sind Nd:Cr:GSGG, Nd:YLF, weniger Bedeutung haben YAlO, YAP, $CaWO_3$ und andere.

Die Anregung erfolgt durch optisches Pumpen in breite Energiebänder und strahlungslose Übergänge in das obere Laserniveau. Der Nd-Laser ist ein Vierniveau-System mit dem Vorteil einer vergleichsweisen geringen Laserschwelle. Unter üblichen Betriebstemperaturen emittiert der Nd:YAG-Laser nur die stärkste Linie mit einer Wellenlänge von 1,0641 µm. Durch Verwendung dispersiver Elemente im Resonator, wie Etalon, Prisma, selektive Spiegel, können auch zahlreiche andere Linien entstehen. Tabelle 1.15 zeigt die relative Intensi-

Tabelle 1.15. Die wichtigsten cw-Linien des Nd:YAG-Lasers (bei 20 °C)

Wellenlänge (μm)	Relative Intensität
1,0520	46
1,0615	92
1,0641	100
1,0646	~50
1,0738	65
1,0780	34
1,1054	9
1,1121	49
1,1159	46
1,1227	40
1,3188	34
1,3200	9
1,3338	13
1,3350	15
1,3382	24
1,3410	9
1,3564	14
1,4140	1

Tabelle 1.16. Verschiedene Betriebsarten des Nd:YAG-Lasers (1,06 μm)

Anregung	Betriebsart	Pulsfrequenz	Pulsdauer	Leistung
cw	–	–	–	W...kW
cw	Q-switch	0...100 kHz	0,1...0,7 μs	100 kW
cw	Cavity dumping	0...5 MHz	10...50 ns	
cw	Modenkopplung	100 MHz	3...100 ps	
Puls	Normalpuls	bis 200 Hz	0,1...10 ms	10 kW
Puls	Q-switch	bis 200 Hz	3...30 ns	10 MW
Puls	Cavity dumping	bis 200 Hz	1...3 ns	10 MW
Puls	Modenkopplung	bis 200 Hz	30 ps	einige GW

tät verschiedener Laserübergänge eines speziellen cw-Lasers. Handelsübliche YAG-Laserstäbe haben eine Länge bis zu 150 mm und einen Durchmesser bis 10 mm. Mit einem 75 mm langen YAG-Laserstab von 6 mm Durchmesser kann eine Ausgangsleistung von etwa

300 W bei einem Wirkungsgrad bis zu 4,5% erreicht werden. Die Laserschwelle liegt bei etwa 2 kW elektrischer Pumplampen-Leistung (Kr-Bogenlampe). Die Laser können kontinuierlich oder gepulst strahlen (Tabelle 1.16).

Cr:Nd:GSGG-Laser

Neben dem YAG gibt es für Neodym noch eine Vielzahl anderer kristalliner Wirtsmaterialien. Im Fall von Nd:Cr:$Gd_3Sc_2Ga_3O_{12}$ (GSGG) werden die breiten Absorptionsbanden des Chrom (Cr^{3+}) im Sichtbaren für den Pumpprozeß ausgenutzt. Der eigentliche Laserprozeß findet im Neodym (Nd^{3+}) statt. Dabei findet ein effektiver Energietransfer von nahezu 100 % von Cr^{3+} auf das obere Laserniveau des Nd^{3+} statt. Dies führt zu einer Steigerung des Wirkungsgrades auf 5%. Die stärkste Wellenlänge liegt wie beim YAG bei 1,06 µm. Nachteilig ist, daß Wärmeleitfähigkeit und Wärmekapazität etwas kleiner als beim YAG-Kristall sind, während sich die anderen Materialeigenschaften ähneln. Die Verstärkung ist etwas geringer und die Sättigung etwas höher.

Nd:YLF

Im Unterschied zu den YAG- und GSGG-Neodymlasern liefert der Nd:$LiYF_4$ eine starke Linie bei 1,053 µm. Durch Drehen eines Polarisators im Resonator kann die 1,047 µm-Linie eingestellt werden. Beide Linien sind senkrecht zueinander polarisiert. Die 1,053 µm-Strahlung wird durch Neodym-Phosphatgläser verstärkt, so daß derartige Kombinationen aus Oszillator und Verstärker eingesetzt werden. Der Nd:YLF-Laser kann auch bei 1,313 und 1,321 µm betrieben werden.

Konstruktion

Die Anregung der Festkörperlaser erfolgt durch optisches Pumpen. Eine Gasentladungslampe wird in einer Pumpkammer parallel zum Laserstab gelegt. Diese ist mit einer hoch reflektierenden Schicht umgeben, so daß das Pumplicht möglichst intensiv in das Lasermaterial gestrahlt wird. Die Wärme wird meist durch eine Wasserkühlung abgeführt. Für gepulste Nd:YAG-Laser werden Xe-Blitzlampen (0.6 bis 2 bar) verwendet, während im kontinuierlichen Betrieb Hochdruck-Kr-Lampen (4 bis 6 bar) eingesetzt werden. In einer doppelelliptischen Anordnung werden auch zwei Lampen eingebaut. Das Spektrum der Pumpquelle muß dem Anregungsspektrum möglichst entsprechen. Bei Xe-Blitzlampen ist dieses nur unbefriedigend der Fall. Eine bessere Anpassung und ein höherer Wirkungsgrad wird beim Pumpen mit GaAs-Diodenlasern erreicht, die zwischen 805 und 809 nm emittieren.

Um definierte Strahleigenschaften bei hoher Energie zu erreichen, werden Oszillator-Verstärkersysteme benutzt. Im Oszillator können Strahldivergenz, Intensitätsverteilung (TEM_{00}-Mode), die Linienbreite und Pulsdauer kontrolliert werden. Hohe Energien werden durch ein oder mehrere Verstärkerstufen erzielt.

Diodengepumpte Laser

Oft werden diodengepumpte Laser als Oszillatoren eingesetzt. Die Pumpstrahlung aus Diodenlaser-Arrays wird mit Hilfe von Linsen meist axial in den Nd-Stab eingestrahlt. Die Pumpstrahlung dringt tief in den Laserstab ein und wird nahezu vollständig absorbiert. Typische lasergepumpte Nd:YAG-Systeme benutzen Diodenarrays mit einigen Watt kontinuierlicher Laserleistung bei einem Wirkungsgrad um 20 %. Der Laserstab ist ungefähr 1 cm lang mit einem Durchmesser von 0,5 mm. In kommerziellen Systemen ist der Quantenwirkungsgrad nahe bei eins, d.h. fast jedes Pumpphoton erzeugt ein Laserphoton. Der gesamte Wirkungsgrad eines diodenlasergepumpten Nd-YAG-Systems liegt um 7 %. Da eine Erwärmung erheblich reduziert wird, liefern derartig gepumpte Laser eine sehr gute Strahlqualität im kontinuierlichem Betrieb von über 100 mW in der TEM_{00}-Mode.

Es werden kommerzielle Systeme hergestellt, in deren Resonator ein Kristall zur Frequenzverdopplung eingebaut ist. Bei einer Umwandlungsrate von nahe 100 % entsteht damit kontinuierliche grüne Strahlung (0,53 μm) im TEM_{00}-Mode um 100 mW. Diodengepumpte Neodymlaser können auch in Güteschaltung und Modenkopplung betrieben werden. Neben dem Nd:YAG werden auch andere Laserkristalle mit Laserdioden gepumpt. Derartige Festkörperlaser sind ein entscheidender Fortschritt in der Lasertechnologie, durch welchen Strahlung mittlerer Leistung im Infraroten und Sichtbaren mit hoher Strahlqualität und gutem Wirkungsgrad erzeugt wird.

Nd:Glaslaser

Anstelle von Kristallen können auch Gläser z.B. Silikat- oder Phosphatglas als Nd-dotierte Lasermedien eingesetzt werden. Die Gläser werden bis zu einigen Gewichtsprozenten und damit stärker dotiert als Kristalle und mit größeren Abmessungen hergestellt. Damit können Pulse mit hohen Energien und Leistungen erzielt werden. Die Pulsfolgefrequenz ist allerdings kleiner als beim YAG-Laser, da die Wärmeleitfähigkeit geringer ist. Die Linienbreite ist wegen der amorphen Struktur des Glases etwa 50 mal größer als beim YAG-Kristall. Dadurch können kürzere Pulse entstehen, da bei Modenkopplung die Pulsbreite durch die reziproke Linienbreite begrenzt ist.

Handelsübliche Glaslaser haben Pulsfolgefrequenzen, die meist unterhalb von 1 Hz liegen. Als Beispiel dienen folgende Betriebsdaten für einen Laser mit einem 15 cm langen Glasstab von 1,2 cm Durchmesser: bei 5 kJ Pumpenergie werden etwa 70 J Laserenergie emittiert. Die Wellenlänge liegt um 1,06 µm.

Erbiumlaser
Neben dem Rubin- und Neodymlaser werden auch der Holmiumlaser (2,06 µm) und Erbiumlaser (0,85 µm, 1,2 µm, 1,7 µm, 2,7 bis 2,9 µm) kommerziell hergestellt. Bezüglich Wirkungsgrad und Ausgangsenergie zeichnet sich der Erbiumlaser nicht besonders aus. Er wird jedoch eingesetzt, da neue Wellenlängen um 2,9 und 1,54 µm zur Verfügung stehen. Der Er-Laser wird wie die anderen Festkörperlaser mit Blitzlampen gepumpt, wobei Pulsenergien im 10 mJ-Bereich entstehen. Als Wirtkristalle dienen YAG, YLF (=$YLIF_4$) und $YAlO_3$. Erbium kann auch in Gläser eingebracht werden, die dann Lasertätigkeit bei 1,54 µm zeigen. Anwendungen des Lasers bei 1,54 µm sind augensichere Entfernungsmesser; 3-µm-Laser werden zu Photoablation in der Medizin eingesetzt.

Holmiumlaser
Holmium kann in die gleichen Wirtskristalle wie beim Erbiumlaser eingebaut werden. Es entsteht Laserstrahlung hauptsächlich um 2,1 µm, sowie auch zahlreiche andere Linien. Bei Temperaturen des flüssigen Stickstoffs ist ein kontinuierlicher Betrieb möglich. Bei Zimmertemperatur können intensive Pulse bis zu 500 mJ, auch im Q-Switch-Betrieb, erzeugt werden.

Vibronische Festkörperlaser
Paramagnetische Ionen, insbesondere der Übergangsmetalle wie Cr, Co, Ni, weisen eine nichtaufgefüllte 3d-Schale auf. Beim Einbau dieser Ionen in Festkörper ist die Abschirmung vom Kristallfeld durch äußere Schalen schwächer als bei den seltenen Erden (Nd-Laser). Daher tritt eine stärkere Wechselwirkung zwischen diesen Ionen und dem Wirtskristall auf. Ähnlich wie bei Farbstoffen können elektronische Übergänge in verschiedene Schwingungszustände aufspalten und ein Kontinuum bilden. Die optischen Spektren zeigen sowohl scharfe elektronische sowie auch breitbandige vibronische Übergänge. Wie beim Farbstofflaser ist damit die Möglichkeit gegeben, kontinuierlich abstimmbare Systeme zu bauen. Der Abstimmbereich kann über 30% Prozent von der zentralen Wellenlänge betragen (Bild 1.10).

Alexandrit-Laser

Von den vibronischen Lasern hat sich bisher hauptsächlich der Alexandrit-Laser kommerziell durchgesetzt. Das Lasermedium besteht aus $BeAl_2O_4$, welches mit etwa 0.14 Gewichtsprozent ($5 \cdot 10^{19}$ Ionen/cm^3) Chrom (Cr^{3+}) dotiert ist. Das Niveauschema ähnelt stark dem des Rubins. Die Wechselwirkung mit dem Kristallgitter ist jedoch stärker im Fall des Alexandrits, insbesondere der Grundzustand wird durch Vibrationen stark verbreitert. Im Betrieb als abstimmbarer vibronischer Laser werden Übergänge ausgenutzt, die ein Vierniveau-System darstellen. Der Abstimmbereich liegt zwischen 0,701 und 0,818 µm (Bild 1.10). Neben em abstimmbaren Band kann beim Alexandrit-Laser der gleiche Übergang wie beim Rubin auftreten. Der Alexandritkristall kann mit gepulsten Blitzlampen oder kontinuierlichen Bogenlampen gepumpt werden. Die Pulsenergie erhöht sich mit zunehmender Temperatur, so daß der Laser meist bei 100 °C betrieben wird.

Tabelle 1.17. Verschiedene Betriebsarten des Alexandrit-Lasers (750 nm) bei 750 nm Wellenlänge

Betriebsart	Normalpuls	Q-switch	Modenkopplung	cw
Bandbreite	1,0 nm	0,1 nm	0,02 nm	1,0 nm
Pulsdauer	≤ 200 µs	≈ 20 ns	≈ 8 ps	∞
Pulsenergie	≤ 5 J	≈ 2 J	≈ 1 mJ	—
Pulsfolgefrequenz	≤ 125 Hz	≈ 100 Hz	12,5 Hz	—
mittlere Leistung	≤ 100 W	≤ 20 W	—	≤ 60 W
Wirkungsgrad	≈ 3 %	≈ 1,2 %	—	≈ 1 %

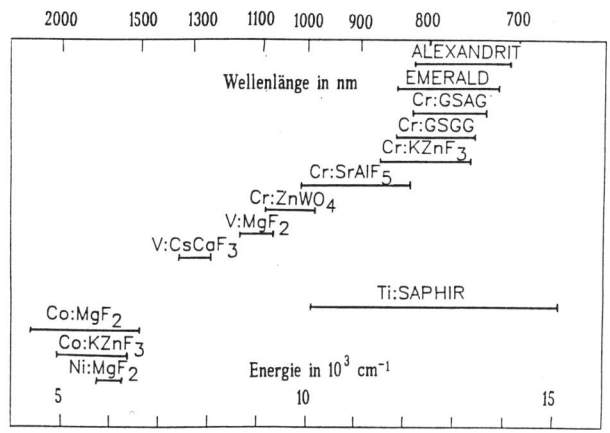

Bild 1.10. Wellenlängenbereich vibronischer Festkörperlaser. (Die Energie des Überganges ist in $10^{-3} cm^{-1}$ = 0,124 eV angegeben.)

Ti:Saphir-Laser

Vibronische Laser werden hauptsächlich mit den dreiwertigen 3d-Ionen, Cr^{3+} und Ti^{3+}, sowie den zweiwertigen Ni^{2+}, Co^{2+} und V^{2+} gebildet (Bild 1.10). Bisher können nur der Alexandrit und Cr:GSAG ($Gd_3Sc_2Al_3O_{12}:Cr^{3+}$) mit Blitzlampen gepumpt werden. Die anderen Laser benötigen zum Pumpen Nd:YAG-, Kr^+- oder Ar^+-Laser und müssen für Ni, Cr und V-Dotierung bei tiefen Temperaturen, z.B. mit flüssigem N_2, betrieben werden.

Besonders groß ist der Abstimmbereich beim Ti:Saphir-Laser, was auf das Fehlen von Selbstabsorption zurückzuführen ist. Die Wellenlängen liegen um 800 nm mit einer Bandbreite von 300 nm (Bild 1.10). Der Ti:Saphir-Laser hat Absorptionsbanden um 500 nm, so daß ein effektives Pumpen mit 40% Wirkungsgrad mit einem Argonlaser oder frequenzverdoppelten Nd:YAG-Laser möglich ist. Der Ti:Saphir-Laser hat einen größeren Abstimmbereich als Farbstofflaser und liefert höhere Ausgangsleistungen, so daß er im Spektralbereich um 800 nm die bisher verwendeten Farbstofflaser ersetzt. Bisher sind noch viele der vibronischen Laser nicht im Detail verstanden, und es sind weitere Fortschritte zu erwarten.

Farbzentrenlaser

Farbzentrenlaser sind optisch gepumpte Festkörperlaser mit breiten Absorptions- und Emissionsbanden. Das aktive Medium wird von Farbzentren in Alkalihalogenid-Kristallen, z.B. NaCl, KCl, RbCl, usw., gebildet. Sie ähneln in ihrem optischen Aufbau den kontinuierlich lasergepumpten Farbstoff-Lasern und liefern abstimmbare Strah-

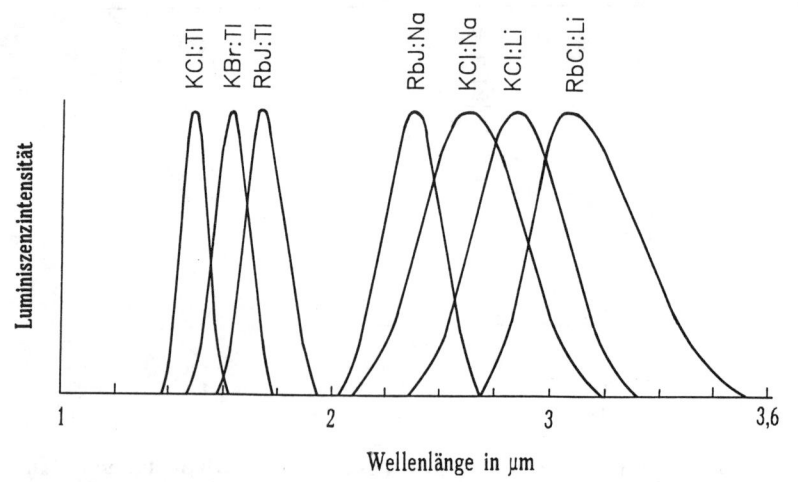

Bild 1.11. Wellenlängenbereich für verschiedene Farbzentrenlaser

lung im infraroten Spektralbereich zwischen 0,8 und 4 µm. Damit erweitern die Farbzentrenlaser den kontinuierlich abstimmbaren Emissionsbereich der Farbstofflaser vom Sichtbaren bis ins Infrarote. Farbzentrenlaser müssen meist bei der Temperatur von 77K des flüssigen Stickstoffs betrieben und aufbewahrt werden. Der technische Aufbau ähnelt dem der Farbstofflaser, die Leistungen betragen um 10 mW. Die Wellenlängen liegen zwischen 1,4 und 3,4 µm (Bild 1.11).

1.3.7 Farbstofflaser

Mit weit über 100 Farbstoffen in wässerigen oder organischen Lösungen (Konzentration im Bereich 10^{-3} Mol/Liter) kann abstimmbare Lasertätigkeit von etwa 300 nm bis über 1 µm erreicht werden. Das Pumpen erfolgt in der Regel optisch, wobei gepulster und kontinuierlicher Betrieb erreicht wird. Der Farbstofflaser ist bei weitem der gebräuchlichste abstimmbare Laser mit zahlreichen Anwendungen in der Spektroskopie, Medizin, Biologie, Umweltschutz, Analysetechnik und Isotopentrennung. Aufgrund der hohen Bandbreite eignet sich dieser Lasertyp zur Erzeugung ultrakurzer Pulse bis in den Femtosekundenbereich, die zur Untersuchung schneller Prozesse, z.B. der Photosynthese dienen. In der Medizin wird der Farbstofflaser in der Augenheilkunde zur Behandlung der Netzhaut routinemäßig eingesetzt.

Anregung durch Blitzlampen
Farbstofflaser werden optisch gepumpt; die Verwendung von Blitzlampen führt zu relativ ökonomischen Konstruktionen. Dabei werden spezielle koaxial um eine zylindrische Laserküvette angeordnete Lampen mit kurzen Anstiegszeiten (100 ns) und Impulsdauern verwendet, von denen Laserpulse von 0.1 bis 3 µs Dauer erzeugt werden. Diese Blitzlampen bestehen aus einem Doppelzylinder; in dem inneren Zylinder befindet sich die Farbstofflösung und in der Wandung der Entladungskanal. Die Pumpenergien betragen 50 bis 500 J. Daneben werden auch lineare Xe-Blitzlampen, ähnlich wie bei den Festkörperlasern, eingesetzt. Wegen der Besetzung des Triplettzustandes sind kurze Pumppulse notwendig.

Die Ausgangsleistung handelsüblicher Farbstofflaser mit Blitzlampen kann bis zu 10^8 W betragen, die Pulsenergie einige Joule (Tabelle 1.18). Die Pulsfolgefrequenzen liegen im Bereich von 1 bis 100 Hz. Es ist notwendig, die optisch gepumpte Farbstofflösung mechanisch umzuwälzen, um störende Aufheizeffekte zu vermeiden. Der Wir-

Tabelle 1.18. Eigenschaften von Farbstofflasern mit verschiedenen Pumpquellen. Die zitierten Abstimmbereiche werden bei der Verwendung mehrerer Farbstoffe erreicht

Pumpe	Mittl. Leist.	Spitzenleist.	Pulsdauer	Linienbreite
Blitzlampe	100 W	10^5 W	.1 - 10 µs	Multim.: 10^{-1}-10^{-2} nm
				Monom.: 10^{-4} nm
Nd:YAG (532; 355 nm)	1 W	10^6 W	10 ns	100 MHz
N_2 Laser	1 W	10^5 W	1-10 ns	Fourier-begrenzt
Excimerlaser	10 W	10^7 W	1-10 ns	
cw Ar^+-Laser	20 W		kont.	< 1 MHz

kungsgrad für die Umwandlung von elektrischer, zum Betrieb der Blitzlampe notwendiger Energie in Laserstrahlung liegt bei 0,5%.

Anregung durch Laser

Farbstofflaser für spektroskopische Anwendungen werden meist mit anderen gepulsten oder kontinuierlichen Lasern gepumpt. Die Pumpwellenlänge kann optimal zur Anregung des Farbstoffs gewählt werden. Damit werden störende Aufheizeffekte vermieden und gute Strahlqualität erreicht. Als Pumplaser dienen: Stickstofflaser (337 nm), Kupferlaser (510 nm), Excimerlaser (UV), Rubinlaser (694 nm)

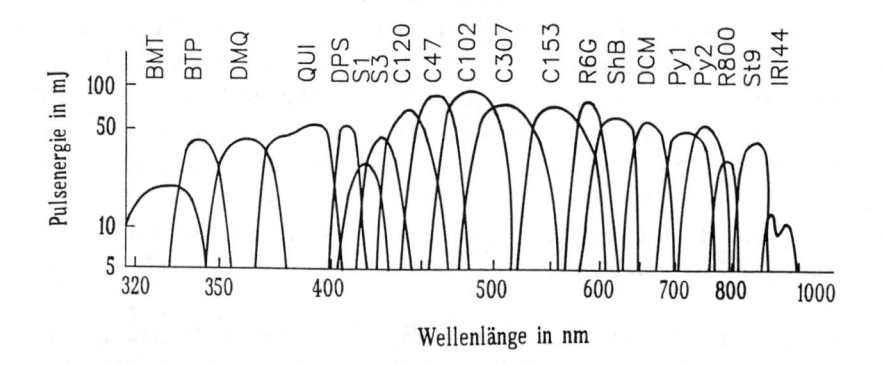

Bild 1.12. Abstimmbereich und typische Pulsenergien verschiedener Farbstoffe beim Pumpen mit Excimerlasern (Datenblatt der Firma Lambda Physik)

oder frequenzvervielfachte Nd:YAG-Laser (532 nm und 355 nm). Diese Pumplaser liefern Pulse im ns-Bereich bei Leistungen zwischen 1 bis 100 MW. Die Vorteile beim Pumpen mit Pulslasern sind folgende: hohe Spitzenleistung im MW-Bereich, kurze ns-Pulse, Pulsfolgefrequenzen über 100 Hz, große Abstimmbereiche insbesondere beim Pumpen mit UV-Lasern. In Bild 1.12 ist das spektrale Verhalten von Verbindungen gezeigt, die mit Excimerlasern angeregt werden können. Es wird lückenlos der Wellenlängenbereich zwischen 300 und 1000 nm überdeckt.

Ultrakurze Pulse

In Lasern großer optischer Bandbreite können zahlreiche longitudinale Moden auftreten. Durch das Verfahren der Modenkopplung werden die einzelnen Wellen so überlagert, daß in regelmäßigen Abständen (t = 2L/c) kurze Pulse entstehen. Bei kontinuierlich gepumpten Farbstofflasern werden synchrones Pumpen und passive Modenkopplung eingesetzt.

Tabelle 1.19. Erzeugung ultrakurzer Pulse mit Farbstofflasern

Verfahren	Pulsdauer	Länge des Wellenzuges
Anregung mit Pulslaser	100 ps	500 000 Wellenlängen
Synchrones Pumpen	100 fs	50 "
Passive Modenkopplung	25 ps	12 "
+ Pulskompression	6 fs	3 "

Für das synchrone Pumpen finden modengekoppelte Ionenlaser mit Pulsen von 200 ps Dauer und einer mittleren Leistung von etwa 1 W Verwendung. Voraussetzung für die Erzeugung von ultrakurzen Pulsen ist, daß die optische Resonatorlängen von Pump- und Farbstofflaser bis auf wenige µm gleich sind. In diesem Fall wird die Verstärkung des Lasermediums mit der Umlauffrequenz des Lichtes im Resonator f = c/2L moduliert. Im Gegensatz zur aktiven Modenkopplung werden nicht die Verluste, sondern die Verstärkung moduliert. Im Farbstofflaser entstehen dadurch Pulse, die 2 bis 3 Zehnerpotenzen kürzer als die Pumpimpulse sind, so daß Pulsbreiten um 0,1 ps erzeugt werden können.

Noch kürzere Pulse bis zu 25 fs lassen sich mit passiv modengekoppelten Lasern erzielen. Hierbei wird mit kontinuierlichen Pumplasern gearbeitet. Dadurch entfällt die Notwendigkeit, die Längen von Farbstoff- und Pumplaser aufeinander zu stabilisieren. Die Modenkopplung wird durch einen sättigbaren Absorber bewirkt. Eine weitere Verkürzung bis in den Femtosekundenbereich kann durch Pulskompression in Fasern erfolgen. Der Lichtwellenzug besteht dann nur noch aus wenigen Wellenlängen (Tabelle 1.19).

1.3.8 Halbleiterlaser

Kurz nach der Realisierung des ersten Lasers wurde bereits 1961 über den Halbleiterlaser berichtet. Er ist von großem wirtschaftlichen Interesse und wird bereits jetzt in großen Stückzahlen in Konsumartikeln, wie digitalen Musikrecordern und Druckern eingesetzt. Die bedeutendsten Eigenschaften im Vergleich zu anderen Lasern sind: kleine Abmessungen, direkte Anregung durch Strom, hoher Wirkungsgrad, Integrierbarkeit mit elektronischen Bauelementen und Herstellung durch die Halbleitertechnologie.

Halbleiter- oder Diodenlaser, welche direkt durch elektrischen Strom gepumpt werden, können in zwei Gruppen eingeteilt werden. Laser aus III-V-Verbindungen, wie GaAs, strahlen im Gelben, Roten und nahen Infraroten zwischen 600 und 1700 nm. Derartige Laser können kontinuierlich und gepulst bei Zimmertemperatur bis zu einigen mW und Wirkungsgraden bis 50% betrieben werden. Dagegen strahlen die Bleisalz-Diodenlaser im mittleren Infraroten zwischen 3 und 30 µm; sie können nur bei tiefen Temperaturen T < 100 K angeregt werden.

GaAlAs- und InGaAsP-Laser
In Halbleitern sind die Energiezustände der Elektronen nicht scharf, wie in Gasen, sondern durch breite Bänder gegeben. Der Laserübergang findet, ähnlich wie bei Leuchtdioden, zwischen dem Leitungs- und Valenzband statt (Bild 1.6e). Die Wellenlängen der Laserdioden hängen vom Bandabstand des Halbleiters ab. In binären Halbleitern aus zwei Komponenten hat der Bandabstand einen festen Wert, der bei GaAs 1,4 eV beträgt, was einer Wellenlänge von 0,9 µm entspricht. Bei Halbleitern aus drei oder vier Komponenten kann durch das Mischungsverhältnis der Bandabstand variiert werden. Im Fall von GaAlAs liegt die Variation zwischen 0,9 und 0,7 µm. Für den Halbleiter InGaAsP ist der Wellenlängenbereich größer.

Für Diodenlaser sind Halbleiter mit direkten Bandabständen erforderlich. Eine weitere Einschränkung ist, daß Halbleiterschichten am einfachsten auf Substrate aufgewachsen werden, die etwa gleiche atomare Gitterkonstanten besitzen. Aus diesem Grund läßt sich $Ga_{1-x}Al_xAs$ auf GaAs und $In_{1-x}Ga_xAs_yP_{1-y}$ mit $0 \leq x \leq 1$ und $y \approx 2,2\ x$ auf InP gut produzieren. Derartige InGaAsP-Laser können im Bereich von 1000 bis 1700 nm hergestellt werden. Kürzere Wellenlängen bis 0,65 µm, d.h. rotes sichtbares Licht, kann mit InGaAsP auf InGaP erzeugt werden. Gelbe Diodenlaser bis 570 nm verwenden AlGaInP.

Beim Fertigungsprozeß ist eine genaue Kontrolle der Wellenlänge des Lasers nur innerhalb einer Unsicherheit von ± 20 bis 30 nm möglich. Für die Nachrichtenübertragung sind Wellenlängen um 1,3 und 1,6 µm besonders geeignet, da optische Fasern in diesem Bereich eine minimale Dämpfung und Dispersion aufweisen. GaAlAs-Laser um 780 nm werden in großen Stückzahlen für die optische Abtastung von Tonträgern eingesetzt. Tabelle 1.20 zeigt eine Übersicht über einige kontinuierliche Halbleiterlaser. Wegen den geringen Abmessungen des aktiven Volumens strahlen Halbleiterlaser unter einem Divergenzwinkel von 20 bis 40⁰. Da es sich um kohärentes Licht handelt, kann die Divergenz mittels Linsen in den mrad-Bereich verkleinert werden.

Arrays
Auf einem Träger können mehrere Streifenlaser parallel nebeneinander angeordnet werden, wodurch "arrays" gebildet werden. Diese liefern kontinuierliche Leistungen bis zu 100 W. Eine wichtige Anwendung besteht im Pumpen von Festkörperlasern, insbesondere Nd-Lasern.

Tabelle 1.20. Typische Daten von Halbleiterlasern im kontinuierlichen Betrieb

Lasertyp	Wellenlänge in µm	Temperatur in K	Leistung in mW	Schwellstrom in mA
InGaAsP/InGaP	0,65 ... 0,7	300	10	100
GaAlAs	0,78 ... 0,88	300	100	10
InGaAsP	1,2 ... 1,6	300	50	10
PbCdS	2,8 ... 4,2	100	1	500
PbSSe	4,0 ... 8,5	100	1	500
PbSnTe	6,5 ... 32	100	1	500
PbSnSe	8,5 ... 32	100	1	500

1.3.9 Elektronen- und Röntgenlaser

FEL

In üblichen Lasern finden die Übergänge zwischen Anregungszuständen von Atomen, Molekülen oder Festkörpern statt. Durch induzierte Emission wird elektromagnetische Strahlung frei, wobei die Wellenlängen aufgrund der mehr oder weniger scharf definierten Energieniveaus bestimmt sind. Ein Durchstimmen der Laserwellenlänge ist stets nur in einem engen Bereich möglich. Selbst beim Farbstofflaser läßt sich die Wellenlänge nur um etwa 10 % verändern. Dieses Verhalten kann grundsätzlich dadurch geändert werden, daß ein System mit kontinuierlich veränderbaren Energiezuständen zum Lasern gebracht wird. Daher hat sich das Bemühen verstärkt, Laser zu entwikkeln, welche als aktives Medium freie Elektronenstrahlen einsetzen. Die darauf basierenden Elektronenstrahllaser oder Freie-Elektronen-Laser (FEL) haben potentiell sehr große Abstimmbereiche. Bisher strahlen FEL's vom Sichtbaren bis unterhalb von 1 mm, Laser im UV bis zu 10 nm sind in Planung.

Röntgenlaser

Es wird daran gearbeitet, die Wellenlänge der Laser weiter in das Ultraviolette und schließlich in den Röntgenbereich zu verkürzen. Die Vorschläge zur Realisierung eines Lasers im Röntgenbereich lassen sich in zwei wesentliche Gruppen unterteilen. Zum einen könnte der Freie-Elektronen-Laser die Möglichkeit bieten, kürzere Wellenlängen zu erzeugen. Zum anderen werden hoch ionisierte Plasmen eingesetzt. Ionen hoher Ladungszahl zeichnen sich durch elektronische Zustände hoher Energie aus und bei Übergängen entsteht Röntgenstrahlung. Die kürzesten damit realisierten Wellenlängen liegen bei 4 nm.

Sowohl FEL's als auch Röntgenlaser sind heute noch aufwendige Anlagen und existieren nur in wenigen Laboratorien. An der Entwicklung kompakter Geräte wird jedoch gearbeitet.

2 Laserstrahlung

2.1 Verhalten der Strahlung

Große Bereiche der technischen Optik werden durch die 'geometrische Optik' erfaßt. Die Lichtausbreitung in Laser-Resonatoren wird dagegen nur verständlich, wenn man berücksichtigt, daß Licht eine elektromagnetische Welle ist. In diesem Abschnitt werden die Ausbreitung und Fokussierung von Laserstrahlung im Zusammenhang mit Resonatoren untersucht. Die meisten Laser arbeiten mit stabilen Resonatoren, bei denen das Licht stets in den Resonator zurückgespiegelt wird. Die Auskoppelung des Laserstrahls erfolgt durch den Einsatz eines teildurchlässigen Spiegels. Instabile Resonatoren werden bisweilen bei hohen Pulsleistungen eingesetzt. Dabei wird die Strahlung aus dem Resonator hinausgespiegelt. Bild 2.1 zeigt beide Typen am Beispiel eines konfokalen Resonators.

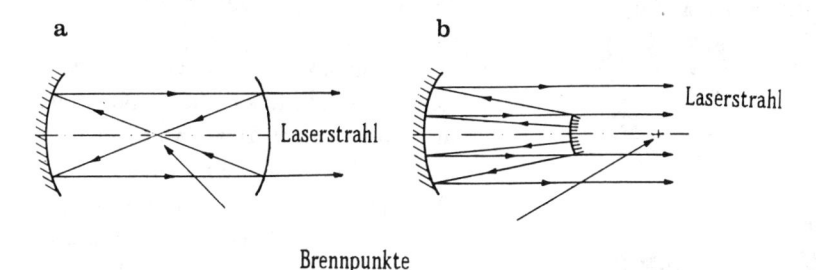

Bild 2.1. Beispiele für einen a) stabilen und b) instabilen Resonator. (Es sind konfokale Resonatoren dargestellt, bei denen die Brennpunkte der Spiegel zusammenfallen.)

2.1.1 Moden

Das zwischen den Spiegeln des Lasers hin- und herlaufende Licht bildet stehende Wellen, die bestimmte räumliche Verteilungen der elektrischen Feldstärke zeigen. Man nennt sie 'Schwingungsformen' oder 'Moden'. An den Spiegeln des Resonators wird die elektrische Feldstärke der Welle gleich Null. Daraus folgt, daß in die Resonatorlänge L eine ganze Anzahl q von halben Lichtwellenlängen $\lambda/2$ passen muß (Bild 1.4). Die Schwingungsformen in Längsrichtung, die axialen Moden, werden demnach durch folgende einfache Gleichung beschrieben:

$$L = q\lambda/2 . \tag{2.1}$$

In der Regel treten beim Laser mehrere axiale Schwingungsformen gleichzeitig auf, die jeweils voneinander den Frequenzabstand

$$\Delta f = c/2L \tag{2.2}$$

aufweisen; c ist die Lichtgeschwindigkeit.

a) Zylindrische Moden TEM_{pl}

00   01*   10   11*   20

01   02   03   04

b) Rechteckige Moden TEM_{mn}

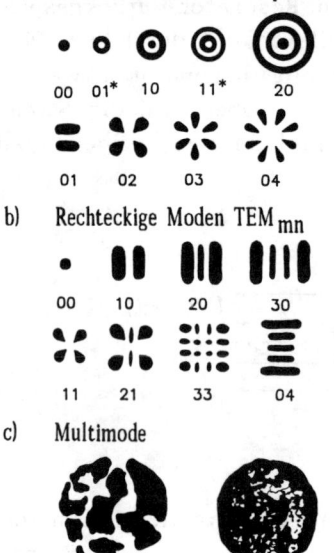

00   10   20   30

11   21   33   04

c) Multimode

Bild 2.2. a) Zylindrische transversale Moden. Der erste (zweite) Index gibt die Zahl der radialen (azimuthalen) Nullstellen an; 11* bedeutet eine Überlagerung zweier um 90° gedrehter 11-Moden.
b) Rechteckige transversale Moden. Die Indizes beziehen sich auf die Nullstellen waagerechter und senkrechter Richtung.
c) Im Multimode-Betrieb ergibt sich ein größerer Strahlradius. Durch die Überlagerung einzelner Moden ist die Struktur, insbesondere bei Festkörperlasern, oft unregelmäßig.

Daneben existieren transversale Moden. Aufgrund der Randbedingungen im Resonator bilden sich bestimmte Intensitätsverteilungen quer oder transversal zur Ausbreitungsrichtung aus. Diese transversalen Moden werden durch die Symbolik TEM_{mn} klassifiziert, wobei TEM die Abkürzung für 'transverse electromagnetic wave' steht. Für den rotationssymmetrischen Fall gibt m die Zahl der Nullstellen in radialer und n in azimutaler Richtung an. In einem rechteckigen System werden durch m und n die Zahlen der Nullstellen in vertikaler und horizontaler Richtung angezeigt. In Bild 2.2 sind einige Strukturen im zylindrischen und rechteckigen Koordinatensystem skizziert. Falls keine Maßnahmen zur Anregung bestimmter Moden getroffen werden, ergibt sich im Laser eine Überlagerung verschiedener transversaler Moden (Bild 2.2c). Im sogenannten 'Multimode-Betrieb' kann die Intensitätsverteilung über das Strahlprofil, insbesondere bei Festkörperlasern, unregelmäßig und eventuell auch zeitlich nicht stabil sein. Man erkennt aus Bild 2.2, daß der Strahldurchmesser mit zunehmender Zahl der Moden wächst.

Der Gerätehersteller gibt im allgemeinen an, ob es sich um einen Monomode-Laser mit nur TEM_{00} oder um Multimode-Gerät handelt. Oft sind beide Betriebsarten möglich; in diesem Fall wird in den Resonator eine sogenannte 'Modenblende' eingebaut, die etwa den Durchmesser der Grundmode TEM_{00} hat. Die höheren Moden können dadurch nicht auftreten. Mit dieser Maßnahme ist ein erheblicher Abfall der Laserleistung verbunden, da das Volumen des laseraktiven Mediums verkleinert wird.

2.1.2 Ausbreitung der Strahlen

Von besonderer Bedeutung ist die TEM_{00}-Grundmode, da sie den kleinsten Strahlradius und die geringste Divergenz besitzt. Die radiale Verteilung der Leistungsdichte E(r) ist nach Bild 2.3 durch eine Gauß-Verteilung gegeben:

$$E(r) = E_{max} \exp(-2r^2/w^2). \tag{2.3}$$

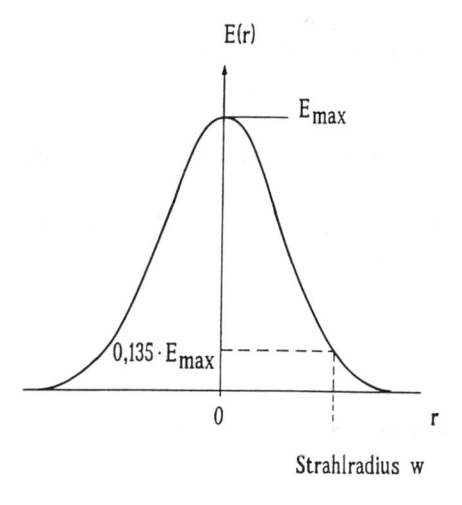

Bild 2.3. Intensitätsverteilung des TEM_{00}-Mode quer zur Strahlrichtung

Der Strahldurchmesser 2w (oder der Strahlradius w), der vom Hersteller am Spiegel angegeben wird, beschreibt die Stelle (r = w), an der die Leistungsdichte auf e^{-2} = 13,5 % gefallen ist. In der Strahlfläche πw^2 sind 86,5% der gesamten Laserleistung enthalten.

In den Normen zum Strahlenschutz (DIN VDE 0837) wird eine andere Definition des Strahldurchmessers verwendet. Es wird der Wert D_L benutzt, bei dem die Leistungsdichte auf 1/e = 37 % gefallen ist. Man erhält folgenden Zusammenhang:

$$D_L = 2w/\sqrt{2} = \sqrt{2}\ w. \qquad (2.4a)$$

Wird die Leistungsdichte über die Querschnittsfläche A des Strahls nach der Gleichung E = P/A gemittelt, ergeben sich mit $A = D_L^2 \pi/4$ realistische Mittelwerte. Benutzt man dagegen $A = w^2 \pi$, so ist der Mittelwert nur halb so groß.

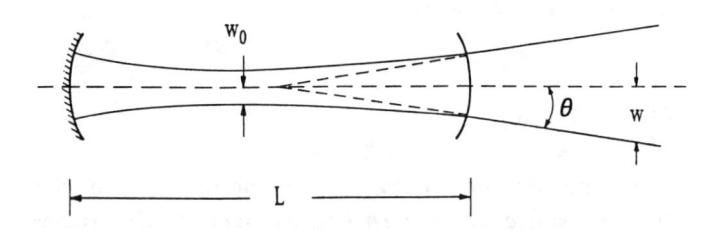

Bild 2.4. Ausbreitung eines TEM$_{00}$-Laserstrahls inner- und außerhalb eines Resonators mit zwei sphärischen Spiegeln. (Die Linsenwirkung des Ausgangsspiegels wird nicht berücksichtigt.)

Resonatoren werden im allgemeinen durch zwei sphärische Spiegel mit verschiedenen Krümmungsradien begrenzt (Bild 2.4). Der Laserstrahl breitet sich nie vollständig parallel aus. Die Grundmode hat die Form eines sogenannten 'Gaußschen Strahls', bei dem sich eine Strahltaille mit dem Radius w_0 bildet. Neben dem Strahlradius am Ausgang des Lasers ($w \approx w_0$) wird meist von den Herstellern die Divergenz angegeben. In größerer Entfernung von der Strahltaille ergibt sich für den halben Divergenzwinkel:

$$\Theta = \lambda / \pi w_0. \qquad (2.5)$$

Laser mit großer Wellenlänge, z.B. der CO_2-Laser mit λ = 10,6 µm, haben eine höhere Divergenz als solche mit kurzer Wellenlänge.

Ähnlich wie der Strahldurchmesser ist auch die Divergenz in den Normen anders als üblich definiert. Bezieht man sich auf den Strahldurchmesser D_L, erhält man folgende Gleichung für den vollen Divergenzwinkel

$$\Phi = 2\Theta/\sqrt{2} = \sqrt{2}\,\Theta. \tag{2.6}$$

In den Normen wird der Durchmesser des Strahls am Laserausgang mit a bezeichnet (1/e-Wert). Aufgrund einfacher geometrischer Beziehungen erhält man den Durchmesser D_L in der Entfernung z

$$D_L = a + z\,\Phi. \tag{2.4b}$$

2.1.3 Fokussierung

In der Technik wird die Laserstrahlung für viele Anwendungen mittels Linsen fokussiert. Zur Berechnung des Strahlverlaufes können nicht immer die Gleichungen der geometrischen Optik verwendet werden, da es sich nicht um die Berechnung von Bildern, sondern um den Transport einer Lichtwelle durch Linsen handelt.

Strahlt man einen nahezu parallelen Strahl (TEM_{00}) auf eine Linse der Brennweite f, so findet eine Fokussierung in der Nähe der Brennebene mit dem Durchmesser d statt:

$$d = 2f\lambda/\pi w_L = 0{,}64\,f\lambda/w_L. \tag{2.7}$$

w_L gibt den Strahlradius an der Stelle der Linse und λ die Wellenlänge an. Aus der Gleichung folgt, daß ein kleiner Brennfleck entsteht, wenn die Linse möglichst weit ausgeleuchtet wird.

Ist der Strahldurchmesser größer als der Linsendurchmesser $D = 2R$, so wird sie mehr oder weniger gleichmäßig ausgeleuchtet. Es tritt Beugung am Linsenrand auf, man erhält ein Beugungsbild mit ringförmiger Struktur. Der Durchmesser des zentralen Flecks bis zum ersten Minimum beträgt

$$d' = 1{,}22\,f\lambda/R. \tag{2.8}$$

Bezieht man die Angaben auf das Auge, so erhält man bei voll geöffneter Pupille für $2w_L = 2R = 7$ mm für blaues Licht ($\lambda = 0{,}5$ μm): $d = 2$ μm und $d' = 4$ μm. Dabei wurde die Brennweite des Auges mit f = 23 mm eingesetzt. Da stets Linsenfehler und eine Bewegung des Auges vorhanden sind, wird beim Stahlenschutz von einem minimalen Fleckdurchmesser von 10 µm ausgangen. In dem Ergebnis wurde der ungünstigste Fall angenommen, bei dem die Augenpupille voll geöffnet ist, und der Strahldurchmesser dieser Öffnung entspricht.

Bei der Handhabung von fokussierter Strahlung spielt die Tiefenschärfe des Strahlprofils eine Rolle. Läßt man eine Aufweitung des Strahls um $\sqrt{2}$ zu, erhält man für den Tiefenschärfenbereich der Strahltaille einer TEM_{00}-Mode:

$$t = \pm \pi w_1^2 / \lambda . \qquad (2.9)$$

Der gesamte Schärfenbereich beträgt 2t. Man erkennt, daß kurzwellige Strahlung besser zu fokussieren ist als langwellige.

Laser liefern stärkere Leistungen, wenn höhere Moden zugelassen werden. Für technische Zwecke, bei denen es nicht auf sehr genaue Fokussierung ankommt, ist häufig der Multimode-Betrieb möglich. Mit zunehmender Zahl der Moden steigen der Strahlradius sowie die Divergenz der Strahlung. Dadurch erhöht sich der Durchmesser bei Fokussierung, und die Tiefenschärfe verringert sich.

2.2 Gepulste Strahlung

Man unterscheidet Dauerstrichlaser und Pulslaser. Die einfachste Art, einen Dauerstrichlaser zu pulsen, besteht darin, den Laserstrahl schnell zu schalten. Dies kann beispielsweise durch mechanische, elektrooptische oder akustooptische Modulatoren geschehen, welche außerhalb des Resonators angeordnet sind.

Bei Pulslasern gibt es verschiedene Betriebsarten: normaler Pulsbetrieb (ms bis ns), Güteschaltung (Q-switch, ns), Puls-Auskopplung (cavity dumping), Modenkopplung (mode locking, ps) Bei ultrakurzen Pulsen (fs) erfolgt zusätzlich eine Pulskompression.

2.2.1 Normaler Pulsbetrieb

Viele Laser arbeiten aus unterschiedlichen Gründen im Pulsbetrieb. Beispiele dafür wurden im Abschnitt 1.3 behandelt. Im normalen Betrieb ist die Pulsdauer in der Regel von gleicher Größenordnung wie der Pumppuls. Die Zeiten schwanken von ms für Festkörperlaser bis zu 10 ns für Excimerlaser. Die normalen Pulse weisen sehr unterschiedliche Struktur auf. Bei Festkörperlasern ist der ms-Puls oft aus kurzen Spikes zusammengesetzt (Bild 2.5a). Beim TEA-Laser besteht der Puls aus einem kurzen Hauptpuls von mehreren ns mit einem längeren Schwanz.

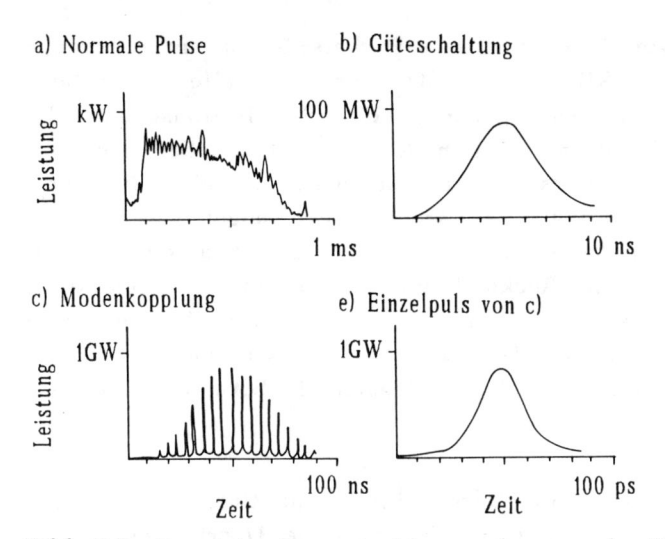

Bild 2.5. Gepulste Laserstrahlung: a) normale Pulse, b) Q-switch oder Güteschaltung, c) Modenkopplung (Pulsabstand 2L/c), d) einzelner modengekoppelter Puls (Pulsbreite 2L/cN)

2.2.2 Güteschaltung (Q-switch)

Bei der Güteschaltung wird ein optischer Schalter im Resonator angebracht. Am Anfang des Pumppulses, z.B. durch eine Blitzlampe, wird der Resonator zugeschaltet, so daß keine Lasertätigkeit auftreten kann. Dadurch baut sich eine sehr hohe Inversion in der Besetzung auf. Am Ende, wenn die Anregung das Maximum erreicht hat, wird der Schalter geöffnet. Die Niveaus zerfallen durch einen sehr intensiven Laserpuls von einigen Nanosekunden (ns = 10^{-9} s) Dauer (Bild 2.5b). Dadurch entstehen sogenannte 'Riesen-' oder 'Q-switch-Pulse' mit Leistungen von vielen Megawatt (MW = 10^6 W). Bei einigen Wellenlängen, für die keine elektro- oder akustooptische Materialien zur Verfügung stehen, werden noch schnell rotierende Drehspiegel verwendet. Diese stellen den Endspiegel des Resonators dar. Die Drehung und die gepulste Anregung des Lasers werden miteinander synchronisiert.

Die einfachste Art der Güteschaltung besteht aus einer Zelle mit einem sättigbaren Absorber im Resonator. Für Nd:YAG-Laser wird beispielsweise der Farbstoff Eastman Kodak 9740 in Dichlorethan gelöst. Der Transmissionsgrad steigt mit der Lichtintensität an. Dies hat zur Folge, daß der Resonator erst bei einer sehr hohen Schwelle transparent wird, so daß Riesenpulse entstehen.

Oft erfolgt eine Güteschaltung mittels Pockels-Zellen aus elektrooptischen Kristallen, wie KDP oder $LiNbO_3$. Diese Kristalle drehen beim Anlegen einer elektrischen Spannung die Polarisationsebene der Strahlung. Für die Schaltung wird in den Resonator neben der Pokkels-Zelle ein polarisierendes Element eingebaut, z.B. eine Glasplatte unter dem Brewster-Winkel. Bei Anlegen der sogenannten '$\lambda/4$-Spannung' von einigen kV dreht der Kristall die Polarisationsebene des Strahls beim Hin- und Rücklauf um 90^0, so daß Licht den Resonator nicht passieren kann. Am Ende des Pumppulses wird die Spannung auf Null geschaltet. Die Polarisationsebene wird nicht mehr gedreht, und die Lasertätigkeit setzt schlagartig in Form eines Riesenpulses ein.

Auch kontinuierlich gepumpte Laser können mit Güteschaltung betrieben werden. Voraussetzung ist, daß sich die Überbesetzung des oberen Laserniveaus akkumuliert. Ein Beispiel ist der Dauerstrich-Nd:YAG-Laser, der mit einem akustooptischen Modulator im Resonator geschaltet wird. Er liefert Pulse mit einigen kHz; die Spitzenleistung ist bei gleichbleibender mittlerer Leistung über 1000fach überhöht.

2.2.3 Pulsauskopplung (cavity dumping)

Bei der Pulsauskopplung befindet sich das Lasermedium zwischen zwei 100% reflektierenden Spiegeln, so daß die Lichtenergie im Resonator gespeichert wird. In den Strahlengang wird ein akustooptischer Ablenker angeordnet. Beim Einschalten dieses Elementes wird ein kurzer Laserpuls aus dem Resonator ausgekoppelt. Beispielsweise können Ionenlaser mit Pulsauskopplung betrieben werden. Das Verfahren wird auch bei der Modenkopplung eingesetzt, um einzelne Pulse hoher Leistung herauszuschneiden.

2.2.4 Modenkopplung (mode locking)

Mit diesem Verfahren können Pulse im Pikosekunden-Bereich (ps = 10^{-12} s) erzeugt werden. Bei Modenkopplung schwingen im Resonator gleichzeitig möglichst viele axiale Moden, die in fester Phasenbeziehung zueinander stehen. Durch die Überlagerung dieser Schwingungszustände emittiert der Laser kurze Pulse im zeitlichen Abstand der Umlaufzeit der Strahlung $2L/c$ (Bild 2.5b). Die Pulsbreite ist gegeben durch $\tau = 2L/cN$, wobei L die Resonatorlänge, c die Lichtgeschwindigkeit und N die Zahl der Moden bedeutet (Bild 2.5c). Um viele Moden schwingen zu lassen, muß die Bandbreite des Laserüberganges groß sein.

Bei der aktiven Modenkopplung werden mit einem elektro- oder akustooptischen Modulator die Verluste im Resonator mit der Frequenz moduliert, die der Umlaufzeit des Pulses im Resonator entspricht. Dadurch werden nur Photonen durchgelassen und verstärkt, die den Modulator zur Zeit maximaler Transmission erreichen. Es entsteht ein im Resonator hin- und herlaufender Lichtpuls, der durch einen teildurchlässigen Spiegel oder 'cavity-dumping' ausgekoppelt wird.

II STRAHLENWIRKUNG

3 Messung der Strahlung

Für die Praxis des Laserstrahlschutzes ist eine genaue Kenntnis der Größen des Strahlungsfeldes sowie der entsprechenden Meßgeräte erforderlich. In der Beleuchtungstechnik haben photometrische Größen (Tabelle 3.1b) Bedeutung, da es um den subjektiven Eindruck der Wirkung der Strahlung geht. In der Lasertechnik werden dagegen radiometrische Größen (Tabelle 3.1a) benutzt, die die physikalische Wirkung und biologische Schädigung wiedergeben.

Tabelle 3.1a. Zusammenstellung der radiometrischen Größen zur Kennzeichnung von Strahlung und ausgedehnten Quellen

Größe	Symbol, Gleichung	Einheiten
Beschreibung eines Strahlungsfeldes:		
Strahlungsenergie (Pulsenergie)	Q	J = Ws = Nm
Strahlungsleistung (Laserleistung)	P oder Φ P = Q/t P = dQ/dt	W = J/s
Bestrahlungsstärke (Intens., Leistungsd.)	E (oder I) E = P/A E = dP/dA	W/m^2
Bestrahlung (Energiedichte)	H H = Q/A H = dQ/dA	J/m^2
Beschreibung einer ausgedehnten Quelle:		
Strahldichte	L L = P/ΩA L = d^2P /dΩdA cosε L = E'/π (diffus)	$W/m^2 sr$
Integrierte Strahld.	S S = Lt S = $\int$Ldt	$J/m^2 sr$
Strahlstärke I	I = dp/dΩ	W/sr

Tabelle 3.1b. Die photometrischen Größen entsprechen den radiometrischen von Tabelle 3.1a; sie werden in der Lasertechnik kaum verwendet

Größe	Symbol	Einheiten
Beschreibung eines Strahlungsfeldes:		
Lichtmenge	Q	lm s
Lichtstrom	Φ	lm = lumen
Beleuchtungsstärke	E	lux = lm/m^2
Belichtung	H	lux s
Beschreibung einer ausgedehnten Quelle:		
Leuchtdichte	L	lm/m^{2}sr
Integrierte Strahld.	S	lm s/m^{2}sr
Lichtstärke	I	cd = lm/sr

3.1 Größen des Strahlungsfeldes

In den Normen des Strahlenschutzes (DIN VDE 0837) werden hauptsächlich Größen der Strahlenphysik verwendet (siehe DIN 5031), die in Tabelle 3.1a zusammengefaßt sind.

3.1.1 Strahlungsenergie

Die Strahlungsenergie oder Strahlungsmenge wird in Joule (J) oder Wattsekunden (Ws = J) gemessen und durch den Formelbuchstaben Q charakterisiert. Sie kennzeichnet die Energie, die im Strahlungsfeld vorhanden ist, oder die von einem Laser abgestrahlt wird. Bei gepulsten Lasern entspricht die Größe Q der Pulsenergie.

3.1.2 Strahlungsleistung

Die Strahlungsleistung oder der Strahlungsfluß ist durch die pro Zeiteinheit transportierte Energie Q definiert. Als Formelbuchstabe wird Φ oder P verwendet, die Einheit ist Watt (W = J/s). Bei konstanter Strahlungsleistung gilt

$$P = Q/t, \qquad (3.1a)$$

wobei t die Zeit ist. Meist reicht für die Abschätzungen zum Strahlenschutz diese vereinfachte Gleichung. Allgemein gilt jedoch bei veränderlicher Leistung

$$P = dQ/dt, \qquad (3.1b)$$

Betrachtet man die Strahlungsleistung eines Lasers, so ist sie identisch mit der Laserleistung. An einem Beispiel soll der Zusammenhang zwischen Strahlungsenergie und -leistung gezeigt werden: Ein 5-W-Laserstrahl emittiert in 10 s eine Energie von $Q = P\,t = 50$ J.

Gepulste Laser
Bei Pulslasern wird die Leistung innerhalb einer kurzen Zeit emittiert, die Leistung ist nicht konstant. Als Pulsdauer wird die Halbwertsbreite T angegeben. Man erhält für die Spitzenleistung näherungsweise folgenden Ausdruck

$$P = Q/T, \qquad (3.1c)$$

wobei Q die Pulsenergie ist. Folgendes Beispiel zeigt, daß die Spitzenleisung von Pulslasern in MW- bis GW-Bereich liegen kann. Ein Nd:YAG-Laser mit der Pulsenergie von $Q = 1$ J und einer Pulsbreite von $T = 1$ ns strahlt $P = 10^9$ W $= 1$ GW.

3.1.3 Bestrahlungsstärke

In den Normen zur Lasersicherheit werden die Grenzwerte für die Bestrahlungsstärke E in W/m^2 angegeben. Es handelt sich um die Leistung P, die auf ein Flächenelement A trifft. Im einfachsten Fall ist die Leistung homogen auf die Fläche verteilt, und man erhält

$$E = P/A . \qquad (3.2a)$$

Variiert die Leistung örtlich, so muß die genaue Beziehung

$$E = dP/dA \qquad (3.2b)$$

verwendet werden. Die Bestrahlungsstärke E kann auch mit 'Leistungsdichte' bezeichnet werden. Bezieht sich die Leistungsdichte auf einen Strahler, so spricht man von 'spezifischer Ausstrahlung'.

Bei Berechnungen zum Strahlenschutz reicht oft die vereinfachte Gleichung 3.2a, welche den mittleren Wert angibt. Ein He-Ne-Laser von P = 1 mW mit einem Durchmesser von 2w = 0,7 mm, d.h. D_L = 1 mm (siehe Abschnitt 2.1.2), strahlt mit einer mittleren Leistungsdichte von E = $4P/D_L^2\pi$ = 1270 W/m^2.

3.1.4 Bestrahlung

Die Energiedichte oder die Bestrahlung H im Laserstrahl ist die auf eine Fläche A treffende Energie. Für Strahlung, die homogen auf der Fläche verteilt ist, gilt

$$H = Q/A. \qquad (3.3a)$$

Wird die Fläche A inhomogen bestrahlt, gilt

$$H = dQ/dA. \qquad (3.3b)$$

Für eine zeitlich konstante Bestrahlungsstärke kann die Bestrahlung wie folgt ermittelt werden:

$$H = E\,t. \qquad (3.3c)$$

Ist dies nicht der Fall, so muß die allgemeingültige Formel eingesetzt werden:

$$H = \int E dt. \qquad (3.3d)$$

3.1.5 Strahldichte

Die Strahldichte beschreibt die Abstrahlung von einer Fläche in verschiedene Raumrichtungen (Bild 3.1). Dabei wird der Begriff 'Raumwinkel' verwendet. Während der normale Winkel (im Bogenmaß) der Bogen im Einheitskreis ist, beschreibt der Raumwinkel das Flächenstück auf der Einheitskugel. Der volle normale Winkel beträgt somit 2π rad und der volle Raumwinkel = 4π sr. Die jeweiligen Einheiten rad (= Radian) und sr (= Steradian) sind ohne Dimensionen. Eine Fläche senkrecht zum Strahl in der Entfernung z wird unter dem Raumwinkel $\Omega = A/z^2$ bestrahlt.

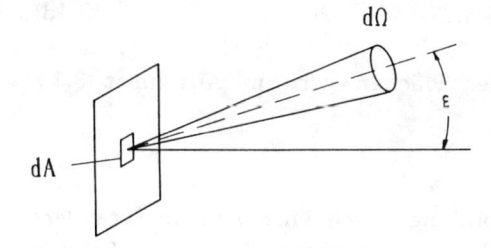

Bild 3.1. Die Strahldichte L gibt die Leistung an, die vom Flächenelement dA in den Raumwinkel dΩ gestrahlt wird. Der Abstrahlwinkel ist ε ($L = d^2P/d\Omega\, dA\cos\varepsilon$).

Die Strahldichte L beschreibt die Strahlungsleistung dP, die von dem Flächenelement dA unter dem Winkel ε in den Raumwinkel dΩ gesandt wird:

$$L = d^2P/(d\Omega\, dA\cos\varepsilon). \tag{3.4a}$$

(Die hoch gestellte '2' symbolisiert, daß es sich mathematisch um die zweite Ableitung handelt.) Der Term dA cosε gibt die Projektion der Fläche dA unter dem Winkel ε an. Diese Definition ist kompliziert, da strahlende Flächen räumlich sehr unterschiedlich emittieren können.

Vereinfachungen
Bisweilen kann die Definition von L für die Praxis vereinfacht werden. Die Strahldichte L einer gleichmäßig strahlenden Fläche A lautet

$$L = dP/(d\Omega\, A\cos\varepsilon) \tag{3.4b}$$

Die Strahldichte L erzeugt auf der Fläche A_r in der Entfernung r die Bestrahlungsstärke $E = dP/dA_r = dP/d\Omega\, r^2$; der Raumwinkel wurde dabei zu $d\Omega = dA_r/r^2$ gesetzt. Damit erhält man den Zusammenhang zwischen der Strahldichte L und der Bestrahlungsstärke E im Abstand r von der strahlenden Fläche:

$$L = Er^2/(A\cos\varepsilon) \quad \text{oder} \quad E = LA\cos\varepsilon/r^2. \tag{3.4c}$$

Die Definitionsgleichung 3.4a der Strahldichte kann in Sonderfällen weiter vereinfacht werden. Betrachtet man die Fläche senkrecht, so gilt $\cos\varepsilon \approx 1$. Strahlt die Fläche gleichmäßig in den Raumwinkel $d\Omega = \Omega$, so kann $dP = P$ geschrieben werden. Es handelt sich um die Leistung P, die durch den Raumwinkel Ω transportiert wird. Man erhält vereinfacht

$$L = P/(\Omega A). \tag{3.4d}$$

Die Strahldichte diffus strahlender Flächen wird in Abschnitt 3.2.2 beschrieben.

Abbildung
Die Strahldichte kann bei der Abbildung durch Linsen nicht verändert werden. Zum Beweis geht von der vereinfachten Form der Strahldichte L aus:

$$L = P/(\Omega A).$$

Durch die Abbildung nach Bild 3.2 vergrößert sich der Raumwinkel ($\Omega \to \Omega'$). In dem gleichen Maße verkleinert sich jedoch die Fläche (A $\to$ A') derart, daß $\Omega A = \Omega' A'$ und damit L konstant bleibt.

Der Beweis kann nach Bild 3.2 erfolgen. Für den Raumwinkel gilt $\Omega = A_L/g^2$ und $\Omega' = A_L/b^2$, d.h. $\Omega/\Omega' = b^2/g^2$. Für die Bild- und Gegenstandsgröße erhält man: $G/B = g/b$ oder $A^2/A'^2 = G^2/B^2 = g^2/b^2$. Daraus folgt $\Omega A = \Omega' A'$.

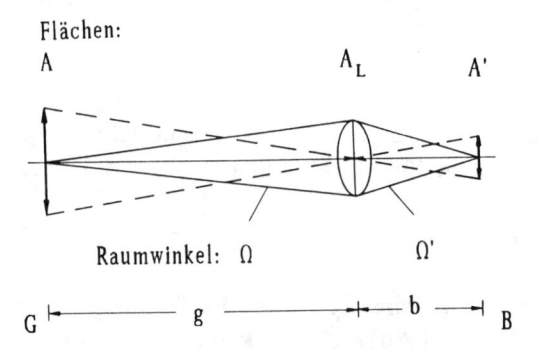

Bild 3.2. Die Strahldichte L ändert sich nicht bei der Abbildung durch Linsen.

Dies hat wichtige Konsequenzen für den Strahlenschutz Die Strahldichte einer leuchtenden Fläche, ist genauso hoch wie die des Bildes auf der Netzhaut. Dies wird genauer in Kapitel 4 behandelt.

Integrierte Strahldichte
In die Ermittlung der Strahldichte L geht die Leistung ein. Bei Pulslasern und in den Normen wird häufig die Energie angegeben. Man definiert daher die 'integrierte Strahldichte S', die sich auf die Energie bezieht. Bei zeitlich konstanten Verhältnissen gilt somit

$$S = L\,t. \tag{3.5a}$$

Diese Gleichung kann näherungsweise auch für einen Laserpuls angewendet werden, indem man für t die Halbwertbreite und in der Berechnung von L die Spitzenleistung einsetzt. Exakt gilt jedoch

$$S = \int L\,dt. \tag{3.5b}$$

3.2 Reflexion und Transmission

In der Praxis der Lasersicherheit ist das Verhalten von reflektierter und gestreuter Strahlung zu beachten. Besonders gefährlich ist das Einbringen von Spiegeln oder anderen reflektierenden Flächen bei Justierarbeiten in den Strahlengang.

3.2.1 Reflexionsgrad

Metalle
Übliche Spiegel bestehen aus Metalloberflächen, die im Sichtbaren einen Reflexionsgrad zwischen 50 bis 95 % aufweisen. Im infraroten Bereich steigt der Reflexionsgrad ρ an. Die Werte in Bild 3.3 gelten für glatte, saubere Flächen. Während einer Materialbearbeitung mit Lasern ändert sich der Reflexionsgrad, da für die Schmelze andere Werte gelten. Der nicht reflektierte Anteil wird in Metallen absorbiert und in Wärme umgewandelt. Den Absorptionsgrad $(1 - \rho)$ zeigt Bild 3.4.

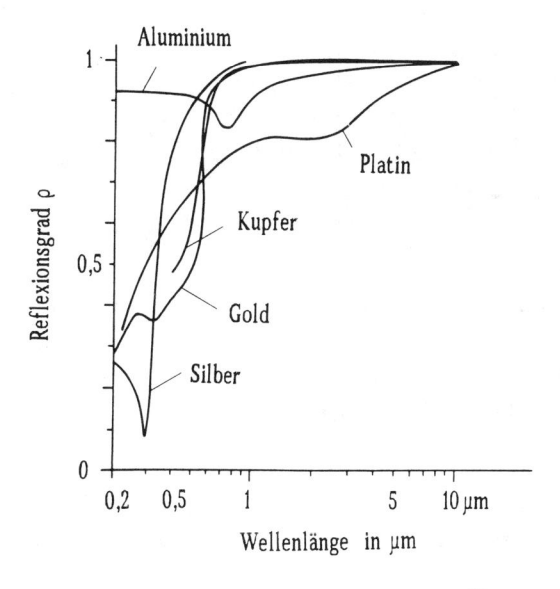

Bild 3.3. Reflexionsgrad ρ für verschiedene Metalle

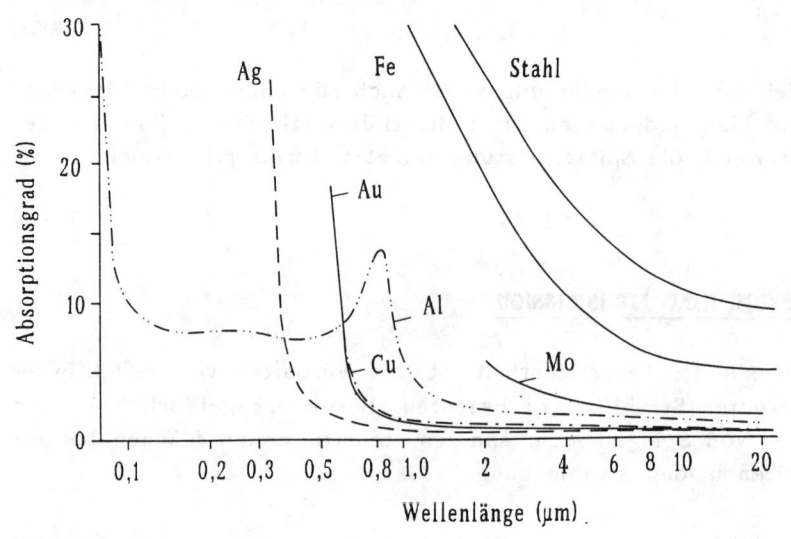

Bild 3.4. Absorptionsgrad für verschiedene Metalle

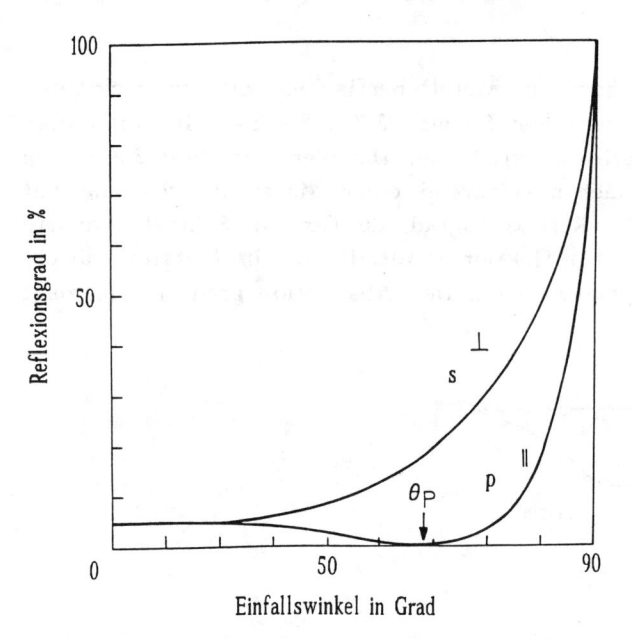

Bild 3.5. Reflexionsgrad an einer Glasfläche mit n = 1,52 für verschieden polarisiertes Licht. Für unpolarisierte Strahlung gilt der Mittelwert beider Kurven. (s = die Polarisationsrichtung ist senkrecht zur Einfallsebene, p = parallel zur Einfallsebene)

Tansparente Medien
Durchsichtige Werkstoffe werden durch die Brechzahl n gekennzeichnet, welche das Berechnungsgesetz und die Lichtgeschwindigkeit in

dem Material beschribt. Auch der Reflexionsgrad ρ wird durch n beschrieben. Für senkrechten Einfall auf eine glatte Oberfläche gilt $\rho = (n-1)^2/(n+1)^2$. Für Gläser ist die Brechzahl n ≈ 1,5, und man erhält ρ = 0,04 = 4%. An Glasscheiben tritt Reflexion an der Vorder- und Hinterseite auf, so daß insgesamt etwa 8% reflektiert werden. Bei schrägem Einfall steigt die Reflexion stark an und kann 100% erreichen (Bild 3.5). Weiterhin hängt der Reflexionsgrad von der Polarisation des einfallenden Lichtes ab. Beim Manipulieren mit Glasplatten im Laserstrahl besteht also eine erhebliche Gefahr für das Auge, und es ist eine Schutzbrille zu tragen.

Schichten
Durch Aufdampfen mehrerer transparenter dünner Schichten mit einer Dicke, die 1/4 der Wellenlänge entspricht, kann der Reflexionsgrad einer Glasoberfläche auf beliebige Werte gebracht werden. Als Laser und Umlenkspiegel werden höhere Reflexionsgrade um 100% benötigt, bei Strahlteilern oft um 50%. Dagegen soll bei der Entspiegelung von Flächen ein Reflexionsgrad von 0% angenähert werden. Man betrachte, daß der gewünschte Reflexionsgrad geweils nur für einen begrenzten Wellenlängen- und Winkelbereich gilt.

Gekrümmte Flächen
Konkave oder konvexe Flächen können bei der Reflexion wie Hohlspiegel wirken. Dabei kann eine Bündelung oder Zerstreuung des Lichtes auftreten.

3.2.2 Diffuse Streuung

Ist die Oberfläche uneben, so tritt diffuse Streuung auf. Beispiele sind pulverförmige nichtabsorbierende Stoffe, Mattscheiben oder rauhe und matte Oberflächen. Im Idealfall der diffusen Streuung ist die Abstrahlung nicht mehr mit der Einfallsrichtung der Strahlung korreliert (Bild 3.6a). Diffuse Streuung wird durch das Lambertsche Gesetz beschrieben: die in der Richtung ε emittierte Leistung ist proportional zu cos ε. Damit wird die Strahldichte konstant, sie hängt nicht von der Beobachtungsrichtung ab. Man erhält (durch Integration von Gleichung 3.4b) für den Zusammenhang zwischen Strahldichte L und Leistungsdichte E' = P/A der strahlenden Fläche A

$$L = E'/\pi = P/(A\pi). \qquad (3.6)$$

Damit kann die Strahldichte L einer diffusen Fläche, die mit einem Laser der Leistung P bestrahlt wird, angegeben werden. Gegebenenfalls muß noch der Reflexionskoffizient ρ mit berücksichtigt werden. Die Strahldichte ändert sich bei einer Abbildung durch Linsen nicht. Beim Betrachten einer diffus strahlenden Fläche ist also die Beleuchtungsstärke in Gleichung 3.6 gleich mit der auf der Netzhaut.

Eine strahlende Fläche erzeugt in der Entfernung r die Bestrahlungsstärke $E = LA\cos\varepsilon/r^2$ (Gleichung 3.4c). Für diffuse Streuung kann Gleichung 3.6 eingesetzt werden, und man erhält

$$E = P\cos\varepsilon/(\pi r^2). \qquad (3.7)$$

Die Beziehung gibt die Bestrahlungsstärke E an, die durch eine diffus strahlende Fläche unter dem Winkel ε in der Entfernung r erzeugt wird. Wird die Fläche mit dem Reflexionsgrad ρ mittels eines Lasers der Leistung P bestrahlt, so ist P durch Pρ zu ersetzen.

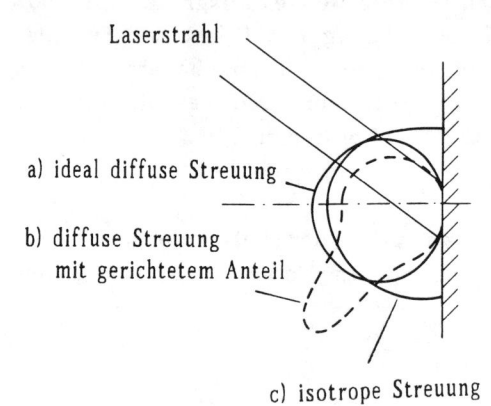

Bild 3.6. Streuung von Strahlung an Oberflächen
a) ideal diffuse Streuung
b) diffuse Streuung mit reflektiertem Anteil
c) isotrope Streuung

Isotrope Streuung
Im Strahlenschutz wir oft eine andere Näherung benutzt. Man nimmt an, daß die Fläche isotrop in den gesamten Halbraum der Fläche $A = 2\pi r^2$ strahlt (Bild 3.6c). Für die Bestrahlungsstärke E gilt dann

$$E = P/(2\pi r^2). \qquad (3.8)$$

Für $\varepsilon = 60^0$ ($\cos 60^0 = 0,5$) sind diffuse und isotrope Streuung gleich.

In vielen Fällen ist dem diffusen Anteil noch ein gerichteter überlagert (Bild 3.6b). Die Rechnungen zur Strahlensicherheit sind dann kompliziert, und man ist auf Messungen angewiesen. In Bild 3.7 ist der Reflexionsgrad einiger nichtmetallischer Materialien dargestellt. Es handelt sich um eine Mischung aus diffuser und gerichteter Streuung.

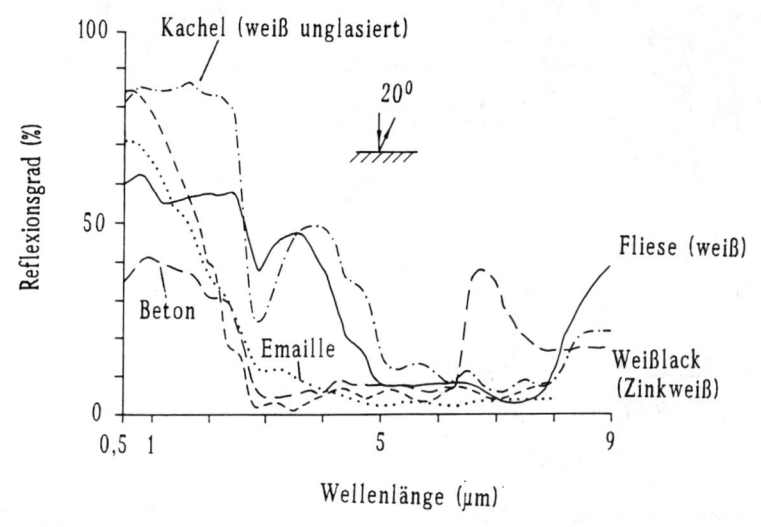

Bild 3.7a. Reflexionsgrad ρ an verschiedenen Oberflächen (0.5 bis 9 µm)

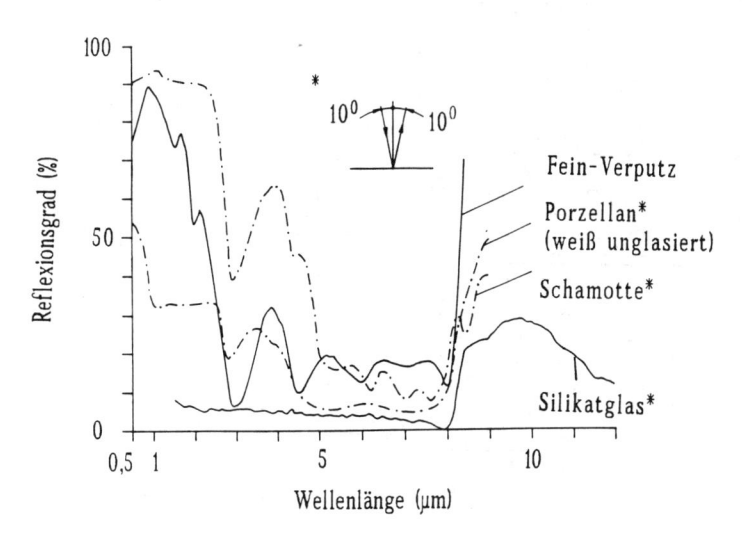

Bild 3.7b. Reflexionsgrad ρ an verschiedenen Oberflächen (0.5 bis 12 µm)

3.2.3 Transmissionsgrad

Neben der Reflexion und Streuung tritt Absorption in Materie auf (Bild 3.4). Die absorbierte Energie führt zu einer Erwärmung, wo-

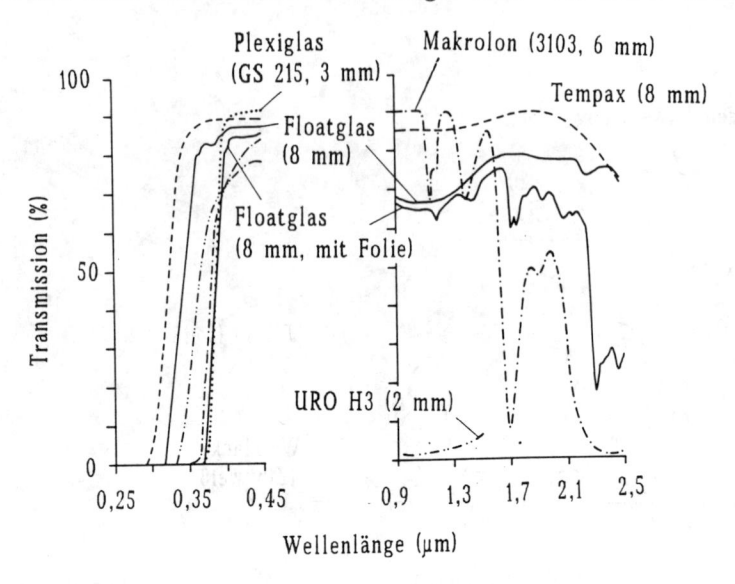

Bild 3.8. Transmission einiger Materialien im UV- und IR-Bereich

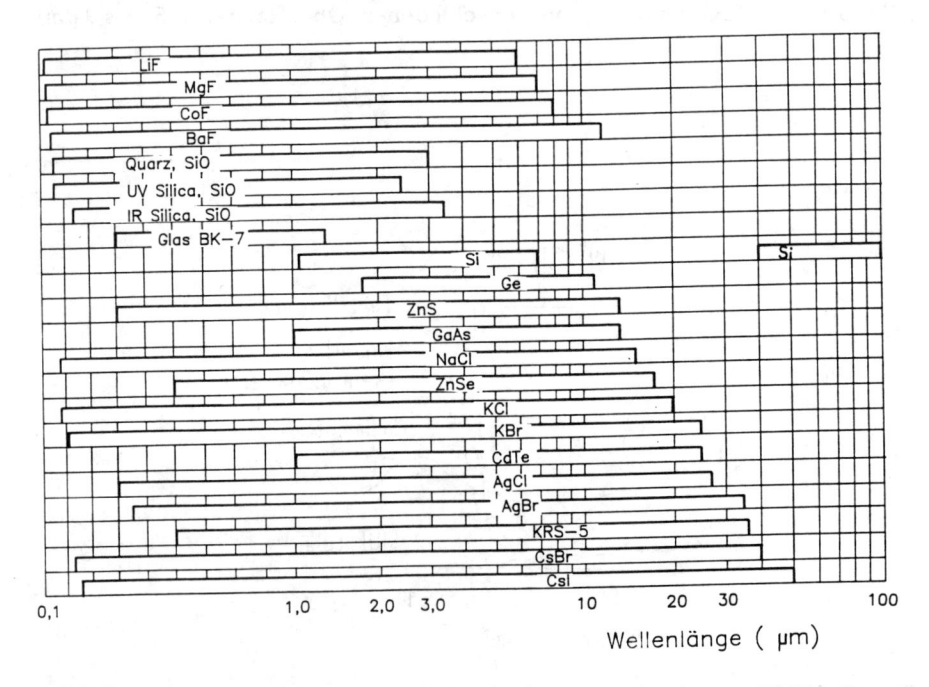

Bild 3.9. Transmission von Materialien bei verschiedenen Wellenlängen

durch bespielsweise eine Materialbearbeitung ermöglicht wird. Die nicht-gestreute und -absorbierte Strahlung tritt durch die Materie. Einige Transmissionskurven zeigt Bild 3.8 und 3.9.

Filter
Von besonderer Bedeutung für den Laserstrahlschutz ist das Verhalten von optischen Filtern für den Augenschutz. Der Transmissionsgrad τ fällt mit zunehmender Dicke x des Filters (analog zu Gleichung 1.5)

$$\tau = \exp(-\alpha x), \qquad (3,9)$$

wobei α der Absorptionskoeffizient ist und τ das Verhältnis der durchtretenden zur einfallenden Bestrahlungsstärke. Für den Augenschutz sind Filter mit sehr geringem Transmissionsgrad notwendig. Man gibt meist statt τ die sogenannte 'optische Dichte D' an, welche den Betrag des Exponenten oder den Betrag des Logarithmus darstellt

$$D = \log(1/\tau) = -\log \tau. \qquad (3.10)$$

Ein Filter mit einer Transmission bespielsweise von $\tau = 1\ ‰ = 10^{-3}$ hat die optische Dichte D = 3; für $\tau = 2 \cdot 10^{-4} = 10^{-3,7}$ erhält man D = 3.7. Einige Bespiele für typische Filterkurven zeigt Bild 3.10 und 3.11. Der Filter soll möglichst nur die Wellenlänge der Laserstrahlung absorbieren und das normale Licht möglichst ungestört hindurchlassen. Die Forderung wird nur teilweise erfüllt (Bild 3.11).

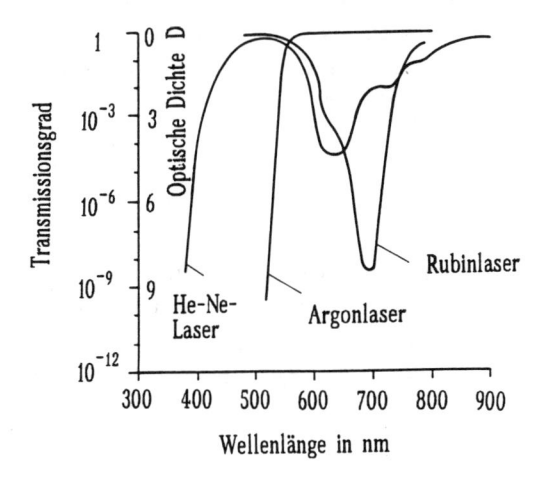

Bild 3.10. Logarithmische Darstellung der Transmission und optischen Dichte D von Schutzfiltern für den He-Ne-, Argon- und Rubinlaser

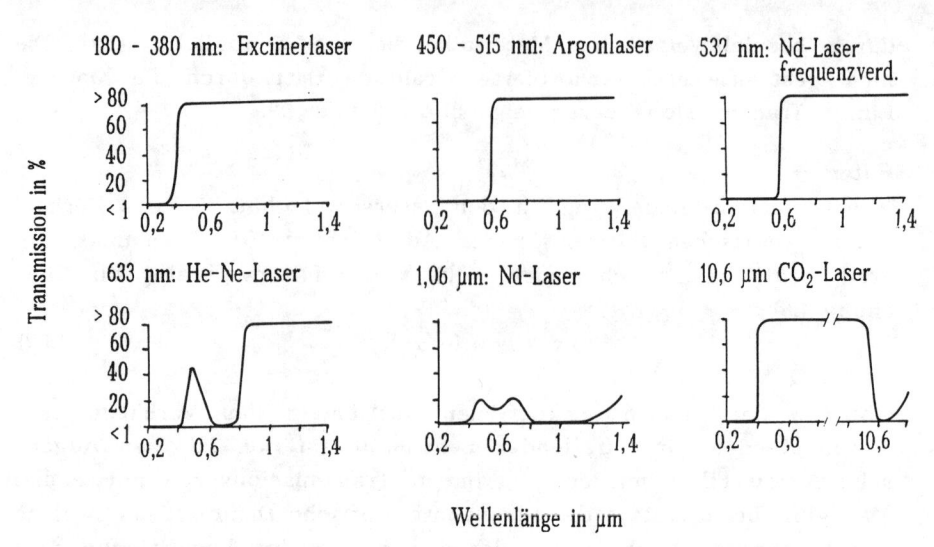

Bild 3.11. Lineare Darstellung der Transmission von Schutzfiltern

3.3 Meßgeräte

Die wichtigsten Meßgeräte des Laserstrahlenschutzes sind Leistungs- und Energiemesser. Ist der Querschnitt eines Laserstrahls kleiner als die aktive Fläche des Gerätes, so werden die Laserleistung P oder -energie Q gemessen. Mit den gleichen Systemen werden auch die Bestrahlungsstärke oder Leistungsdichte E (W/m^2) bzw. die Bestrahlung H (J/m^2) ermittelt. Dabei ist zu beachten, daß zur Bildung des Mittelwertes bestimmte Meßblenden vorgesehen sind, die in Tabelle 6.4 dargestellt sind. Daneben gibt es verschiedene Systeme, welche die zeitliche und örtliche Struktur eines Laserpulses bestimmen.

3.3.1 Leistungs-Meßgeräte

Zur Messung der Laserleistung stehen mehrere Verfahren zur Verfügung. Bei höheren Leistungen sind sogenannte 'Absolutmeßgeräte' erhältlich, welche die Leistung weitgehend unabhängig von der Wellenlänge anzeigen und gut für eine Kalibrierung einfacherer Geräte geeignet sind.

Absolutgeräte
Bei diesem Gerätetyp wird die Strahlung absorbiert und in Wärme umgewandelt. Die Temperaturerhöhung wird meist durch Thermoele-

mente, Widerstandsänderungen oder den pyroelektrischen Effekt nachgewiesen. Wichtig ist, daß die Wärme definiert abgeleitet wird, damit sich ein Temperaturgleichgewicht proportional zur Laserleistung einstellen kann. Die Zeit bis zum Erreichen des Gleichgewichtes beträgt etwa 10 s.

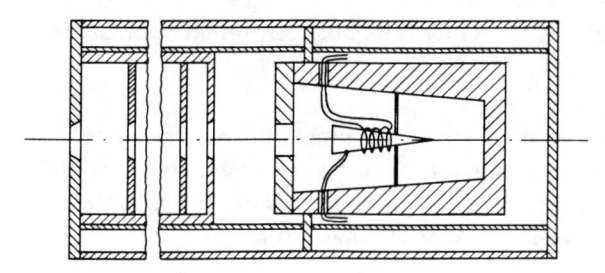

Bild 3.12. Absolutgerät zur Messung der Laserenergie. Bei Leistungsmessern wird die Ableitung der Wärme vom Meßkonus erhöht

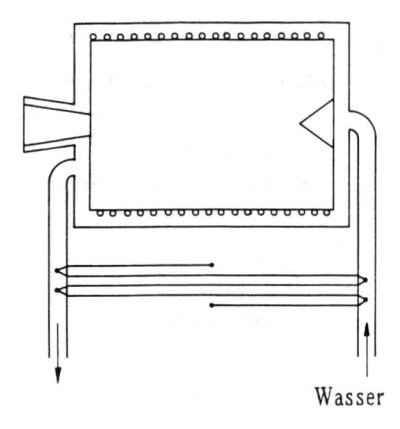

Wasser

Bild 3.13. Absolutgerät zur Messung hoher Laserleistungen

Die Laserstrahlung wird auf einen geschwärzten Meßkonus geschickt (Bild 3.12), durch mehrfache Reflexionen wird die Strahlung nahezu vollständig absorbiert. Die Zahl der Reflexionen n ergibt sich aus dem Öffnungswinkel α des Hohlkegels zu $n = 180°/\alpha$. Bei einem Reflexionsgrad ρ der Oberfläche tritt der Teil ρ^n aus dem Kegel wieder aus. Für $\alpha = 30°$ und $\rho = 0,1$ erhält man $\rho^n = 10^{-6}$, also praktisch vollständige Absorption. Es soll keine Rückstreuung auftreten, daher wird die Oberfläche poliert und staubfrei gehalten. Zur Eichung wird der Meßkonus mittels einer Spule mit definiertem Strom und Spannung geheizt. Man ermittelt den Zusammenhang zwischen der elektrischen Leistung und der Temperaturerhöhung. Die so gemessene Eichkurve gilt auch für die Laserstrahlung. Dabei muß allerdings gewährleistet sein, daß die Absorption im Meßkonus unabhängig von der Wellenlänge ist.

Für hohe Leistungen eignet sich ein sogenannter Hohlraumempfänger (Bild 3.13). Der Laserstrahl tritt in die Öffnung ein und wird von dem verspiegelten Kegel auf die geschwärzten Innenwände reflektiert und dort vollständig absorbiert, die entstehende Wärme wird von einem Wasserkreislauf abgeführt. Die Temperaturdifferenz des ein- und ausströmenden Wassers ist ein Maß für die Laserleistung. Auch hier ist eine Eichung mit Hilfe einer eingebauten elektrischen Heizung möglich.

Die beschriebenen Absolutmeßgeräte sind nicht besonders empfindlich, und ihre Zeitkonstante ist groß. Daneben werden weitere Meßgeräte eingesetzt, die extern geeicht werden müssen. Teilweise ist die Empfindlichkeit stark von der Wellenlänge abhängig.

Thermische Detektoren
Neben den Absolutmeßgeräten gibt es noch verschiedene andere thermische Detektoren:

Thermoelemente messen die Spannung zwischen der Kontaktstelle zweier Metalle. Durch Reihenschaltung als Thermosäule kann die Empfindlichkeit erhöht werden. Für kleine Leistung wird ein schwarzes Absorberplättchen mit Thermoelementen im Vakuum angebracht. Die Anstiegkeit reicht bis zu 10^{-5} s.

Bolometer arbeiten mit Thermowiderständen, für kleine Leistungen werden mit flüssigen Gasen gekühlte Halbleiter eingesetzt.

Golay-Detektoren sind pneumatische Empfänger, bei denen sich ein Gas bei der Temperaturerhöhung ausdehnt. Dies wird an einer verspiegelten Membran optisch nachgewiesen.

Pyroelektrische Empfänger benutzen ferroelektrische Materialien mit einer permanenten elektrischen Polarisation. Durch Temperaturänderungen entsteht eine zusätzliche Spannnung, die elektronisch gemessen wird. Die Grenzfrequenz bis zu 100 MHz liegt höher als bei den anderen thermischen Meßgeräten, die Empfindlichkeit reicht bis zu 10^{-6} W, bei Pulsen bis zu 10^{-6} J.

Fotoelektrische Halbleiterdetektoren
Thermische Detektoren arbeiten weitgehend unabhängig von der Wellenlänge. Dies ist bei fotoelektrischen Geräten nicht der Fall, dafür sind sie empfindlicher und wesentlich schneller in der Messung.

Photowiderstand: In einem gleichmäßig dotierten Halbleitermaterial werden durch Lichteinstrahlung bewegliche Ladungsträger erzeugt und der Widerstand herabgesetzt. Verschiedene Bandabstände bzw. Störstellenenergien bestimmen die spektrale Empfindlichkeit, z. B. CdS (Wellenlänge maximaler Empfindlichkeit 0,5 µm), PbS (2,5 µm), InSb (6 µm), Ge:Zn dotiert (30µm). Photowiderstände werden hauptsächlich zum Nachweis von infraroter Strahlung verwendet (Bild 3.14). Oft ist eine Kühlung erforderlich, da sonst die Ladungsträger auch thermisch erzeugt werden können. Die Zeitauflösung von Photowiderständen ist oft nicht sehr groß, kann aber bei geeignetem Aufbau bis zu 10^{-10} s betragen.

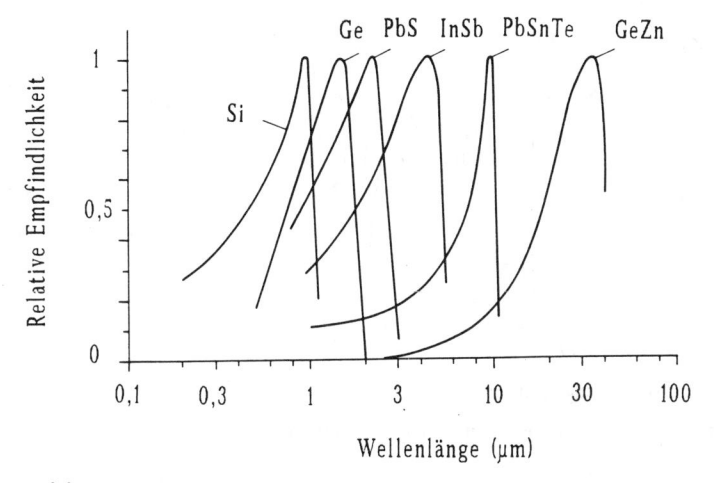

Bild 3.14. Spektrale Empfindlichkeit von Photowiderständen

Photodiode: Für den sichtbaren und den infraroten Spektralbereich werden Si- und Ge-Photodioden verwendet (Bild 3.15). Diese bestehen aus einem p-n-Übergang, der in Sperrichtung betrieben wird (3.16). Durch Einstrahlung von Licht werden in der Sperrschicht Elektron-Lochpaare erzeugt, dies führt zu einem Strom. Im Gegensatz zu einem homogenen Photowiderstand ist der Dunkelstrom sehr klein. Wenn die Sperrschichtdicke kleiner ist als die Eindringtiefe des Lichtes, wird zwischen p- und n-Bereich noch ein undotierter (intrinsic) Bereich eingefügt. Zum Beispiel wird in Silizium eine intrinsische Bereichsdicke von etwa 700 µm verwendet, um noch Licht bei 1,1 µm nachweisen zu können.

Dioden-Array: Zur Bestimmung von Strahlprofilen werden Diodenarrays in CCD (= Charge Coupled Device)-Anordnung eingesetzt. Sie bestehen aus einem monolithischen Bauelement mit 2000 bis 4000

Dioden mit einer Fläche von je 10 µm x 10 mm. Während der Belichtungszeit, die elektronisch am Element gesteuert wird, werden die entstehenden Elektronen gespeichert. Danach werden die Informationen in Form eines linearen Videosignals ausgelesen. Auf einem Bildschirm wird die lineare Verteilung der Intensität dargestellt. Es werden auch zweidimensionale CCD-Kameras eingesetzt.

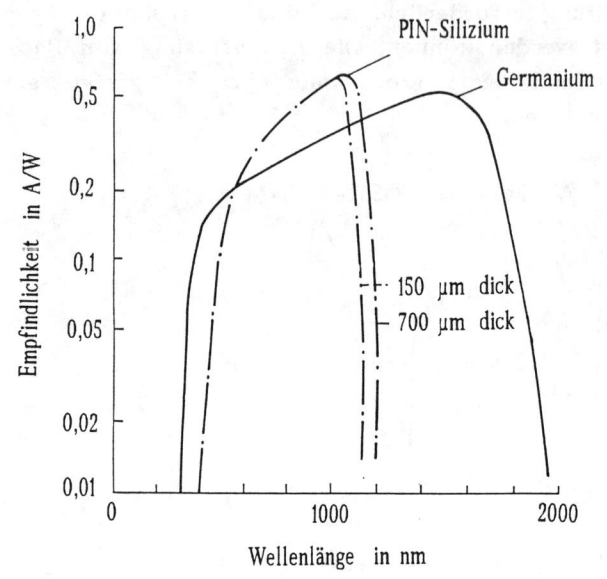

Bild 3.15. Spektrale Empfindlichkeit von Photodioden

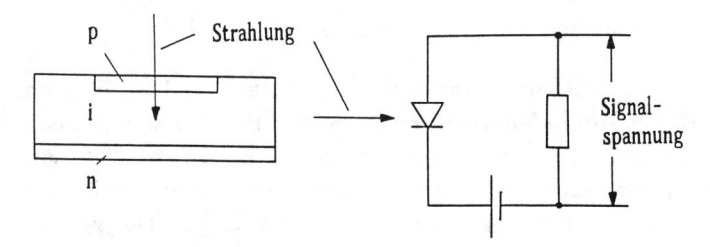

Bild 3.16. Funktion und Schaltung von Photodioden

Vakuumphotodetektoren

Vakuumdioden, Photomultiplier, Bildwandler und Streakkameraröhren beruhen auf dem äußeren Photoeffekt. Dabei werden durch das einfallende Licht aus einer Kathode im Vakuum Photoelektronen ausgelöst. Die Zahl der Photoelektronen je einfallendes Lichtquant wird als Quantenwirkungsgrad w bezeichnet. Die spektrale Empfindlichkeit ist gleich we/hf, wobei e die Ladung eines Elektrons und hf die Photonenenergie bedeutet. Quantenwirkungsgrad und spektrale Empfindlichkeit sind stark material- und wellenlängenabhängig (Bild 3.17). Teilweise werden für die Materialien der Photokathoden einheitliche Bezeichnungen verwendet (S-number, z.B. S1 und S20). In anderen Fällen wird die Materialzusammensetzung der Photokathode direkt angegeben (z.B. GaAs (Cs) mit einer sehr flachen spektralen Empfindlichkeitskurve).

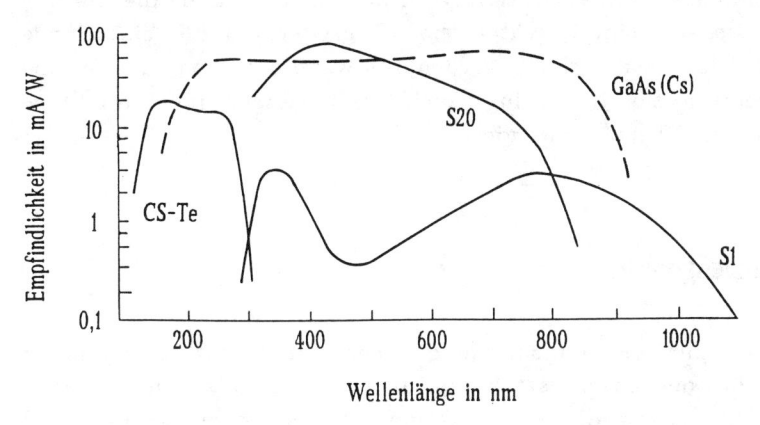

Bild 3.17. Spektrale Empfindlichkeit von Photokathoden

Vakuumdiode: Der einfachste auf dem äußeren Photoeffekt beruhende Detektor ist die Vakuumdiode, bei der die Photoelektronen aus der Kathode von einer gegenüberliegenden Anode abgesaugt werden. Mit derartigen Photodioden kann eine zeitliche Auflösung bis in den Bereich von 100 ps erreicht werden, wobei kurzzeitig Photoströme bis zu einigen Ampere fließen.

Photomultiplier: Wesentlich höhere Empfindlichkeit als mit Photodioden werden mit Photomultiplieren (Sekundärelektronenvervielfachern, SEV) erreicht. Bei diesen werden die aus einer Photokathode ausgelösten Elektronen beschleunigt und auf eine erste Dynode gelenkt, aus der eine Anzahl von Sekundärelektronen ausgelöst wird. Dieser Verstärkungsprozeß wird mit einer Reihe von Dynoden wiederholt. Dadurch werden Verstärkungsfaktoren bis zu 10^8-fach erreicht. Der Verstärkungsprozeß ist sehr schnell, so daß Anstiegszeiten im ns-Bereich erzielt werden können. Die Kombination von hoher Verstärkung, großer Bandbreite und geringem Rauschen wird von keinem anderen Detektorsystem übertroffen.

Bildwandler: Bildwandlerröhren dienen dazu, in einem Spektralbereich (z.B. infrarot) vorliegende Bilder in einen anderen Spektralbereich (z.B. sichtbar) umzuwandeln. Derartige Röhren bestehen aus einer Photokathode, auf welcher die umzuwandelnde Intensitätsverteilung abgebildet wird. Die Zahl der ausgelösten Photoelektronen ist proportional der Lichtintensität an der betreffenden Stelle. Durch eine elektronenoptische Linse werden die Elektronen auf einen Leuchtschirm beschleunigt und lösen dort wieder Lichtquanten aus, deren örtliche Verteilung dem ursprünglichen Bild entspricht. Mit der Bildwandlung kann eine Bildverstärkung verbunden sein, d. h. die Helligkeit des Bildes auf dem Leuchtschirm ist größer als die einfallende Intensität. In der Lasertechnik werden Bildwandlerröhren z.B. in Infrarotsichtgeräten zur Justierung von Strahlengängen im Wellenlängenbereich bis 1200 nm verwendet.

3.3.2 Energiemeßgeräte

Die Verfahren zur Leistungsmessung dienen auch zur Bestimmung der Energie bei der Laserbestrahlung. Bei den thermischen Detektoren ändert sich etwas die Konstruktion. Der Strahlenabsorber muß möglichst thermisch isoliert angebracht werden; bei den fotoelektrischen Geräten wird im wesentlichen nur die Signalverarbeitung umgestellt. Da "Energie = Leistung x Zeit" ist, muß bei der Energiemessung die Leistung zeitlich integriert werden.

Absolutgeräte
Der Hohlkegel zur Absorption der Strahlung nach Bild 3.12 wird bei Messung der Energie als Bauelement geringer Wärmekapazität thermisch isoliert angebracht. Die maximale Temperaturerhöhung ist proportional zur Energie der Bestrahlung. Die Eichung erfolgt durch Heizdrähte, die mit einem Strompuls aus der Entladung eines Kondensators erwärmt werden. Die Pulsenergie wird aus der Kapazität und Ladespannung ermittelt. Mit derartigen Geräten kann man einzelne oder mehrere Laserpulse messen. Die gesamte Meßzeit muß jedoch die Zeitkonstante des Gerätes von ca. 150 s unterschreiten. Absolutgeräte dieses Typs sind nicht sehr handlich.

Andere Geräte
Fotoelektrische Geräte ermitteln die Pulsenergie durch Integration des Fotostromes oder der Spannung. Alle Verfahren zur Leistungsmessung eignen sich auch zur Messung der Energie.

Normen

Anforderungen an Energie- und Leistungsmeßgeräte sind in der Norm VDE 0835 zusammengestellt. Bisher gibt es noch keine Geräte auf dem Markt, die dementsprechend geprüft sind. Die Vorschriften beinhalten wichtige Kriterien, wie zeitliche und örtliche Konstanz, Veränderung unter Bestrahlung (Fading), Einfluß der Umgebungstemperatur, Winkelabhängigkeit, Linearität, Wellenlängen- und Polarisationsabhängigkeit, zeitliche Mittelwertsbildung sowie Stabilität des Nullpunktes.

Kalibrierung

Nur in Absolutgeräten ist eine interne Kalibrierung vorgesehen. Ansonsten werden die Geräte nur vom Hersteller oder bei der Physikalisch-Technischen Bundesanstalt (PTB-Braunschweig) kalibriert. Es empfiehlt sich, geprüfte Geräte nicht im täglichen Routinebetrieb einzusetzen. Man sollte ähnliche Geräte verwenden, die mit dem geprüften Exemplar überwacht werden. Nach VDE 0835 darf dabei die Bestrahlungsstärke innerhalb von 50% der Detektorfläche nicht kleiner als 63% des Maximalwertes sein. Bei Lasern mit hoher Leistung kann man im beschränkten Umfang selbst eine Kalibrierung mit einem Wasserkalorimeter vornehmen.

3.3.3 Andere Systeme

Neben Energie und Leistung ist auch die Messung der Pulsdauer im Strahlenschutz notwendig. In der Regel geschieht dies mit Fotodioden, die an einen Oszillographen angeschlossen werden. Bei schnellen Pulsen im ps-Bereich erfolgt die Messung mit einer Streak-Kamera, einem dem Oszillographen verwandten Gerät. In der Streak-Kameraröhre werden die von einem Lichtpuls an einer Photokathode ausgelösten Elektronen auf einen Leuchtschirm abgebildet. Die Photokathode wird über einen Spalt beleuchtet, so daß auf dem Leuchtschirm ein Spaltbild entsteht. Dieses wird in der Streak-Kameraröhre durch eine zeitlich ansteigende Spannung an einem Plattenpaar senkrecht zur Spaltrichtung abgelenkt. Der örtliche Intensitätsverlauf der sich ergebenden Spaltspur auf dem Leuchtschirm entspricht daher dem zeitlichen Intensitätsverlauf.

Daneben werden in der Lasertechnik noch einige einfache Systeme benutzt, wie Leuchtschirme für UV- und IR-Strahlung oder schwarzes Papier mit Farbveränderungen oder Einbränden. Beim CO_2-Laser oder anderen Lasern über 4 µm wird auch Plexiglas in den Strahl gehalten, der durch die Einbrände erkennbar wird.

4 Biologische Wirkung von Laserstrahlung

Die Wirkung von Laserstrahlung auf Gewebe kann in thermische und nicht-thermische Effekte unterteilt werden. Bei thermischer Wirkung wird die Strahlung im Gewebe absorbiert und in Wärme umgewandelt, die Temperatur steigt. Die Schädigungen sind die gleichen wie auch bei anderen Lichtquellen hoher Leistung. Zu den nicht-thermischen Wirkungen zählen die Photoablation, Photodisruption und photochemische Reaktionen. Photochemische Schäden treten auch bei anderen Lichtquellen auf, insbesondere im ultravioletten Spektralbereich; Photoablation und -disruption können nur mit Lasern erreicht werden.

4.1 Optische Eigenschaften von Gewebe

Kontinuierliche Laser verursachen hauptsächlich thermische Schäden im Gewebe. Zum Verständnis der Risiken werden in den folgenden Abschnitten die Ausbreitung von Strahlung in biologischen Materialien und die entstehenden Temperaturen behandelt.

4.1.1 Ausbreitung von Strahlung

Fällt Strahlung auf Gewebe, so tritt Absorption und Streuung auf; die Transmission wird durch den nicht absorbierten oder gestreuten Anteil gegeben.

Streuung
Streuung erfolgt aufgrund von Inhomogenitäten des Brechungsindexes im Gewebe. Winkelverteilung und Intensität der Streustrahlen hängen dabei stark von Größe und Form der Streuzentren ab. Für Moleküle oder kleine Teilchen, deren Abmessungen bis zu einem Zehntel der Lichtwellenlänge betragen, ist die Streuung relativ schwach, kugelsymmetrisch und polarisiert (Rayleigh-Streuung). Die Streuung wird stärker und ist mehr vorwärts gerichtet, wenn die Teilchen etwa die Größe der Wellenlänge haben. In diesem Fall ist die Streuintensität umgekehrt proportional zur Wellenlänge. Übertrifft die Größe der Streuzentren die der Wellenlänge, so nimmt die Intensität wieder etwas ab. Im Falle dieser sogenannten 'Mie-Streuung' ist die Strahlung ebenfalls stark vorwärts gerichtet.

Im Gewebe treten alle Prozesse auf, wobei die Streuung an größeren Strukturen überwiegt. Im sichtbaren und nahen infraroten Spektralbereich finden Streuprozesse im Gewebe häufiger statt als Absorption, so daß die Photonen mehrmals gestreut werden, bevor sie schließlich absorbiert werden. Bei der Strahlung mancher Laser tritt die Streuung über 100mal häufiger auf als die Absorption, wie beispielsweise beim Nd:YAG-Laser (1,06 µm). Dadurch wird ein relativ großer Anteil der auf das Gewebe fallenden Strahlung zurückgestreut. Der Reflexionskoeffizient an der Oberfläche wird in diesem Fall durch diesen Effekt bestimmt.

Optische Koeffizienten

Zur Kennzeichnung der optischen Eigenschaften von Gewebe benötigt man Definitionen für Absorptions- und Streukoeffizienten. Im Rahmen der sogenannten 'Transport-Theorie' und bei 'Monte-Carlo-Rechnungen' führt man die Größen Σ_a und Σ_s ein. Oft werden die Koeffizienten auch mit α und β oder anderen Buchstaben bezeichnet. Man stellt sich vor, daß in ein Volumenelement unter einer definierten Richtung eine bestimmte Leistungsdichte oder Bestrahlungsstärke E (in W/m^2) eingestrahlt wird. Die in der Schichtdicke dx absorbierte Leistungsdichte dE_a ist gegeben durch:

$$dE_a/dx = -\Sigma_a \cdot E. \qquad (4.1a)$$

Ähnlich ist der Streukoeffizient Σ_s durch die in der Schichtdicke dx gestreute Leistungsdichte dE_s definiert:

$$dE_s/dx = -\Sigma_s \cdot E. \qquad (4.1b)$$

Bei dieser Definition handelt es sich um den integralen Streukoeffizienten, der die Streuung in alle Raumrichtungen beschreibt.

Die Summe des Streu- und Absorptionskoeffizienten bezeichnet man als 'totalen Schwächungskoeffizienten' Σ_t:

$$\Sigma_t = \Sigma_a + \Sigma_s. \qquad (4.1c)$$

Die Intensität eines parallelen Laserstrahls nimmt beim Eindringen in Gewebe mit der Tiefe x ab:

$$E = E_o \exp(-\Sigma_t x), \qquad (4.2)$$

wobei E_o die einfallende Leistungsdichte an der Oberfläche des Gewebes anzeigt. Diese Gleichung beschreibt nur die Schwächung des primären Strahls, nicht die effektive Intensitätsverteilung der gesamten Laserstrahlung im Gewebe. Diese setzt sich aus der Intensität des Primärstrahls plus der Intensität der Streustrahlung aus der Umgebung zusammen. Der Abfall der räumlichen Leistungsdichte in die Tiefe des Gewebes wird durch den effektiven Streukoeffizienten Σ_{eff} gegeben. Den reziproken Wert nennt man auch 'Eindringtiefe' der Strahlung:

$$\delta = 1/\Sigma_{eff} \, . \tag{4.3}$$

Für diffuse isotrope Streuung im Gewebe wird häufig die 'Kubelka-Munk-Theorie' verwendet, in welcher die Absorptions- und Streukoffizienten A und S definiert werden. Näherungweise gilt die Beziehung:

$$A = 2\Sigma_a$$
und $\tag{4.4}$
$$S = \Sigma_s \, .$$

Reflexion

Der wesentliche Anteil des vom Gewebe "reflektierten" Lichtes wird im sichtbaren Bereich durch Rückstreuung an Strukturen unterhalb der Oberfläche gegeben. Daneben existiert auch ein Reflexionsanteil der Oberfläche, der durch den Unterschied des Brechungsindexes von Luft und Gewebe entsteht. Dieses so reflektierte Licht ist durch den Reflexionskoeffizienten ρ gekennzeichnet, der sich bei senkrechtem Einfall durch die Brechungsindizes n_1 und n_2 beider Medien errechnet:

$$\rho = [(n_2 - n_1)/(n_1 + n_2)]^2 \, . \tag{4.5}$$

Für eine Grenzfläche zwischen Luft und Gewebe gilt: $n_1 = 1$ bzw. $n_2 = 1{,}55$. Damit gilt: $\rho = 0{,}05$, d. h. 5% der einfallenden Strahlung werden reflektiert. Zu diesem Anteil kommt der Beitrag der Rückstreuung hinzu, der im sichtbaren Bereich über 50% betragen kann. Dieser wird durch die Streu- und Absorptionskoeffizienten bestimmt. Eine Streutheorie liefert

$$\rho' = \Sigma_s / (4(\Sigma_s + \Sigma_a)) \, . \tag{4.6}$$

Für den Nd:YAG-Laser ($\Sigma_a = 0{,}011$ mm^{-1}, $\Sigma_s = 0{,}9$ mm^{-1}) erhält man $\rho' = 24\%$. Addiert man den Reflexionsgrad von $r = 5\%$ hinzu, stimmt die Summe relativ gut mit der Messung von 30% überein. Für die Strahlung von Lasern mit anderen Wellenlängen ist die Rückstreuung geringer, für den CO_2-Laser praktisch gleich Null. Auch die blaugrüne Strahlung des Argonlasers wird wesentlich schwächer zurückgestreut. Dagegen ist die Rückstreuung im Roten wieder etwas intensiver.

Optische Daten

In Bild 4.1 ist der effektive Schwächungskoeffizient Σ_{eff} bzw. die Eindringtiefe δ für verschiedene Gewebe und Wellenlängen dargestellt. Im blauen Spektralbereich ist die Absorption stark, die Eindringtiefe beträgt einige 0,1 bis 1 mm. Bei Wellenlängen zwischen 500 und 600 nm sind die Absorptionslinien von Hämoglobin zu erkennen. Die Eindringtiefe liegt im roten und infraroten Bereich bei einigen mm. Im Bereich über 2 µm wird das optische Verhalten hauptsächlich durch das Gewebswasser bestimmt. In Bild 4.2 ist die Absorption von Wasser mit einem Maximum bei 3 µm dargestellt. Die Eindringtiefe (1/Absorptionskoeffizient) liegt im Maximum bei etwa 1 µm, bei der Strahlung des CO_2-Lasers bei 10 µm. Im Sichtbaren und UV spielt die Absorption des Wassers keine Rolle (Bild 4.2), und der Verlauf des Absorptionskoeffizienten ist hauptsächlich durch die biologischen Substanzen des Gewebes bestimmt. Im UV ist die Eindringtiefe ähnlich klein wie im IR. Eine Zusammenstellung für die Daten einiger Laser zeigt Tabelle 4.1.

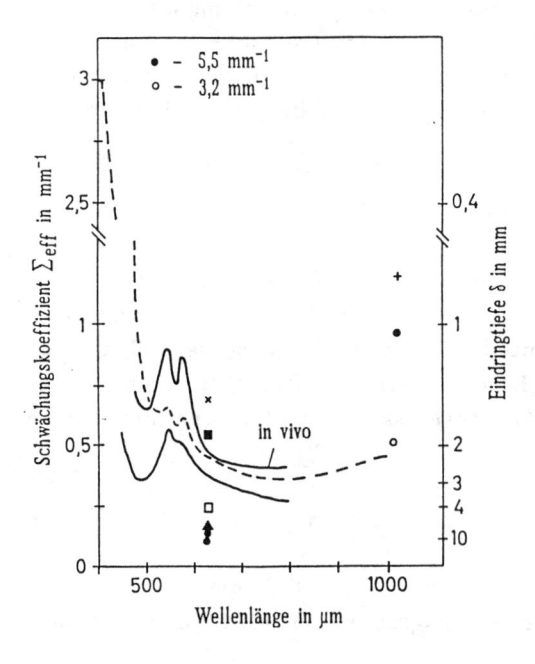

Bild 4.1. Effektiver Schwächungskoeffizient von Gewebe Σ_{eff} und Eindringtiefe δ in Abhängigkeit von der Wellenlänge. Die Maxima sind durch Hämoglobin (550 nm) und Oxyhämoglobin (545, 575 nm) verursacht.
Durchgezogene Kurven: Muskel des Kaninchens in vivo und 1 h post mortem Gestrichelte Kurve: Mittelwerte Niere, Leber in vitro Punkte: Gewebe von Tieren in vitro

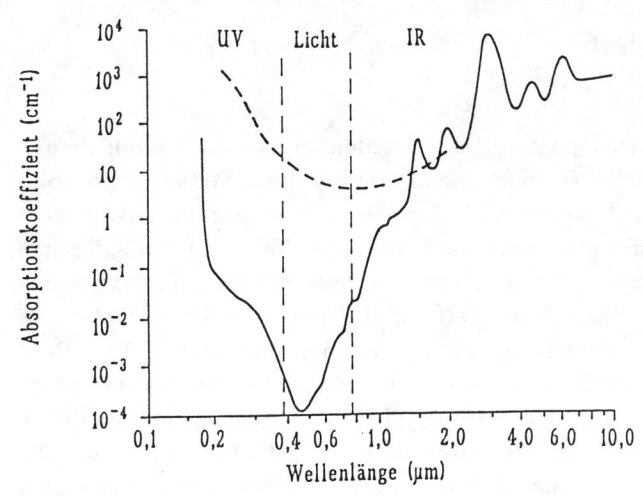

Bild 4.2. Absorptionskoeffizient (= reziproke Eindringtiefe δ) von Strahlung in Wasser. Gestrichelt ist der Absorptionskoeffizient für Gewebe eingetragen. Für Strahlung über 2 μm wird die Absorption in Gewebe weitgehend durch die Eigenschaften des Wassers bestimmt.

Tabelle 4.1. Physikalische Parameter von Gewebe und Wasser für die Strahlung verschiedener Laser: Absorptionskoeffizient Σ_a der Strahlung in Wasser und Gewebe (in 1/cm), Eindringtiefe ($\delta = 1/\Sigma_a$) in Gewebe (in mm), maximale Bestrahlungszeit T für 'nicht-thermische' Wirkung (Werte im s-Bereich haben keine praktische Bedeutung)

Wellenlänge (μm)	Lasertyp	Wasser Σ_a (1/cm)	Gewebe Σ_a (1/cm)	Gewebe δ (μm)	Gewebe T (s)
10,6	CO_2	950	600	17	0,0005
2,94	Er:YAG	4500	2700	4	0,00002
2,7	HF	1700	1000	10	0,0002
2,06	Ho	70	35	286	0,14
1,73	Er:YLF	25	15	667	0,78
1,32	Er:YAG	1,2	8	1250	1,7
1,06	Nd:YAG	0,1	4	2500	10,9
0,694	Rubin	0,0	5	2000	7,0
0,633	He-Ne	0,0	4	2500	10,9
0,532	2xNd	0,0	12	833	1,2
0,514	Argon	0,0	14	714	0,89
0,488	Argon	0,0	20	500	0,44
0,351	XeF	0,0	40	250	0,11
0,308	XeCl	0,1	50	200	0,07
0,248	KrF	1	200	47	0,004
0,193	ArF	300	2700	4	0,00002

4.1.2 Zur Optik der Haut

Die optischen Eigenschaften der Haut wurden etwas umfassender untersucht als die anderer Gewebearten, obwohl ihre Struktur komplizierter ist. Die Haut besteht aus drei Schichten: Stratum Corneum (8 bis 16 µm), Epidermis (Oberhaut, 40 bis 150 µm) und Dermis (Lederhaut, 1 bis 3 mm). Das optische Verhalten von Haut ist schematisch in Bild 4.3 illustriert. Fällt Licht auf die Oberfläche, so werden aufgrund des Brechungsindex etwa 5 % reflektiert. Der Rest der Strahlung dringt in die Haut ein. Im sichtbaren und nahen infraroten Bereich überwiegen die Streu- über die Absorptionsprozesse. Dadurch wird das optische Verhalten kompliziert. Das vom Gewebe reflektierte Licht wird hauptsächlich durch Rückstreuung aus der Epidermis und Dermis bestimmt, die bis zu 50 % betragen kann.

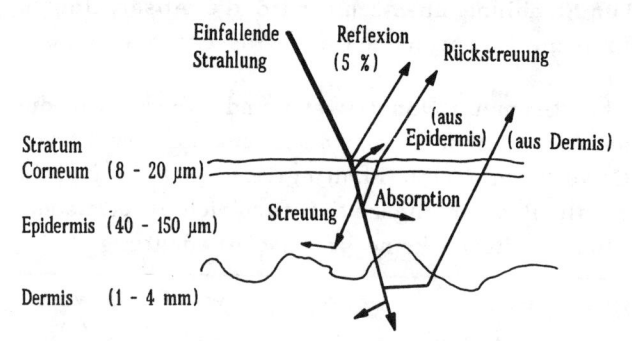

Bild 4.3. Schematischer Aufbau von Haut. Streuung und Absorption von Strahlung

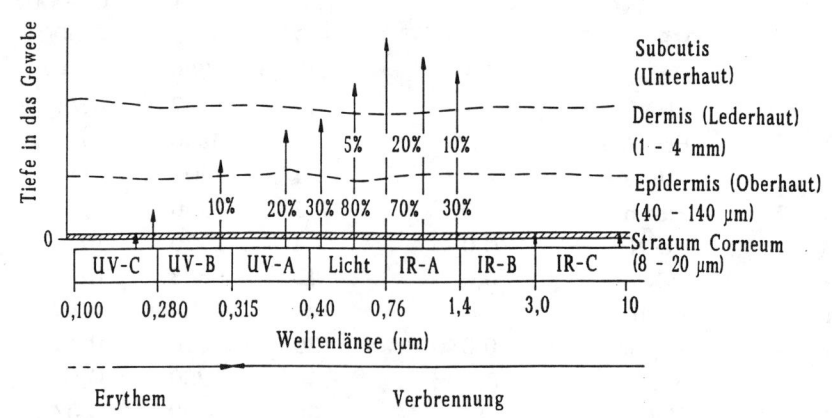

Bild 4.4. Eindringen von Strahlung verschiedener Wellenlänge in Haut in verschiedenen Spektralbereichen. Die Prozentwerte geben die Transmission der entsprechenden Hautschichten an

Tabelle 4.2. Eindringtiefe von Strahlung in weiße Haut für verschiedene Intensitäten im Gewebe. Werte in Klammern sind von verschiedenen Autoren.

Wellenlänge (nm)	Tiefe im Gewebe (mm) bei einer bestimmten Intensität (%)			
	50%	37%	10%	1%
250	1,4	2	4,6	9,2
280	1	1,5	3,5	7,0
300	4	6	14	28
350	40	60	140	280
400	60	90	200	400
450	100	150	345	690
500	160 [250]	230 [400]	530 [900]	1060
550	(150)	(200)	(300)	(1200)
600	380	550	1270	2540
700	520 (200)	750 (300)	1730 (600)	3460 (2000)
800	830	1200	2760	5520
1000	1100	1600	3680	7360
1200	1520 (300)	2200 (400)	5060 (1200)	10120
2200	(200)	(450)	(400)	(700)

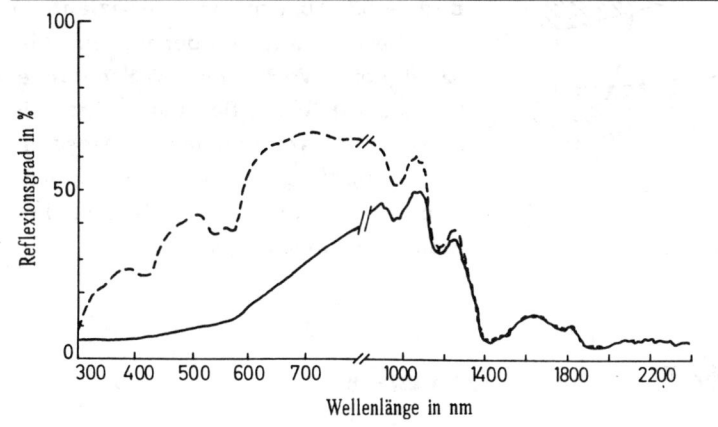

Bild 4.5. Rückstreuung von Strahlung an Haut (obere Kurve: hell, untere Kurve: dunkel). Wegen der Reflexion an der Oberfläche fallen die Werte nicht unter 5 %. Die Kurven zeigen ein kleines Maximum (7 bis 8%) bei 3 µm. Von 4 bis 40 µm liegt die Rückstreuung um 5%

Eindringtiefe

Eine allgemeine Übersicht über das Eindringen von Strahlung in die verschiedenen Hautschichten zeigt Bild 4.4 und Tabelle 4.2. Im UV-C und IR-C wird die Strahlung direkt an der Oberfläche absorbiert. Im UV-B und UV-A enspricht die Eindringtiefe etwa der Dicke der Epidermis, nur einige 10 % der Strahlung dringen in die Dermis ein. Dagegen wird die Dermis auch durch rote und IR-A-Strahlung erreicht. Als Mechanismen der Schädigung treten im UV-B und UV-C Erythem auf, eine Art Sonnenbrand; bei anderen Wellenlängen enstehen Verbrennungen.

Rückstreuung
Bild 4.5 zeigt die Rückstreuung oder Reflexion an Haut. Sie kann im Infraroten bis zu 60% betragen und mißt aufgrund der Reflexion an der Oberfläche nie weniger als 5%. Den Absorptionskoeffizient von Dermis und Epidermis zeigt Bild 4.6, die biologische Streubreite ist hoch.

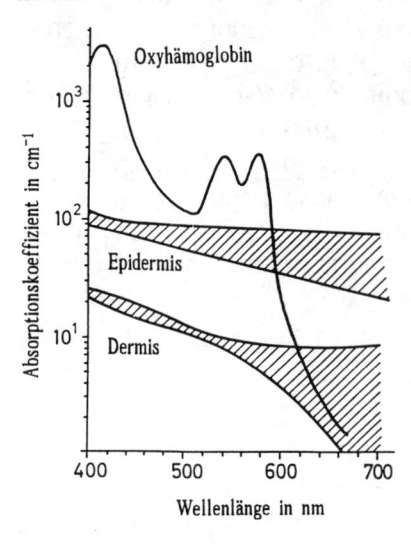

Bild 4.6. Absorptionskoeffizient A von Dermis und Epidermis in Abhängigkeit von der Wellenlänge. Der schraffierte Bereich zeigt die Streubreite verschiedener Messungen. Zum Vergleich ist die Absorption von HbO_2 in willkürlichen Einheiten eingetragen.

4.1.3 Thermische Eigenschaften von Gewebe

Im letzten Abschnitt wurde die Lichtverteilung im Gewebe bei einer Bestrahlung mit Lasern behandelt. Dabei wird Strahlungsenergie absorbiert, was zu einer Erhöhung der Temperatur im Gewebe führt. Neben dem optischen Verhalten von Gewebe sind deshalb auch dessen thermische Eigenschaften von Bedeutung.

Thermische Daten
Ein großer Bereich der Strahlenschädigung basiert auf der thermischen Wirkung von Strahlung auf Gewebe. Auf die nicht-thermischen

Effekte, z.B. bei der Photoablation mit UV- oder IR-Lasern, wird im nächsten Abschnitt eingegangen. Zur Abschätzung der Strahlenschäden im Gewebe ist die Kenntnis der Temperaturverteilung während der Bestrahlung wichtig. Die biologische Reaktion des Gewebes auf erhöhte Temperaturen verläuft kompliziert. Schematisierend kann festgestellt werden, daß, je nach Zeitdauer der erhöhten Temperatur, das Gewebe bei Temperaturen über 40 °C abstirbt.

Die rechnerische Beschreibung der Temperatur in bestrahltem Gewebe erscheint aus verschiedenen Gründen bisher unbefriedigend. Die Absorption der Strahlungsenergie wird durch die Intensitätsverteilung der Strahlung im Gewebe gegeben. Insbesondere bei starker Streuung ist sie nicht genau bekannt. Weiterhin verändern sich die optischen Eigenschaften mit steigender Temperatur. Schwierig ist auch die Berücksichtigung des Wärmetransports durch die Blutzirkulation.

Für die Ausbreitung von Wärme im Gewebe sind folgende thermische Daten von Wichtigkeit:

Die *spezifische Wärmekapazität* c gibt die thermische Energie (J) an, die pro Masseneinheit (kg) und Temperatureinheit (K oder °C) gespeichert wird. Einige Angaben für Gewebe sind in Tabelle 4.3 zusammengefaßt: oft wird für Gewebe der Koeffizient für Wasser benutzt:

$$c = 4{,}17 \text{ kJ/kg K} .$$

Die Ausbreitung der Wärme wird durch die *Wärmeleitfähigkeit* bestimmt. Für Gewebe liegt der Wert, ähnlich wie für Wasser, bei

$$K = 0{,}54 \text{ W/m K} .$$

Eine weitere Konstante zur Beschreibung der Wärmeausbreitung stellt die *thermische Diffusionskonstante* a dar. Sie wird durch K, c und die Dichte ρ gegeben:

$$a = K/c\rho .$$

Für Wasser gilt:

$$a = 1{,}4 \cdot 10^{-7} \text{ m}^2/\text{s} .$$

Für die Dichte ρ des Gewebes wird häufig der Wert für Wasser übernommen: $\rho = 1000 \text{ kg/m}^3$.

Tabelle 4.3 liefert nur eine grobe Übersicht über die thermischen Daten von Gewebe. Statistische Erhebungen der biologischen Streubreite liegen nicht vor. Weiterhin fehlen Studien über die Temperaturabhängigkeit der thermischen Daten. Sicher ist, daß sie sich in koaguliertem Gewebe verändern. Bei Temperaturen um 100 °C verliert das Gewebe durch Verdampfen das Gewebswasser.

Tabelle 4.3. Thermische Daten von Gewebe und Wasser (K = Wärmeleitfähigkeit, a = therm. Diffusionskonst., c = spez. Wärmekapazität, ρ = Dichte, L = Verdampfungswärme, P = abs. Leistung/Volumen)

Wärmeleitungsgleichung :

$$\nabla T^2 - (1/a)\, \partial T / \partial t = P / K$$

	K (W/mK)	a ($10^{-7} m^2/s$)	c (kJ/kgK)	ρ (kg/m)	L (kJ/kg)
Haut	0,2-0,3	0,5-0,7			
Haut(in vivo)	0,5-2,8	1,2-6,7			
Fett	0,2	0,5			
Blut	0,5	1,2			
Melanin			2,5	1350	
Gewebe (allg.)	0,4	1,0	3,6	1200	
Wasser	0,58	1,4	4,17	1000	2260

Temperaturen

Die Berechnung des Temperaturfeldes während einer Laserbestrahlung kann theoretisch durch Lösung der Wärmeleitungsgleichung erfolgen. Für die Praxis erhält man jedoch für wenige Spezialfälle brauchbare Ergebnisse. Vernachlässigt man die Wärmeleitung, so kann die Temperaturerhöhung T in einem bestrahlten Volumen V wie folgt abgeschätzt werden:

$$T = Q/(c\rho V) = Pt/(c\rho V) \qquad (4.7)$$

mit
$$V = A\delta.$$

Dabei bedeuten Q die absorbierte Strahlungsenergie, P die Leistung und t die Bestrahlungszeit. Das Volumen V ergibt sich näherungsweise aus der bestrahlten Fläche A und der Eindringtiefe δ der Strahlung.

4.2 Wirkung von Strahlung auf Gewebe

4.2.1 Übersicht über die Wechselwirkungen

Laserstrahlung kann in unterschiedlicher Form auf Gewebe wirken. Zum einen wird die Strahlung vom Gewebe absorbiert und erwärmt es. Man nennt dies die **thermische** Wechselwirkung (Tabelle 4.4). Bei kontinuierlichen Lasern wird die Schädigung oft durch diesen Prozeß verursacht. Weiterhin können in den Zellen biologische Moleküle durch die Strahlung angeregt und verändert werden. Dieser Vorgang wird als **photochemische** Wechselwirkung bezeichnet. Bisher sind derartige Reaktionen insbesondere im Ultravioletten bekannt, da die Lichtquanten hier eine hohe Energie besitzen. Die Frage ob auch Laser anderer Wellenlänge derartige Folgen bewirken ist noch nicht geklärt. Hinweise aus der sogenannten 'Biostimulation' mit schwachen Lasern, insbesondere He-Ne-Laser, gehen bisher nicht in die Betrachtungen des Strahlenschutzes ein. Als dritte Möglichkeit finden verschiedene **nichtlineare** Wechselwirkungen zwischen Strahlung und Gewebe statt. Besondere Bedeutung haben dabei optomechanische Effekte oder 'Photodisruption' und die sogenannte 'Photoablation'.

Es zeigt sich, daß die Mechanismen der Wechselwirkung in der Praxis an verschiedene Pulsdauern und Leistungsdichten gebunden sind (Bild 4.7). **Nichtlineare** Prozesse treten bei kurzen Pulsen mit hoher Leistungsdichte auf. Bei der **Photodisruption** beträgt die Pulsdauer

Tabelle 4.4a. Gewebeveränderungen durch thermische Effekte: Biologische Wirkungen

Temperatur	Biologische Wirkungen
37 °C	keine irreversiblen Gewebeschäden
45 °C	Denaturierung von Enzymen und Membranauflockerung
60 °C	Proteindenaturierung, Koagulation
80 °C	Kollagendenaturierung, Membrandefekte
100 °C	Siedepunkt von Wasser, Austrocknung des Gewebes
150 °C	Karbonisierung des Gewebes
300 °C	Verdampfung und Vergasung des Gewebes

Tabelle 4.4b. Gewebeveränderungen durch thermische Effekte: Optische und mechanische Wirkungen

	37 - 60 °C	über 60 °C	bis 100 °C	100 °C bis einige 100 °C	
Wirkung:	Erwärmung	Koagulation	Austrocknung	Verkohlung	Vergasung Verbrennung
Optisches Verhalten:	Änderung nicht sichtbar	weißgraue Färbung, erhöhte Streuung	konstante Streuung	br.-schwarze Färbung, starke Absorption	Entstehung von Rauch
Mechan. Verhalten:	Änderung nicht erkennbar	Auflockerung	Entzug von Flüssigkeit, Schrumpfung	starke Schädigung des Gewebes	Abtragung v. Gewebe

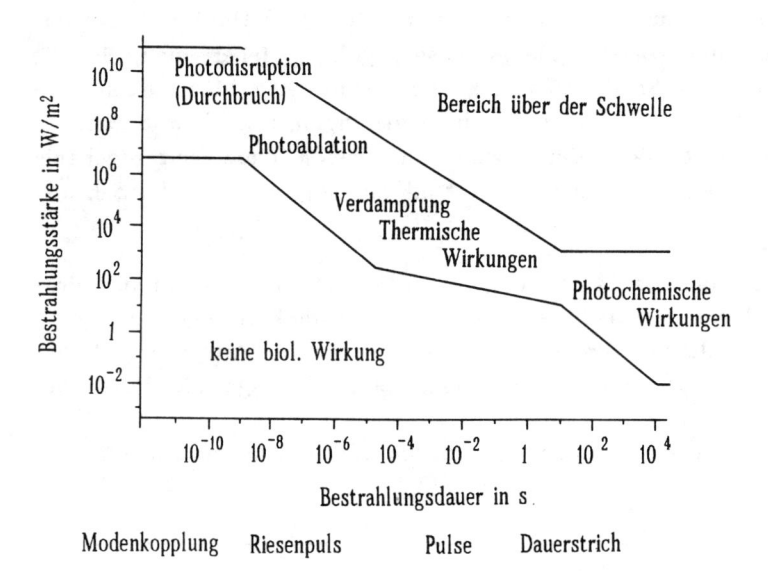

Bild 4.7. Zusammenhang zwischen Bestrahlungsstärke und Pulsdauer für das Auftreten unterschiedlicher Schädigungen im Gewebe

10 ps bis 10 ns, es handelt sich um einen funkenartigen Durchbruch in der fokussierten Strahlung. Die Leistungsdichten liegen zwischen 10^{12} und 10^{15} W/m² sehr hoch. Photodisruption tritt bei Lasern mit Modenkopplung oder Q-switch sowie anderen Lasern mit kurzen Pulsen auf, wie Excimerlaser. In der Medizin wird dieser Effekt in der

Ophthalmologie im Augeninneren und zur Zertrümmerung von Blasen- und anderen Steinen eingesetzt. Die **Photoablation** erfolgt hauptsächlich bei Pulsdauern zwischen 10 und 100 ns mit Leistungsdichten um 10^{10} W/m². Ablation, d.h. Abtragen von Materie tritt beispielsweise bei Excimerlasern (XeCl, ArF, KrF) im Ultravioletten, Erbiumlasern (Er:YAG) im Infraroten bei 2,94 µm, oder gepulsten CO_2-Lasern auf. Voraussetzung für diesen Effekt ist ein hoher Absorptionskoeffizient und kurze Pulse, so daß sich die Wärmeleitung nicht auswirken kann. Wichtige Anwendungen liegen in der Materialbearbeitung von Oberflächen und in der Medizin, z.B. für Hornhautoperationen und die Rekanalisation von Gefäßen (Angioplastie). Wichtig dabei ist, daß das angrenzende Gewebe thermisch nicht belastet wird.

Bei der **thermischen** Wechselwirkung herrschen wesentlich längere Pulsdauern bzw. Bestrahlungszeiten: 1 ms bis 10 s. Die Leistungsdichte mißt zwischen 10^2 und 10^8 W/cm². Hier liegen die traditionellen Bereiche des chirurgischen Lasereinsatzes.

Noch längere Bestrahlungszeiten sind bei der **photochemischen** Wechselwirkung erforderlich: 10 bis 1000 s. Anwendungsfelder in der Medizin sind insbesondere die Biostimulation mit He-Ne-Lasern von einigen mW oder mit Laserdioden. Derartige Effekte werden bisher vom Strahlenschutz nicht betrachtet, da der Wissensstand darüber sehr gering ist. Photochemische Effekte anderer Art treten bei UV-Strahlung auf, auf welche die Haut und das Auge sehr empfindlich reagiert. Diese Wirkung ist in Bild 4.7 nicht enthalten, sie werden gesondert behandelt.

4.2.2 Thermische Wirkung

Durch die Bestrahlung des Gewebes tritt Koagulation, Verdampfen und Karbonisieren auf. Dadurch wird Gewebe vernichtet und abgetragen.

Thermische Nekrosezone
Höhere Temperaturen im Gewebe verursachen ein Zellsterben, und es bildet sich eine Nekrosezone aus. Die Temperatur für den Zelltod hängt von der Wirkungszeit ab (Bild 4.8a). Für den Strahlenschutz sind Zeiten bis zu einigen Sekunden interessant, und die Nekroszone wird durch Temperaturen um 60°C gegeben. Bei kurzen Bestrahlungszeiten liegt sie etwas höher. Den Zusammenhang zwischen Wir-

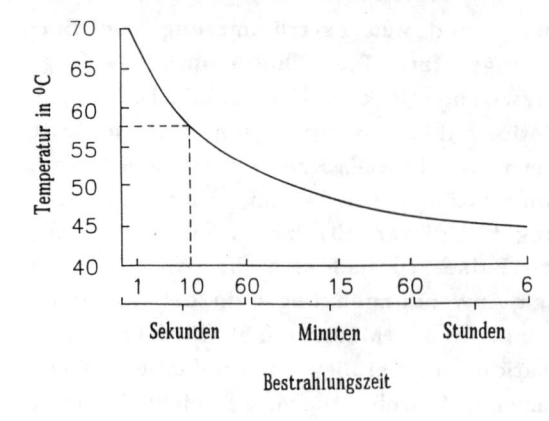

Bild 4.8a. Kritische Temperatur für die thermische Zerstörung von Gewebe in Abhängigkeit von der Wirkungszeit

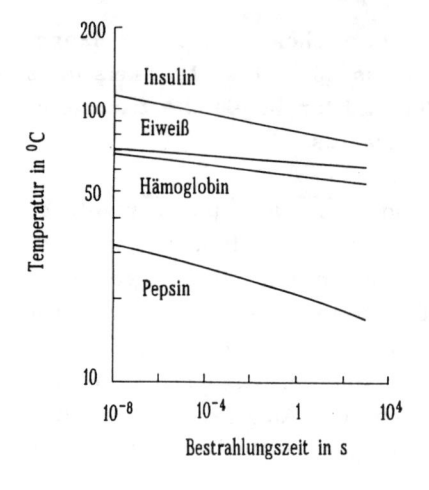

Bild 4.8b. Kritische Temperatur für die Denaturierung verschiedener biologischer Substanzen in Abhängigkeit von der Bestrahlungszeit

kungsdauer und kritischer Temperatur für die Denaturierung verschiedener biologischer Substanzen veranschaulicht Bild 4.8b.

Für die biologische Wirkung lassen sich Laser mit hoher, mittlerer und sehr geringer Eindringtiefe unterscheiden. Beispiele dafür sind der Nd:YAG-Laser, der Argonlaser und der CO_2-Laser (Bild 4.9). Die Form der Koagulationszone wird ungefähr durch die 60°-Isotherme gegeben, sie wird stark durch die Streuung der Strahlung im Gewebe beeinflußt.

Verdampfen und Karbonisierung

In Tabelle 4.4 sind verschiedene thermische Effekte bei Erhöhung der Temperatur des Gewebes zusammengefaßt. Bis zu 45 °C sind keine irreversiblen Gewebeschäden zu erwarten. Je nach Bestrahlungsdauer tritt der Gewebetod zwischen 45 und 80 °C ein, wodurch die

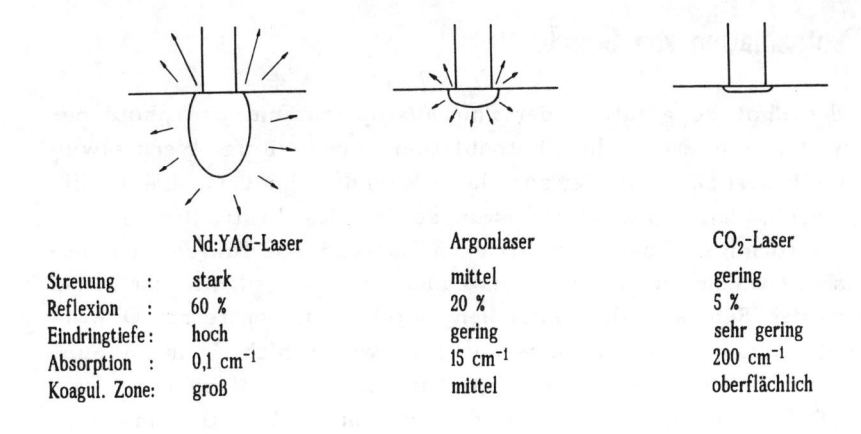

	Nd:YAG-Laser	Argonlaser	CO_2-Laser
Streuung	stark	mittel	gering
Reflexion	60 %	20 %	5 %
Eindringtiefe	hoch	gering	sehr gering
Absorption	0,1 cm^{-1}	15 cm^{-1}	200 cm^{-1}
Koagul. Zone	groß	mittel	oberflächlich

Bild 4.9. Koagulationszone für drei wichtige Lasertypen (Nd:YAG; Ar-, CO_2-Laser). Es handelt sich um Beispiele für Laserstrahlung mit hoher, mittlerer und geringer Eindringtiefe

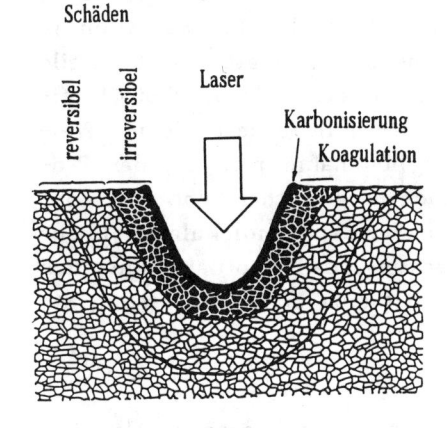

Bild 4.10. Darstellung der unterschiedlichen Zonen im Gewebe bei Laserbestrahlung (LMZ- Berlin)

Grenze der Nekrosezone gegeben wird. Bei weiterer Wärmezufuhr bleibt die Temperatur im Gewebe am Siedepunkt des Wassers bei 100 °C solange konstant, bis das Gewebewasser verdampft ist. Erst nach der Austrocknung des Gewebes ist ein weiterer Temperaturanstieg zu verzeichnen. Karbonisierung setzt ab 150 °C ein; das Gewebe wird schwarz. Ab 300 °C wird das Gewebe verdampft und vergast, es entsteht ein Substanzverlust, oder durch Bewegung des Strahls kann ein Schnitt erzeugt werden. Eine schematische Darstellung der verschiedenen Zonen im Gewebe präsentiert Bild 4.10. Die Größe der einzelnen Zonen hängt von der Streuung und Absorption der Strahlung im Gewebe und damit vom verwendeten Lasertyp ab.

4.2.3 Photoablation von Gewebe

Neben der Photokoagulation, der Photodisruption und der photochemischen Wirkung stellt die Photoablation eine weitere Wechselwirkung von Laserlicht und Gewebe dar. Gekennzeichnet ist dieser Effekt dadurch, daß kurze Hochleistungspulse das bestrahlte Gewebe in den gasförmigen oder plasmatischen Zustand überführen und dieses Gas entweichen kann. Die verwendete Leistungsdichte ist dabei weit von der Schwelle des optischen Durchbruchs entfernt. Obwohl die Ablationsdicke, d.h. die abgetragene Gewebeschicht, nur im Submikro- oder Mikrometerbereich liegt, kann durch Pulsfrequenzen von 10 bis 50 Hz eine Schnittgeschwindigkeit von 10 bis 100 µm/s erreicht werden. Das Qualitätsmerkmal der so erzeugten Schnitte besteht in einer vernachlässigbaren thermischen Belastung des angrenzenden Gewebes.

Dieser Effekt, auch 'ablative Photodekomposition' genannt, wird in der industriellen Fertigung von integrierten Schaltkreisen sowie in der Medizin verwendet. Die erste Anwendung der Photoablation in der Medizin fand 1983 in der Augenheilkunde statt. Mittlerweile wurde, außer mit Excimerlasern im Ultravioletten, auch Photoablation mit Lasern durchgeführt, die im mittleren Infrarot bei einer Wellenlänge von 3 µm emittieren. Ursprünglich nahm man an, der Prozeß der Photoablation sei an die hochenergetischen Photonen des UV-Lichtes gekoppelt und diese spalteten auf molekularer Ebene chemische Bindungen. Nach der Entdeckung, daß Photoablation auch mit infrarotem Licht durchführbar ist, hat sich diese Auffassung etwas gewandelt.

Mechanismen der Photoablation
Bei der Photoablation wird die an die Exzision angrenzende Gewebeschicht minimal thermisch belastet und das abladierte Gewebe als Gas ausgestoßen, d.h. im Exzisat müssen Temperaturen von weit über 100 °C entstehen. Ein solcher adiabatischer Übergang läßt sich so beschreiben, daß das absorbierende Gewebe abgetragen wird, bevor es Wärme an die Umgebung abgeben kann. Diese Bedingung ist nur mit kurzen Laserpulsen erfüllbar, die nach Gleichung 4.8 abgeschätzt werden kann:

$$\tau = \delta^2/4a . \qquad (4.8)$$

Aus den in Tabelle 4.3 angegebenen Eindringtiefen kann die maximale Pulsdauer für das Auftreten von Photoablation für verschiedene Lasertypen abgeschätzt werden.

Prinzipiell kann Photoablation einerseits bei Lasern auftreten, deren Eindringtiefe gering ist und die dafür wenig Energie pro Impuls erzeugen müssen (Beispiele: Excimer-, Er:YAG-, HF-, ramanverschobener Nd:YAG-Laser). Andererseits können auch Laser, deren Licht eine höhere Eindringtiefe hat, dann Gewebe photoabladieren, wenn ihre Energie entsprechend groß ist. In diesem Fall jedoch werden auch große Gewebestücke abgetragen, und es entstehen Probleme wie Rückstoß mit mechanischen Schäden.

Wegen der erforderlichen geringen Eindringtiefe tritt Photoablation hautsächlich im ultravioletten und infraroten Spektralbereich auf. Es stellt sich die Frage, welche Substanzen jeweils die UV- und Infrarotstrahlung absorbieren. Reines Wasser absorbiert im Ultravioletten erst bei Wellenlängen unter 180 nm. Organische Gewebebestandteile, wie z.B. Kollagen, andere Proteine oder Glykosaminoglykane, zeigen jedoch eine ansteigende Absorption im Wellenlängenbereich zwischen 200 und 250 nm, so daß wir diese Substanzen als die absorbierenden Chromophoren für Laserstrahlung dieser Wellenlänge betrachten können. Im mittleren und fernen Infrarot findet man Absorptionsmaxima des Wassers insbesondere um 3 µm, d.h. im Emissionsbereich von HF-Lasern und Erbium:YAG-Lasern. Während im Ultravioletten ein Einphotonen-Prozeß für die Ablation denkbar ist, müssen im Infraroten Multiphotonen-Prozesse angenommen werden. Eine genaue Analyse der Wechselwirkungsprozesse fehlt jedoch noch.

Anstieg = $\delta = 1/\Sigma_a$

H_s

ln (Energiedichte in J/m²)

Ablationsrate in µm/Puls

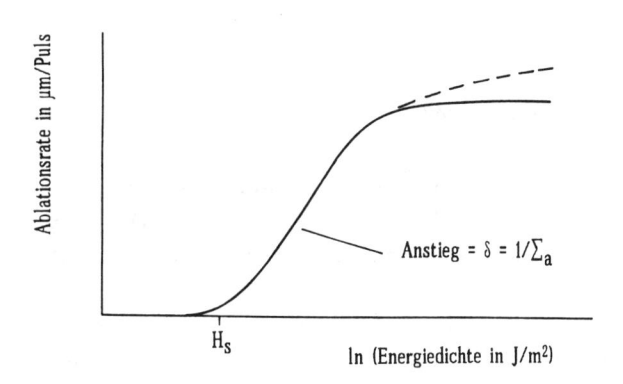

Bild 4.11. Typisches Verhalten bei Photoablation. Darstellung der abgetragenen Dicke in Abhängigkeit vom Logarithmus der Bestrahlung ln H. Die Abtragung beginnt bei der Schwelle H_s, der Anstieg der Kurve ist die Eindringtiefe δ

Die Abhängigkeit der Ablationsrate x von der Energiedichte H des Laserlichtes nimmt für die Photoablation einen typischen Verlauf. Unterhalb einer Ablationsschwelle H_s, die von Gewebetyp und Wellenlänge abhängt, findet eine Konversion von elektromagnetischer Strahlung hauptsächlich in Wärme statt. Für Energiedichten H über dieser Schwelle vollzieht sich ein logarithmischer Anstieg der Ablationsdicke, der in ein Plateau mündet (Bild 4.11). Der Anstieg in logarithmischer Darstellung ist durch die Eindringtiefe $\delta = 1/\Sigma_a$ gegeben:

$$x = \delta \ln H/H_s. \qquad (4.9)$$

Diese Abschätzung gibt die Dicke der Gewebsschicht an, die von einem Laserpuls abgetragen wird. Werte für die Schwelle H_s liegen je nach Wellenlänge und Pulsdauer um 1000 J/m^2 für UV-Excimerlaser und 5000 J/m^2 für TEA-CO_2-Laser.

4.2.4 Photodisruption

Ein weiterer Mechanismus der Schädigung sind optisch-mechanische Effekte, die aus dem laser-induzierten Durchbruch resultieren.

Laserinduzierter Durchbruch

Bei hohen Leistungsdichten treten nichtlineare Effekte auf, wie beispielsweise der elektrische Durchbruch in Gasen und Flüssigkeiten. Dieses Phänomen hängt mit der hohen elektrischen Feldstärke E zusammen, die bei fokussierter Laserstrahlung der Leistungsdichte I vorkommen kann:

$$E = (2\ I/c\varepsilon_o)^{1/2}.$$

Dabei sind $c = 3 \cdot 10^8$ m/s (Lichtgeschwindigkeit) und $\varepsilon_o = 8{,}85\ 10^{-12}$ As/Vm (elektrische Feldkonstante). Bei ns-Pulsen im Q-switch-Betrieb treten im Fokus Leistungsdichten von 10^{14} W/m^2 auf, was nach obiger Gleichung zu Feldstärken von 10^6 V/cm führt. Diese hohe Feldstärke ist in der Größenordnung vergleichbar mit der Feldstärke inneratomarer Felder, so daß Atome durch Laserpulse ionisiert werden können. Es entsteht ein Plasma, in dem Elektronendichte und Temperatur lawinenartig anwachsen. Das heiße Plasma expandiert mit Überschallgeschwindigkeit und verursacht dabei eine Stoßwelle. Makroskopisch sieht man im Fokus der Laserstrahlung in der Luft oder einer biologischen Flüssigkeit einen Funken, und man hört einen Knall.

Die Mechanismen für diesen Durchbruch sind etwas unterschiedlich für Q-switch-Pulse (ns) und Pulse mit Modenkopplung (ps). Die Schwelle für einen Puls von 10 ns liegt in Luft bei 10^{15} W/m²; sie steigt auf 10^{18} W/m² bei 25 ps. Errechnet man die Energiedichte (= Leistungsdichte x Pulsdauer), so erhält man für beide Fälle etwa 10^7 J/m². In biologischen Flüssigkeiten, z.B. Wasser, liegen die Werte um den Faktor 100 niedriger. Das gleiche gilt für den Durchbruch an Oberflächen, z.B. von Gewebe.

Die biologische Schädigung beim Durchbruch beruht zum großen Teil auf der Wirkung der Schockwellen im Gewebe nach dem Durchbruch. Als Modell für die Schädigung im Auge ist in Bild 4.12 der zeitliche Verlauf eines Durchbruches in Wasser für den Q-switch-Puls eines Nd:YAG-Lasers schematisch dargestellt. In der Anfangsphase des Laserpulses wird das Plasma produziert. Durch weitere Einstrahlung wird es bis zum Pulsende aufgeheizt. Eine Detonationswelle entsteht, die mit der Expansion des Plasmas verbunden ist. Nach Beendigung des Laserpulses breitet sie sich in Form einer Stoß- oder Druckwelle weiter aus. Durch die Abstrahlung der primären Stoßwelle kühlt sich das Plasma ab, und es bildet sich ein gasgefüllter Hohlraum (Kavitation). Dieser erreicht einen maximalen Radius nach etwa 100 μs.

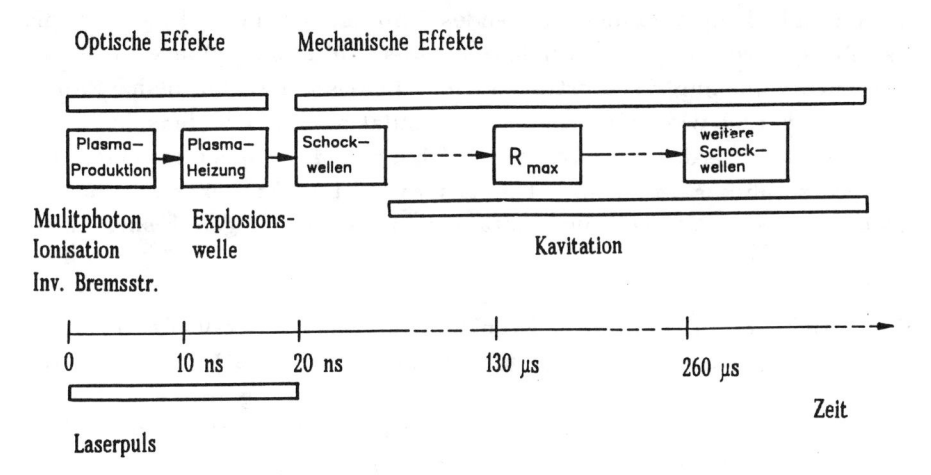

Bild 4.12. Zeitlicher Verlauf eines laserinduzierten Durchbruches. Es bildet sich durch Kavitation eine Blase mit maximalem Radius R_{max}. Die angegebenen Zeiten sind nur Richtwerte.

4.2.5 Photochemische Wirkung

Licht ist lebensnotwendig, und es löst Reize und photochemische Reaktionen aus. Die Wirkung von UV-Strahlung auf Gewebe ist teilweise bekannt; sie wird im nächsten Kapitel beschrieben. Die Frage, wie schwache sichtbare Laserstrahlung oder anderes Licht auf den Organismus wirken, ist bisher nicht befriedigend geklärt. Im Zusammenhang mit schwacher Laserstrahlung wird der Begriff 'Biostimulation' benutzt, der nicht genau definiert ist. Gegenwärtig ist darunter eine photochemische oder andere nichtthermische Wirkung schwacher Strahlung von Lasern oder anderen Lichtquellen zu verstehen.

Untersuchungen zur Biostimulation
Während bei der Laserakupunktur mehr punktförmig bestrahlt wird, findet bei vielen Anwendungen der Biostimulation eine flächenhafte Betrahlung mit Lasern statt. Hierzu gibt es nur wenige Arbeiten, die dazu beitragen, den Wirkungsmechanismus aufzuklären. Es liegen jedoch einige Untersuchungen aus dem Bereich der Grundlagenforschung vor, die nachvollziehbare, reproduzierbare Versuchsbedingungen und Parameter angeben. Festzustellen ist, daß die Grundlagenforschung spezifische Laserwirkungen in Bezug auf Biostimulation in vitro festgestellt hat. Jedoch sind die Resultate widersprüchlich, und man erhält kein zusammenhängendes Bild. Es ist nicht klar, wie die Ergebnisse von in-vitro-Studien auf der zellulären Ebene auf den Gesamtorganismus zu übertragen sind. Insbesondere ist bisher völlig unklar, ob und wie Effekte der Biostimulation im Strahlenschutz berücksichtigt werden sollen. Untersuchungen zu Langzeitschäden bei Dauerbestrahlung mit schwachen Lasern sind nicht bekannt, und sie sind auch sehr schwer durchzuführen. Bedenken liegen bisher nicht vor.

Vor allem bei chronischen Krankheiten, wo eine kausale Therapie nicht mehr bekannt ist, kommt vermehrt Biostimulation mit schwachen Lasern zur Anwendung. Bei einer Verbesserung des Krankheitsbildes wird nicht immer deutlich, ob ein Placeboeffekt, echte Wirkung oder der Zufall dafür verantwortlich waren. Um mögliche Mechanismen und Wirkungen aufzuklären, sollten mehr statistisch abgesicherte Doppelblindstudien im klinischen Bereich durchgeführt werden.

5 Wirkung von Strahlung auf das Auge

Für den Laserstrahlenschutz ist das Auge der empfindlichste Teil des Menschen. Zum einen liegt dies daran, daß schon kleine Schäden, die an anderer Stelle der Haut unangenehm aber harmlos wären, das Sehvermögen erheblich stören können. Zum anderen liegt es an der fokussierenden Wirkung des Auges im Wellenlängenbereich zwischen 400 und 1400 nm. Dadurch kann eine Konzentration der Bestrahlung um den Faktor 10^6 auftreten, so daß auch kleine Lichtmengen die Netzhaut beschädigen können.

5.1 Aufbau und Eigenschaften des Auges

5.1.1 Anatomie und Funktion des Auges

Als "optisches Instrument" kann das Auge mit einer photographischen Kamera verglichen werden. Bemerkenswert ist nicht so sehr die optische Qualität der Abbildung, sondern die damit verbundene Informationsverarbeitung. Das Auge zeichnet sich durch eine hohe Empfindlichkeit aus; treffen 5 Photonen von einer Punktquelle innerhalb einer ms die Netzhaut, so wird dies erkannt. Die entsprechende Energie beträgt $2 \cdot 10^{-18}$ Ws. Für absolute Helligkeitsmessungen ist das Auge nicht geeignet, dagegen werden Helligkeitsunterschiede sehr genau wahrgenommen.

Anatomischer Aufbau
Das Auge ist nahezu kugelförmig und wird von der weißen Sehnenhaut umschlossen (Bild 5.1a). An der Vorderseite geht sie in die vorgewölbte durchsichtige Hornhaut (Cornea) über. Dahinter befindet sich die Regenbogenhaut (Iris) mit der Pupille. Der Durchmesser hängt von der Beleuchtungsstärke ab (Bild 5.6). Hinter der Iris liegt die Linse mit verschieden gekrümmten Flächen. Der Raum zwischen Hornhaut und Linse, die vordere Augenkammer ist mit einer wässrigen Flüssigkeit gefüllt. Der Raum hinter der Linse, die große Augenkammer, enthält eine gallertartige Substanz, den Glaskörper. Die Innenwand der großen Augenkammer ist mit der Aderhaut ausgeklei-

det, darüber liegt die Netzhaut (Retina), die die lichtempfindlichen Sehzellen enthält. Die Sehnerven treten von hinten in das Auge, welches an dieser Stelle lichtunempfindlich ist (Blinder Fleck). Etwas höher liegt der Gelbe Fleck (Macula lutea), die Stelle des schärfsten Sehens. Die mittlere, leicht eingesenkte Stelle heißt Netzhautgrube (Forea centralis). Beim direkten Sehen liegt das Bild an dieser Stelle. Die Sehachse geht durch die Pupillenmitte und die Netzhautgrube.

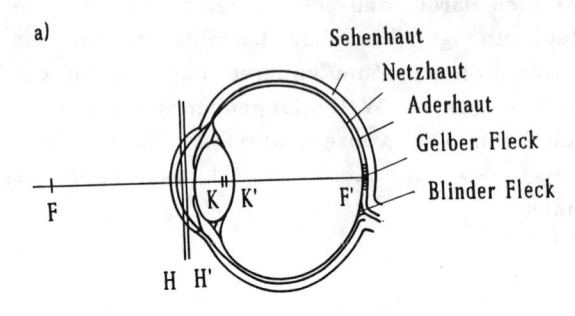

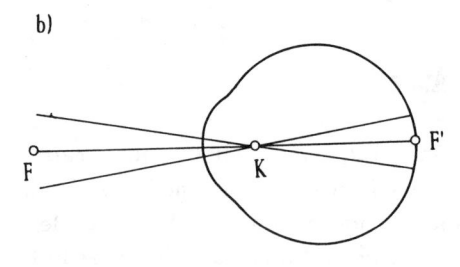

Bild 5.1. Aufbau und optische Daten des menschlichen Auges
a) Brennpunkte F,F', Hauptebenen H,H', Knotenpunkte K,K'
b) Das reduzierte Auge wird vereinfacht durch die Brennpunkte F, F' und den Knotenpunkt K beschrieben

Brennweite
Die abbildende Wirkung des Auges wird durch die Linse und überwiegend durch die gekrümmte Hornhaut bewirkt. Wie jedes andere Linsensystem wird auch das Auge durch die Hauptebenen H und H'. sowie die Knotenpunkte K und K' gekennzeichnet. Haupt- und Knotenpunkte fallen nicht zusammen, da die Brechungsindizes vor und hinter dem System verschieden sind. Man kann das Auge durch ein sogenanntes 'reduziertes Auge' ersetzen. Dieses besteht aus einer einzigen gekrümmten Fläche (r = 5,12 mm) und einem Medium mit dem Brechungsindex 1,34 (Bild 5.1b). Die brechende Fläche liegt 2,3 mm hinter der Hornhaut, die vordere Brennweite beträgt f = -16,7 mm, die hintere f' = 20,1 mm. Die beiden Knotenpunkte fallen im

Krümmungsmittelpunkt K zusammen. Zur Konstruktion der Abbildung durch das reduzierte Auge reichen die beiden im Bild 5.1b gezeichneten Strahlen aus. Die realen Daten eines durchschnittlichen Auges zeigt Tabelle 5.1.

Tabelle 5.1. Daten des menschlichen Auges. (Die angegebenen Orte werden von der Hornhaut aus gerechnet.)

		Ferne	Nähe
Hintere Brennweite f'	(mm)	22,8	18,9
Vordere Brennweite f	(mm)	17,1	14,2
Ort d. hinteren Brennpunktes	(mm)	24,4	21,0
Ort d. vorderen Brennpunktes	(mm)	-15,7	-12,4
Ort d. hinteren Hauptebene	(mm)	1,6	2,1
Ort d. vorderen Hauptebene	(mm)	1,3	1,7
Ort d. hinteren Knotenpunktes	(mm)	7,3	6,8
Ort d. vorderen Kontenpunktes	(mm)	7,1	6,5
Radius d. vorderen Linsenfl.	(mm)	10	5,3
Radius d. hinteren Linsenfl.	(mm)	-6	-5,3
Radius der Hornhaut	(mm)	7,8	
Brechzahl der Linse		1,358	
Brechz. Kammerwasser u. Glaskörper		1,3365	

Pupillendurchmesser

Der Durchmesser der Pupille hängt von der Leuchtdichte der betrachteten Objekte ab. In einer optischen Abbildung bleibt die Leuchtdichte erhalten, damit ist der Pupillendurchmesser auch eine Funktion der Leuchtdichte auf der Retina. In Bild 5.6 ist der Durchmesser in Abhängigkeit von der Bestrahlungsstärke dargestellt, wobei ein mittleres Lichtspektrum zugrunde gelegt wurde. Der Bereich der möglichen Änderungen liegt zwischen 2 und 7 mm. Bei älteren Personen ist der Bereich eingeengt, Die Regelung des Durchmessers erfolgt mit einer Latenzzeit von etwa 0,25 s mit einer Änderungsgeschwindigkeit von einigen mm/s. Für den Strahlenschutz wird diese Regelung nicht berücksichtigt, da sie zu langsam ist. Man geht in den Normen vom ungünstigsten Fall aus, d. h. einem Durchmesser von 7 mm.

Netzhaut

Die lichtempfindliche Schicht im Auge ist die rosa gefärbte Netzhaut (Bild 5.2). In Richtung des einfallenden Lichtes liegt zuerst die Schicht der Nervenfasern und Ganglienzellen, dann die Schicht der bipolaren Nervenzellen. Nachdem das Licht diese Bereiche durchdrungen hat, fällt es auf die eigentlichen Lichtsensoren, die Stäbchen und Zapfen (Sinnesepithel), und dann auf die Pigmentschicht. Im allgemeinen sind mehrere Stäbchen und Zapfen an einer Nervenfaser verbunden, im gelben Fleck, welcher nur Zapfen enthält (ca. 14.000 Zapfen/mm^2), hat jeder eine eigene Nervenleitung. Die Zapfen sind weniger empfindlich, unterscheiden jedoch Farben. Offentsichtlich gibt es drei durch ihren Sehstoff verschiedene Zapfen mit unterschiedlicher spektraler Empfindlichkeit. Im Dämmerlicht sehen wir mit den Stäbchen, die nur Hell und Dunkel unterscheiden.

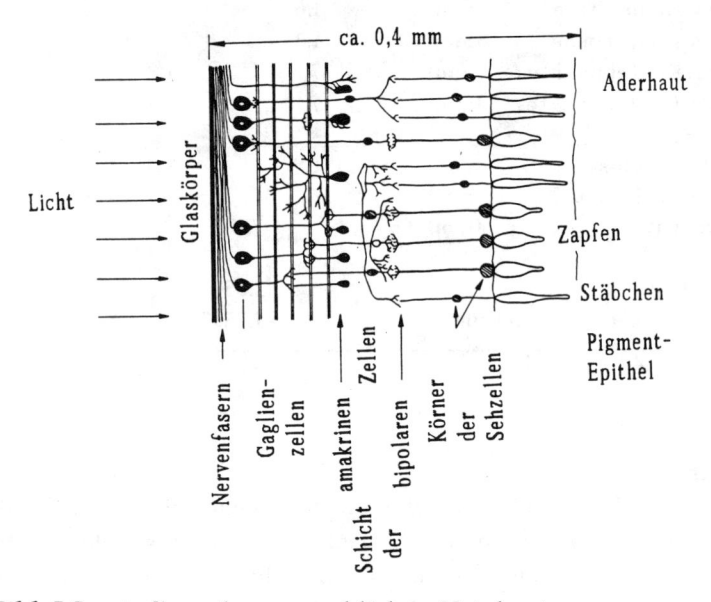

Bild 5.2. Aufbau der menschlichen Netzhaut

Spektrale Empfindlichkeit

Die spektrale Empfindlichkeit des Auges unterscheidet sich für Tages- und Nachtsehen, da unterschiedliche Sensoren, Stäbchen und Zapfen, dafür ansprechen. In Bild 5.3a ist die $V(\lambda)$- und $V'(\lambda)$-Kurve für das hell- und dunkeladaptierte Auge in linearer Skala dargestellt. In logrithmischer Übersicht erkennt man (Bild 5.3b), daß sich das Sehen noch über die Grenzen von 400 bzw. 700 nm hinausschiebt. Mit um 12 Zehnerpotenzen geringeren Empfindlichkeit ist das Auge bis zu 1100 nm sensibel.

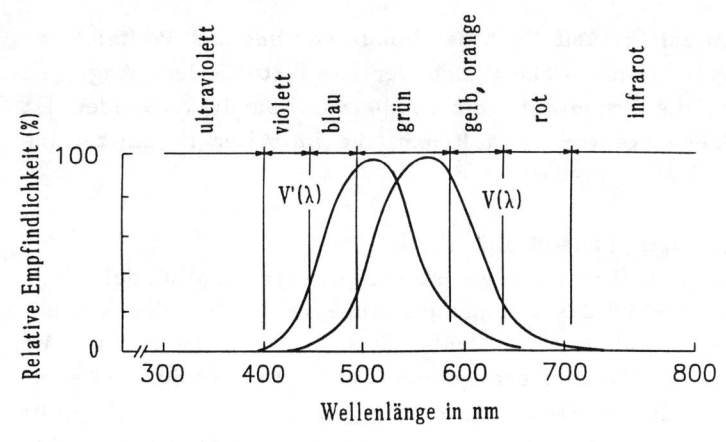

Bild 5.3a. Spektrale Empfindlichkeit des menschlichen Auges. Die Kurve V(λ) gilt für das Tagsehen, V'(λ) für Nachtsehen. Die lineare Darstellung gibt eine gute Übersicht

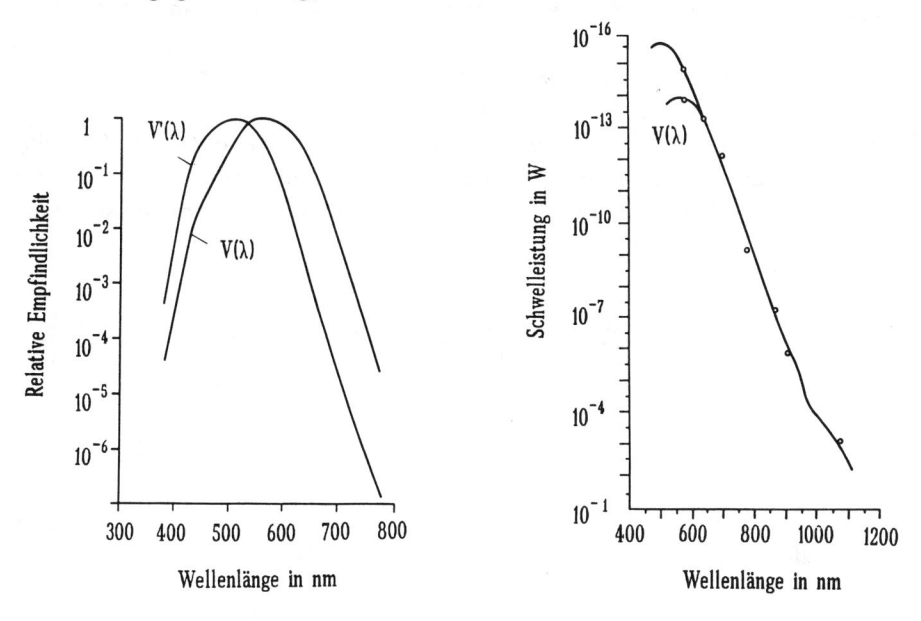

Bild 5.3b und c. Spektrale Empfindlichkeit des menschlichen Auges. b) Die logartihmische Darstellung zeigt die Augenempfindlichkeit genauer im UV und IR. c) Spektrale Empfindlichkeit im IR bis 1,1 μm

5.1.2 Bilderzeugung und Helligkeit

Die Brennweite des entspannten, auf unendlich eingestellten Auges liegt nach Tabelle 5.1 bei 23 mm. Bei Normalsichtigkeit wird ein parallel einfallendes Lichtbündel in diesem Fall auf die Netzhaut fokussiert; bei Kurzsichtigkeit liegt der Fokus vor und bei Weitsichtigkeit hinter der Netzhaut. Nähert sich der Gegenstand dem Auge, so verkleinert sich die Brennweite bis zu 14 mm. Damit verbunden ist eine kürzeste Sehweite von etwa 10 cm, die im Alter im Mittel bis zu 1 m ansteigt.

Paralleles Licht oder Laserstrahl
Besonders gefährlich für das Auge ist ein paralles Lichtbündel, d. h. ein Laserstrahl, der in das entspannte Auge fällt. Von der geometrisch optischen Abbildung her heißt dies, daß ein Lichtpunkt im Unendlichen auf die Netzhaut abgebildet wird. Durch die Welleneigenschaften des Lichtes tritt jedoch Beugung an der Strahlbegrenzung, der Iris, auf. Auf der Netzhaut entsteht statt eines Lichtpunkts ein Lichtfleck, das sogenannte 'Beugungsscheibchen'. Nach der Beugungstheorie entsteht ein Ringsystem nach Bild 5.4a, das zentrale Scheibchen hat einen Radius bis zum ersten Minimum von

$$d' = 1{,}22 \; \lambda f/r, \tag{5.1a}$$

wobei r der Durchmesser der Augenpupille ist (Gleichung 2.8). Für einen maximalen Pupillendurchmesser $2r = 7$ mm errechnet man für blaues Licht (0,5 µm) mit $f = 23$ mm einen Fleckdurchmesser von

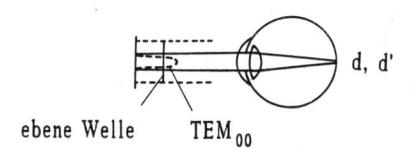

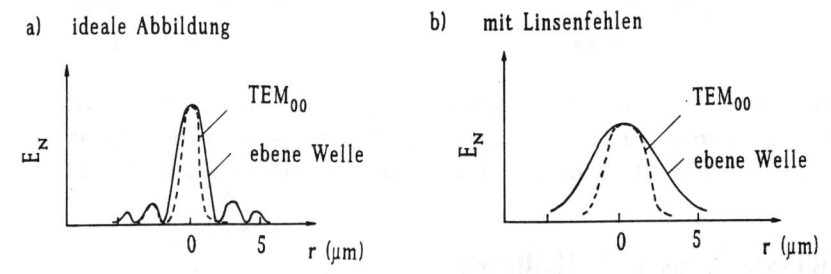

Bild 5.4. Fokussierung von Strahlung durch das Auge. Fall 1: Strahldurchmesser größer als die Pupille (ebene Welle), Fall 2: Strahldurchmesser einer TEM_{00}-Mode gleich Pupillendurchmesser:
a) ideale Abbildung ohne Linsenfehler, b) mit Linsenfehler

4 µm. Durch Linsenfehler, z.B. spharische Aberation, wird die Beugungsstruktur verwischt, und man erhält nach Bild 5.4b einen Durchmesser von nahezu 10 µm. (Bei normalen Lichtquellen tritt auch chromatische Aberation auf.) Die Rechnung sieht anders aus, wenn ein TEM_{00}-Laserstrahl mit dem Strahlradius w_L durch die Pupille fällt. Der Strahl wird auf einen kleineren Durchmesser ohne Nebenmaxima auf der Netzhaut fokussiert (Gleichung 2.7):

$$d = 2\lambda f/\pi w_L = 0{,}64\,\lambda f/w_L. \tag{5.1b}$$

Der Durchmesser ist nahezu um einen Faktor 2 kleiner, für obiges Beispiel erhält man $d \approx 2$ µm. Auch hier tritt eine Verbreiterung durch Linsenfehler auf etwa 4 µm auf. Diese Abschätzung gilt nur, wenn der Gauß-Strahl kaum durch die Iris eingeengt wird. Ist der Durchmesser der Iris kleiner als der Strahlradius ($1/e^2$-Wert), so wird Gleichung 5.1a verwendet.

Im Strahlenschutz geht man von einem minimalen Fleck von 10 µm auf der Netzhaut aus, wobei prinzipiell kleinere Werte möglich sind. Der Grund liegt darin, daß die thermische wirksame Fläche durch Lichtstreuung und Schwankungen des Brechungsindex größer ist. Zusätzlich tritt eine effektive Vergrößerung durch die Bewegung der Augen auf. Nach den Gleichungen 5.1a und b vergrößert sich der Fleckdurchmesser auf der Netzhaut mit abnehmenden Pupillen- oder Strahlendurchmesser. Dieser Effekt wird beim Strahlenschutz nicht berücksichtigt; man geht stets von 10 µm aus. Dies entspricht einem Sehwinkel von $5 \cdot 10^{-4}$ rad = 2'. (Der minimale Sehwinkel beträgt 1'.)

Vergleicht man die Fläche der Pupille mit der des 10-µm-Fleckes, so erhält man eine Verstärkung der Bestrahlungsstärke bzw. der Bestrahlung von $7 \cdot 10^{-5}$. Damit wird klar, warum relativ schwache Laser Schäden auf der Netzhaut hervorrufen können. Diese Aussage ist nur im Spektralbereich zwischen 400 und 1400 nm gültig, in welchem das Auge transparent ist. Besonders gefährlich ist der nicht sichtbare Bereich zwischen 700 und 1400 µm, da eine Bestrahlung der Netzhaut nicht bemerkt wird. Abwehrreaktionen, z. B. der Lidschlußreflex, scheiden damit aus.

Bestrahlung auf der Netzhaut beim Laserstrahl

Welcher Anteil der Leistung P eines Laserstrahls durch die Pupille fällt, hängt von dessen Durchmesser D_L ab; als Pupillendurchmesser wird stets D = 7 mm angenommen. Ist $D_L > D$, so fällt der Anteil der Leistung $P\,D_L^2/D^2$ ins Auge. Für die Bestrahlungsstärke E_N auf der Netzhaut wird die Fläche A_N (= Kreis mit 10 μm Durchmesser) zugrunde gelegt. Man erhält

$$E_N = P\,D_L^2 / (D^2 A_N). \tag{5.2a}$$

Ist der Strahldurchmesser D_L kleiner als D = 7 mm, so fällt im ungünstigsten Fall die gesamte Laserleistung P auf die Netzhaut, und es gilt

$$E_N = P/A_N. \tag{5.2b}$$

Gleichung 5.2b nimmt die gleiche Form an wie 5.2a, wenn man die Nebenbedingungen hinzufügt, daß stets gelten soll: $D_L \geq D = 7$ mm. In den Normen zum Strahlenschutz (DIN VDE 0837) wird dies dadurch berücksichtigt, daß man bei Strahldurchmesser unterhalb von 7mm stets Mittelwerte (für die Bestrahlung und Bestrahlungsstärke) über diesen Durchmesser verwendet. Die Meßvorschriften lauten, daß eine Meßblende von 7 mm verwendet wird (siehe Tabelle 6.4).

Als Beispiel sei die Bestrahlungsstärke E_N für einen Laser von 1 mW bei $A_N \approx 10^{-10}$ m^2 berechnet: $E_N = 10^7$ W/m^2. Dieser Wert ist in Bild 5.6 eingetragen, welches eine Übersicht über typische Bestrahlungen darstellt.

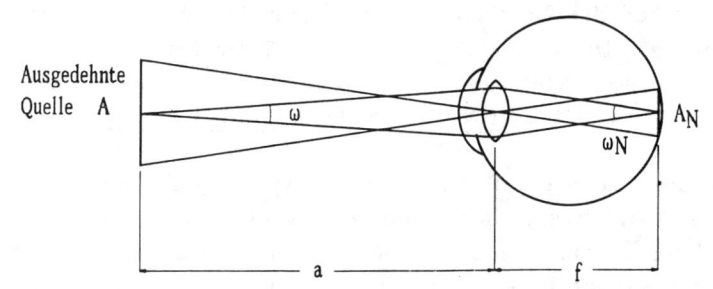

Bild 5.5. Abbildung einer ausgedehnten Quelle durch das Auge

Abbildung von ausgedehnten Quellen
Beim Strahlenschutz treten nicht nur parallele Strahlen auf, sondern auch beleuchtete strahlende Flächen. Mit Hilfe des Modells des 'reduzierten Auges' ist der Strahlengang für die Abbildung durch das Auge einfach (Bild 5.5), näherungsweise reichen zwei Strahlen durch den Knotenpunkt aus, um die Bildgröße zu bestimmen. Für das Verhalten der Bildgröße B zur Gegenstandsgröße G erhält man B/G = f/a. Der Gegenstand sei eine beleuchtete Fläche $A \sim G^2$, für die entsprechende Fläche auf der Netzhaut gilt $A_N \sim B^2$, d. h.

$$A_N/A = f^2/a^2.$$

Den Raumwinkel erhält man nach Bild 5.5 aus der Pupillenfläche A_p: $\Omega = A_P/a^2$ und $\Omega_N = A_P/f^2$. Damit ergibt sich:

$$\Omega_N/\Omega = a^2/f^2.$$

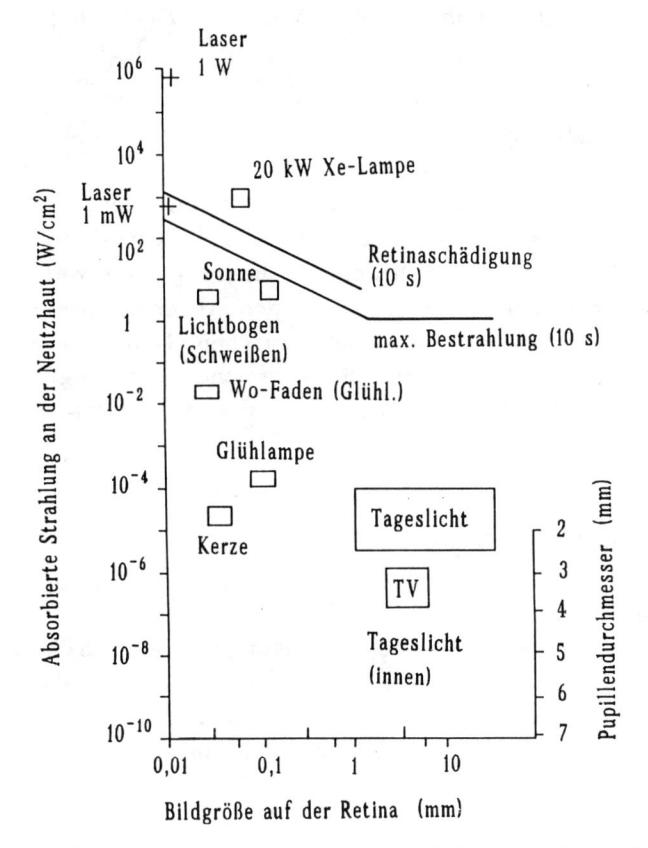

Bild 5.6. Bestrahlungsstärke auf der Netzhaut für einige ausgedehnte Lichtquellen

Bestrahlung der Netzhaut bei ausgedehnter Quelle

Ausgedehnte Lichtquellen werden durch die Strahldichte L charakterisiert. Im Kapitel 3 wurde gezeigt, daß sich diese Größe bei der optischen Abbildung nicht ändert. Die Strahldichte auf der Netzhaut ist also die gleiche wie die der Quelle. Bei senkrechter Strahlung kann die Strahldichte der Netzhaut näherungsweise geschrieben werden zu:

$$L = P/(\Omega_N A_N).$$

(Wie etwas weiter oben gezeigt wurde, ist bei der Abbildung $\Omega\,A$ und damit auch L konstant.) Wendet man diese Gleichung auf das Auge an und benutzt die Gleichung für Ω_N, so ergibt sich für die Bestrahlungsstärke E_N auf der Netzhaut

$$E_N = P/A_N = L\, A_p/f^2. \tag{5.3}$$

Einige Beispiele für die Bestrahlungsstärke auf der Netzhaut zeigt Bild 5.6.

5.2 Mechanismen der Schädigung

Die Wechselwirkung von Strahlung mit dem Auge ist kompliziert, sie hängt von der Wellenlänge sowie den Parametern der Bestrahlung ab. Wichtig für das Verständnis der Schäden ist die Frage, an welcher Stelle die Energie absorbiert wird. Im folgenden Abschnitt werden zur Klärung dieses Problemkreises die optischen Daten, wie Transparenz und Absorption, der verschiedenen Bereichen des Auges beschrieben. Daran schließt sich eine Diskussion der Mechanismen der Schädigung an.

5.2.1 Optische Eigenschaften des Auges

Eindringtiefe im Auge
Bild 5.7 zeigt, daß das Auge zwischen 400 bis 1400 nm lichtdurchlässig ist. Besonders hoch ist die Transparenz zwischen 500 bis 900 nm. Licht dieser Bereiche wird durch das Auge fokussiert und trifft die Netzhaut. Diese absorbiert verständlicherweise besonders im Sichtbaren.

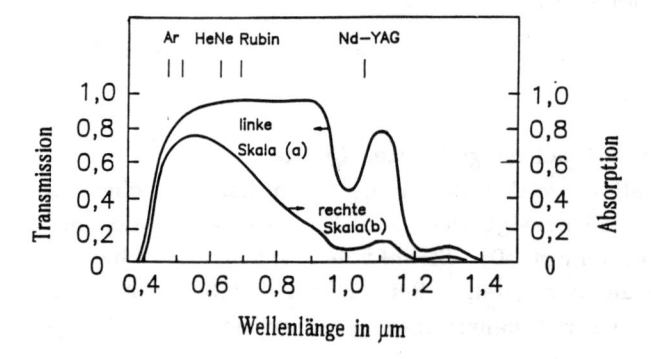

Bild 5.7. Optische Eigenschaften des Auges. a) Transmission bis zur Netzhaut, b) Absorption der Netzhaut

Den genaueren Verlauf der Intensität im Auge verdeutlicht Bild 5.8, das die Transmission des Lichtes in die Tiefe des Auges darstellt. Während Licht zwischen 400 und 1400 nm bis zur Netzhaut dringt, gelangt Licht im Bereich von 300 nm bis 2000 nm nur bis zur Linse. Diese Information wird durch Bild 5.9 ergänzt, das die Absorption der Strahlung in den verschiedenen Teilen des Auges zeigt.

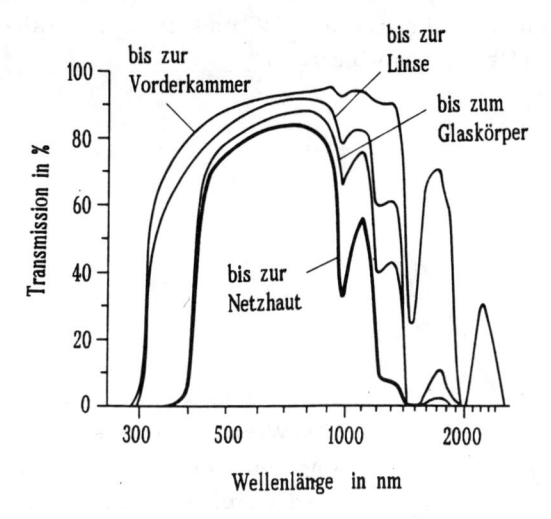

Bild 5.8. Transmission verschiedener Bereiche des Auges bis zur Vorderkammer, Linse, Glaskörper und Netzhaut

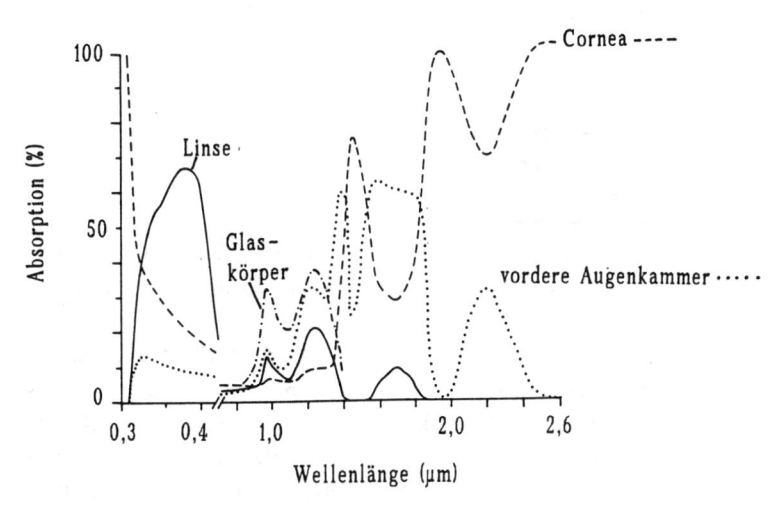

Bild 5.9. Absorption verschiedener Bereiche des Auges: Hornhaut (- - -), vordere Augenkammer (· · ·), Linse (———) und Glaskörper (-·-·-)

Bei Wellenlängen über 2,5 µm liegt die Eindringtiefe der Strahlung unter 0,1 mm, besonders klein ist sie bei 3 µm (Bild 5.10). Sie spiegelt im wesentlichen den Absorptionskoeffizienten von Wasser wieder (Bild 4.2). Auch im UV ist die Eindringtiefe der Strahlung gering, insbesondere unterhalb von 280 nm (Bild 5.11). Zusammengefaßt kann das Eindringen von Strahlung in das Auge durch Bild 5.12 beschrieben werden. Im Sichtbaren und nahen Ultravioletten wird noch die Linse bestrahlt. Dagegen wird im fernen UV und IR die Strahlung vollständig an der Oberfläche absorbiert.

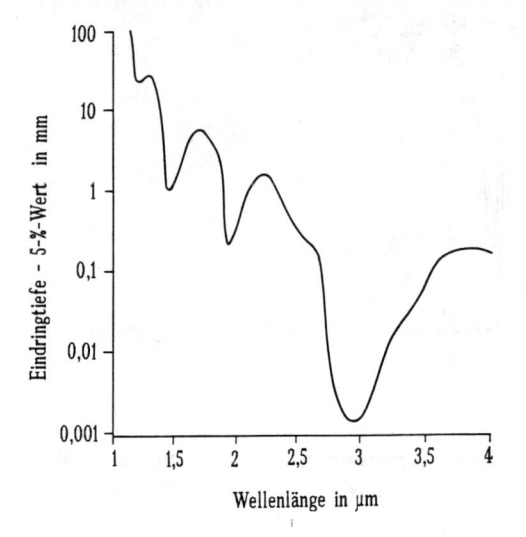

Bild 5.10. Eindringtiefe (5%-Wert) von IR-Strahlung im Auge. Die Kurve wird durch die Absorption in Wasser bestimmt (Bild 4.2)

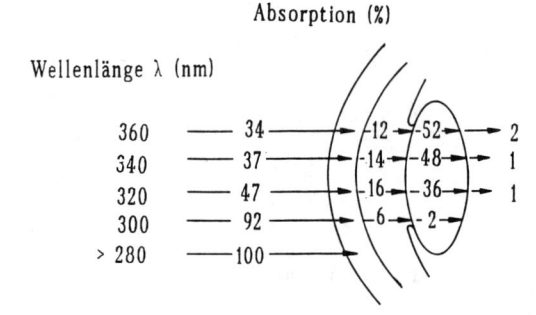

Bild 5.11. Absorption von UV-Strahlung im Auge

Den Absorptionkoeffizienten der Cornea zeigt Bild 5.13. Im Sichtbaren ist sie weitgehend transparent, im UV und IR absorbiert sie durch das enthaltende Wasser. Die Sklera (Lederhaut) hat im Sichtbaren eine wesentlich geringere Transmissions als die Cornea, obwohl ihre chemischen Zusammensetzungen sich ähneln. Die Unterschiede sind strukturell bedingt; die Kollagenfaserdurchmesser zeigen eine breite Verteilung in der Sklera, sind jedoch bei der Cornea nahezu uniform, auch die Abstände der Kollagenfasern untereinander weisen

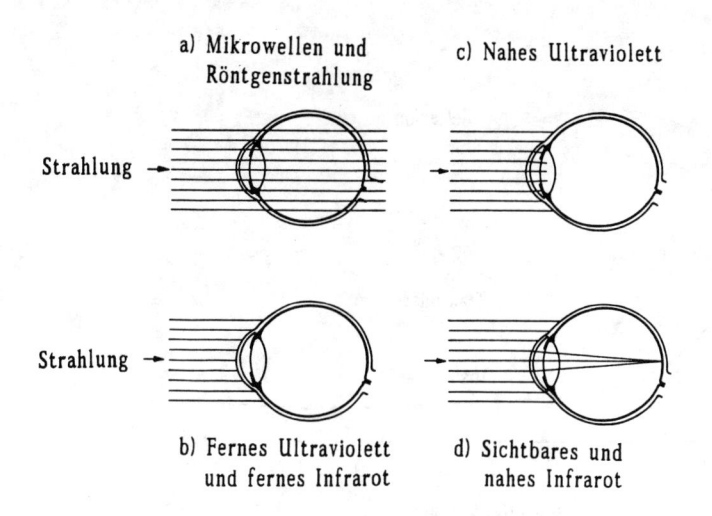

Bild 5.12. Zusammenfassende Darstellung über das Eindringen von Strahlung ins Auge

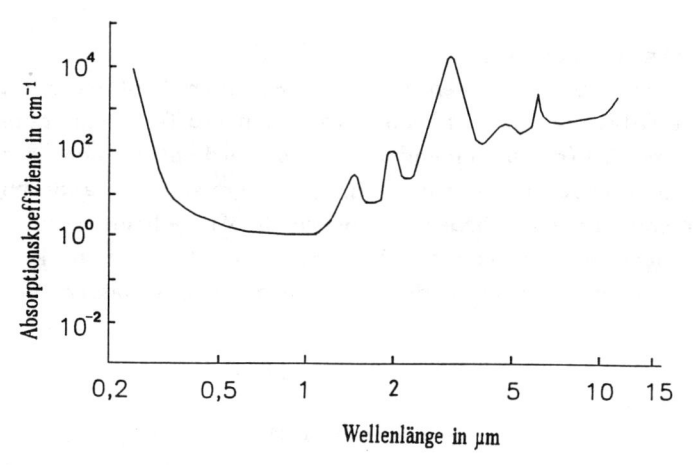

Bild 5.13. Absorptionskoeffizient der Hornhaut (Cornea)

starke Unterschiede auf. Damit entstehen in der Sklera optische Inhomogenitäten in der Größe der Wellenlänge, während diese in der normalen Cornea nur eine Ausdehnung von ca. 20% der Wellenlänge haben. Die Inhomogenitäten verursachen eine erhöhte Streuung an der Sklera, was zu einer starken "Reflexion" führt (Bild 5.14). Die Transmission steigt von 400 bis 1100 nm monoton an, während die Absorption sinkt.

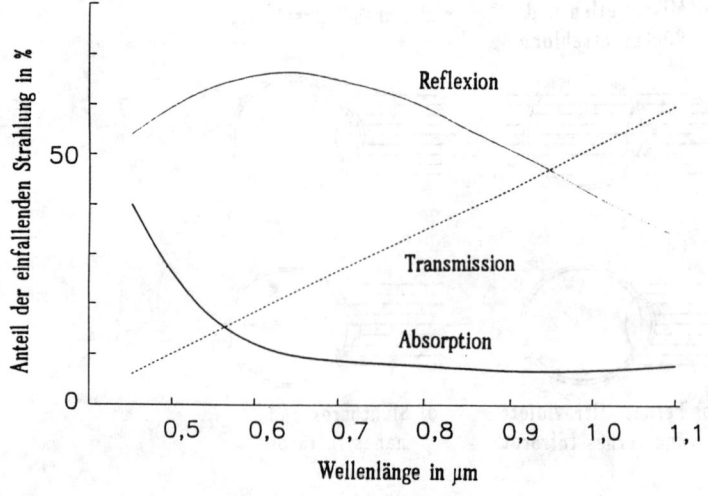

Bild 5.14. Optische Eigenschaften der Sklera: Absorption, Transmission und Reflexion (Rückstreuung)

Transmissionsverhalten der Linse

Die menschliche Linse besitzt einen nur sehr geringen Stoffwechsel; die Ernährung erfolgt durch Diffusion von Nährstoffen aus dem Kammerwasser. Im Laufe zunehmenden Alters verdichtet sich der Linsenkern zu einem Proteinparakristall, da im Gegensatz zu anderen Geweben des menschlichen Körpers größere Stoffwechselprodukte nicht abtransportiert werden können. Dieser Parakristall, auch 'kristalline' Linse genannt, bestimmt die Absorptionseigenschaften der

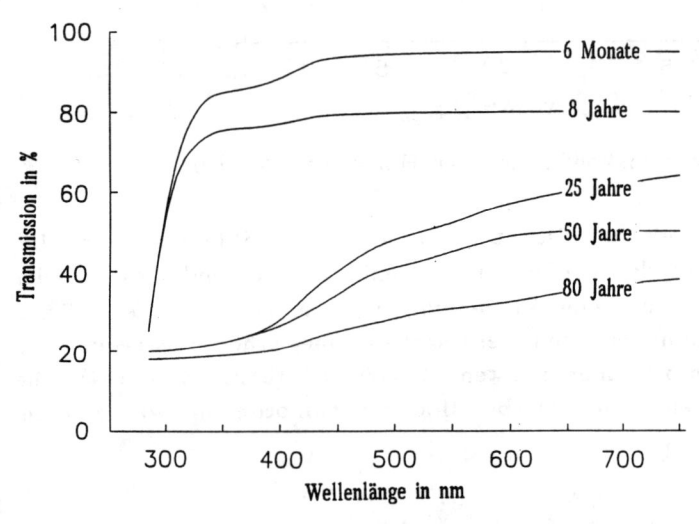

Bild 5.15. Transmission der menschlichen Augenlinse

Linse im gesamten Wellenbereich von 300 bis 1500 nm. In der Tat besitzt die Linse eine hohe Transmission in diesem Bereich nur beim Neugeborenen, bereits bei Jugendlichen sinkt sie auf 70 %, und beim 25jährigen wird das nahe Ultraviolett zu 60 bis 80% absorbiert (Bild 5.15). Da von dem Parakristall auch im weiteren Leben der kurzwellige Teil des sichtbaren Spektrums stärker absorbiert wird als der langwellige, erscheint der Linsenkern mehr und mehr geblich, es bildet sich die sogenannte Katarakt (grauer Star).

Absorptionseigenschaften der Netzhaut
Die Netzhaut besteht aus neuronalem Gewebe, das im Gegensatz zu anderem Nervengewebe keine Markscheiden ernthält. Dadurch wird das neuronale Geflecht im sichtbaren Bereich transparent. In Bild 5.7 ist die Absorption im Sichtbaren und nahen IR dargestellt. In der Makula lutea, hauptsächlich aber auch über die gesamte Retina verteilt, sind gelbe Farbstoffe eingelagert, die der Makula lutea ihren Namen gegeben haben. Diese Farbstoffe, deren Absorptionsmaxima zwischen 410 und 490 nm liegen, sind in den inneren Schichten der Netzhaut gelagert. Da ihre Konzentration in der Makula lutea (gelber Fleck = Stelle des schärfsten Sehens) maximal ist, ist eine Koagulation des Sehzentrums mit dem Argonlaser besonders gefährlich. Andere retinale Farbstoffe kommen in den Außensegmenten der Netzhaut vor, insbesondere der Sehpurpur (Rhodopsin). Welche Rolle dieser Farbstoff bei der Photokoagulation der Netzhaut spielt, ist unklar. Seine Absorption scheint vernachlässigbar gegenüber der im unmittelbar angrenzenden Malanin des Pigmenteptithel zu sein.

Absorptionseigenschaften der Uvea
Die Gefäßhülle des menschlichen Auges besteht aus Iris, Zillarkörper und Aderhaut. Diese Strukturen zeichnen sich alle dadurch aus, daß sie einen hohen Anteil an Melanin erhalten und stark vaskularisiert sind. Damit sind auch ihre optischen Eigenschaften charakterisiert. Melanin ist ein organischer Farbstoff, der von Melanozyten gebildet wird und in Melaningranula (Proteinmakromoleküle in die der Farbstoff eingebaut ist) vorkommt. Der nächstwichtige Absorptionspartner ist aufgrund seines Gefäßreichtums das Hämoglobin. Dabei ist zwischen dem sauerstoffgeladenen Oxyhämoglobin und dem reduzierten Hämoglobin zu unterscheiden.

5.2.2 Schädigung des Auges

Im folgenden sollen Folgen einer Laserbestrahlung auf das Auge näher erläutert werden Nichtlineare Effekte, wie Photodisruption und Photoablation sind zunächst ausgenommen. Die Strahlung wird in UV-C, -A, -B, sichtbares Licht und IR-A, -B, -C eingeteilt. Unterhalb von 180 nm in UV-C ist ein Strahlenschutz im allgemeinen nicht erforderlich, da die Luft stark absobiert (Vakuum-UV). Im Ultravioletten beruht die Wirkung auf photochemischen Reaktionen, die Strahlung wirkt kumulativ. Daher sind in den Strahlenschutz auch lange Bestrahlungszeit bis zu 30 000 s aufgenommen, was etwa einem Arbeitstag entspricht. Möglicherweise wirkt die UV-Strahlung bei manchen Wellenlängen auch noch über längere Zeit additiv. Die Untersuchung krebserregender Wirkung ist noch nicht abgeschlossen, insbesondere bei Bestrahlung mit geringen Dosen über längere Zeiten.

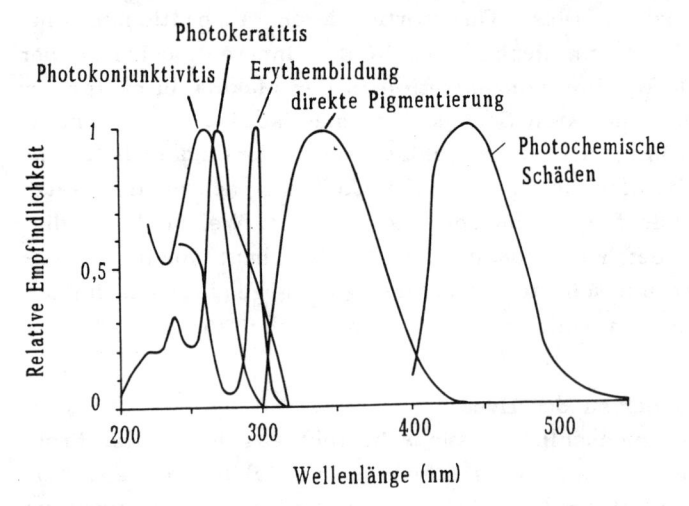

Bild 5.16. Relative Wirkungsfunktionen für verschiedene biologische Effekte von Strahlung im UV

UV-C (100 bis 280 nm)
Ab 180 nm ist die Luft durchlässig, und Strahlung kann auf das Auge fallen. Als Mechanismen der Schädigung kennt man im UV-C insbesondere die Photokonjunktivitis, die Entzündung der Bindehaut, und die Photokeratitis, die Entzündung der Hornhaut. Die Wirkungsfunktionen (Bild 5.16) haben Maxima bei 260 und 270 nm. Die Schwellenwerte (ca. 30 bis 50 J/m^2) dieser photobiologischen Schädigungen liegen etwa 100 mal niedriger als der Schwellwert für die Bildung von Erythemen, der Hautrötung. Diese Wirkungsfunktion hat ein Ma-

ximum bei 297 nm (UV-B) und nimmt nach einem Abfall unterhalb von 280 nm wieder stark zu.

UV-B (280 bis 315 nm)
Die hauptsächliche Wirkung von UV-B-Strahlung ist die Erytembildung. Mit dem Abklingen der Hautrötung entsteht eine sekundäre Pigmentierung der Haut. Weiterhin entsteht Photokeratitis; das Maximum der Wirkung liegt bei kürzeren Wellenlängen im UV-C.

UV-A (315 bis 380 nm)
In diesem Bereich dringt die Strahlung noch einige Milimeter tief in die schwach gebräunte Haut ein. Die Haut wird ohne Hautrötung (Erythem) gebräunt; man nennt die Wirkung 'direkte Pigmentierung'. Die Wirkungsfunktion hat ein breites Maximum bei 340 nm. Die Empfindlichkeit ist 200 bis 300 mal geringer als für Erythembildung; die Schwelle liegt bei 10^5 J/m^2. Im Auge dringt die UV-Strahlung bis zur Linse, in der etwa die Hälfte absorbiert wird (Bild 5.11). Als Wirkung tritt eine Trübung der Linse, der Katarakt oder Grauer Star auf. Eine Wirkungsfunktion wurde bisher nicht veröffentlicht.

Neben den Schädigungen nach Bild 5.16 gibt es noch eine Reihe weiterer Wirkungen, bei denen eine Zuordnung unklar ist und die auch zu Spätfolgen führen können. UV-Strahlung wirkt auf das Zellwachstum, es kann eine Stimulation oder Zellschädigung auftreten, wie sie zum Abtöten von Bakterien ausgenutzt wird (um 265 nm). Spätfolgen sind Alterung der Haut und die Entstehung von Krebs. Besonders bekannt ist das Auftreten von Hautkrebs bei häufiger natürlicher Sonnenbestrahlung.

Sichtbare Strahlung (380 bis 780 nm)
Im Sichtbaren können, abgesehen von nichtlinearen Effekten, hauptsächlich photochemische und thermische Schäden auftreten. Die Wirkungsfunktion für photochemische Effekte in Bild 5.16 hat ein Maximum bei 440 nm, sie fällt oberhalb von 500 nm steil ab. Die maximal zulässigen Grenzwerte für den Strahlenschutz (Kapitel 6) werden durch diese photochemischen Reaktion gegeben.

Der Wellenlängenbereich zwischen 380 bis 400 nm dringt nur bis zur Augenlinse und kann dort eine photochemische Trübung, den Grauen Star, verursachen. Ab 400 nm wird die Strahlung auf der Netzhaut fokussiert. Die photochemische Schädigung betrifft nicht die Netzhaut in ihrer gesamten Dicke, sondern hauptsächlich die Zellen, die Sehfarbstoffe enthalten. Die Leistung, die dafür ausreicht, ist wesentlich geringer als bei thermischen Läsionen. Auch sehr schwache Laserstrahlen schaden bei lang andauernder Bestrahlung. Bei wiederholten Expositionen tritt eine kumulative Wirkung ein. Möglicherweise ist eine geringe photochemische Schädigung der Netzhaut reversibel.

Erst oberhalb 500 bis 600 nm werden die Grenzwerte durch die thermische Wirkung der Strahlung bestimmt. Bei höheren Bestrahlungsstärken überwiegt auch in anderen Wellenlängenbereichen die thermische Wirkung. Das Gewebe wird koaguliert, so daß die photochemischen Reaktionen nicht zur Auswirkung kommen.

Wegen der fokussierenden Wirkung des Auges ist die Gefährdung im Sichtbaren hoch. Das retinale Pigmentepithel mit seinen hohen Melaningehalt und die innere Aderhaut mit ihrem Blutreichtum stellen die Schichten dar, in denen sichtbares Licht am stärksten absorbiert wird. In dieser ca. 150 bis 200 µm dicken Schicht wird Lichtenergie in Wärmeenergie umgewandelt. Der Temperaturanstieg hängt sowohl von der applizierten Lichtleistung als auch von der Dauer der Exposition ab. Wird ein Strahl auf die Netzhaut fokussiert, so wird nur ein kleiner Teil des Lichtes, etwa 5%, durch die Sehpigmente in den Stäbchen und Zäpfchen absorbiert. Der größte Teil wird durch das Pigment Melanin absorbiert, das im Pigmentepithel vorhanden ist. Im Bereich der Makula, dem gelben Fleck, wird ein Teil der Lichtenergie im blaugrünen Bereich zwischen 400 bis 500 nm durch das Makulapigment absorbiert. Dabei wird das Licht in thermische Energie umgewandelt, wodurch eine örtliche Aufheizung stattfindet. Dadurch kann das Gewebe koaguliert und verbrannt werden, wobei zuerst das Pigmentephitel und dann die lichtempfindlichen Stäbchen und Zäpfchen geschädigt werden.

Diese Läsionen können Gesichtsfeldausfälle bewirken. Nur bei geringen Leistungsdichten können die Schäden reparabel sein. Eine Abnahme der Sehfähigkeit wird normalerweise nur dann subjektiv wahrgenommen, wenn die zentrale Region betroffen ist. Diese ist die Fovea, die in einer Mulde in der Makula gelegen ist. Sie ist der wichtigste Teil der Netzhaut und für das scharfe Sehen verantwortlich. Der Sehwinkel der Fovea ist relativ klein und entspricht dem Winkel, unter welchem der Mond erscheint. Ein Schaden in diesem Bereich äußert sich beim Sehen anfänglich als trüber weißer Fleck, der den zentralen Sehbereich bedeckt. Er kann innnerhalb von zwei Wochen oder mehr zu einem dunklen Fleck werden. Später wird dieser zerstörte Bereich unter normalen Sehbedingungen von Geschädigten eventuell nicht mehr wahrgenommen. Unter besonderen Bedingungen, z.B. bei Blicken auf weißes Papier oder ein blaues Feld, tritt er jedoch in Erscheinung. Periphere Läsionen werden oft nicht bemerkt und sogar bei Augenuntersuchungen übersehen. Man hört daher oft, ein schwacher He-Ne-Laser sei völlig ungefährlich, was nicht immer richtig ist. Auch wenn man den Strahl schon öfter "problemlos ins Auge bekommen" hat, ist damit nicht sicher, ob eine Schädigung verursacht worden ist.

Die sehr differenzierten Strukturen der Netzhaut, die zum größten Teil aus Eiweiß bestehen, werden ab einer Temperaturerhöhung von etwa 20 ^{o}C zerstört. Es entsteht eine Weißfärbung, die mit dem Augenspiegel sichtbar wird. Ein bis zwei Wochen später bildet sich eine Narbe. Eine Regeneration der Funktion tritt nicht auf. Bei höheren Laserleistungen kommt es zum Zerreißen von Gewebe der Netz- und darunterliegenden Aderhaut, mit Blutungen in den Glaskörper.

IR-A (780 bis 1400 nm)

Dieser Spektralbereich liegt in dem Gebiet (400 bis 1400 nm), in dem das Auge weitgehend transparent ist und einfallende Strahlung auf die Netzhaut bündelt. Allerdings treten oberhalb von 1000 nm breite Absorptionsbereiche durch das Wasser auf. Bei diesen Wellenlängen kann durch die absorbierende Energie in der Linse oder Iris, ähnlich wie im UV-A, Katarakt entstehen, d. h. eine Trübung. Wegen der fokussierenden Wirkung sind die zulässigen Grenzwerte klein. Eine besondere Gefahr besteht in der Unsichtbarkeit der Strahlung, die Abwehrreaktionen zu spät einsetzen läßt.

IR-B (1400 bis 3000 nm)

Die Eindringtiefe von IR-B-Strahlung in Wasser ist gering (Bild 4.2). Infolgedessen findet eine starke Absorption im Gewebe statt; bei Bestrahlung des Auges dringt die Strahlung nur in die Hornhaut ein. Die Transparenz kann verloren gehen, eine irreversible Schädigung. Die Wirkung von IR-B hängt im Prinzip nicht von der Gewebsart ab, die maximal zulässige Bestrahlung (MZB) für Haut und Auge ist gleich. In einem Zwischenbereich um 1500 nm steigt die Eindringtiefe im Auge auf einige Millimeter an. Absorbierte Strahlung wird somit auf ein größeres Volumen verteilt, wodurch die thermische Belastung fällt. Daher arbeiten Pulslaser für Entfernungsmesser, z.B. der Erbiumlaser, in der Nähe dieser Wellenlänge.

IR-C (3 µm bis 1 mm)

Die Eindringtiefe in diesem Wellenlängenbereich liegt unterhalb von 1 mm, teilweise um 10 µm (CO_2-Laser). Das Verhalten von Gewebe wird weitgehend durch die Absorptionskurven von Wasser (Bild 4.2) repräsentiert. Die biologische Wirkung beruht auf Temperaturerhöhungen, daher ist die maximal zulässige Bestrahlung im gesamten UV-C-Bereich gleich. Bei Unfällen tritt hauptsächlich eine irreversible Trübung der Hornaut auf.

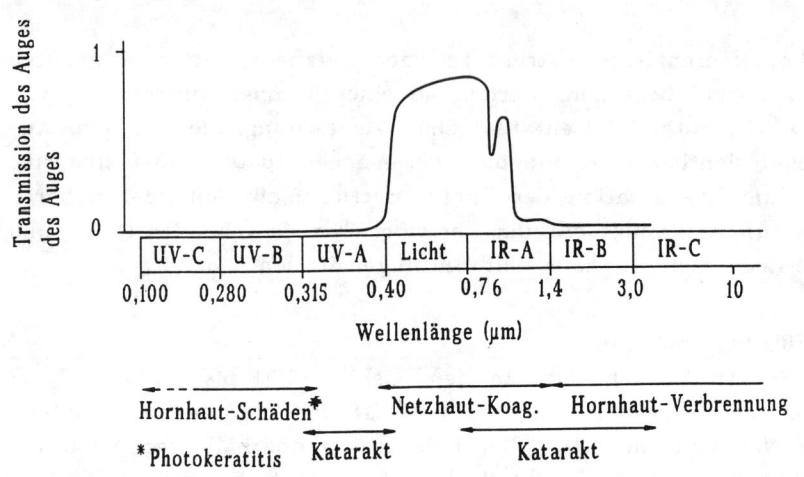

Bild 5.17. Zusammenfassende Darstellung der Schäden bei Bestrahlung des Auges

In Bild 5.17 und Tabelle 5.2 sind die verschiedenen Mechanismen in den erwähnten Spektralbereichen zusammengefaßt. Bei gepulsten Laser können zusätzlich nichtlineare Wirkungen im Gewebe entstehen, insbesondere wenn durch Fokussierung hohe Leistungsdichten auftreten.

Photodisruption

Dieser Effekt wurde bereits im Abschnitt 4.2.4 beschrieben. Bei Fokussierung von Laserstrahlung im Augeninneren kann im Fokus ein Plasma mit Temperaturen um 10 000 K entstehen. Dies Plasma dehnt sich explosionsartig aus (Kavitationsblase), es entsteht ein Druck bis zu 30 000 bar. Die Läsion beschränkt sich weitgehend auf den Laserfokus, benachbarte Gewebebereiche werden wenig beschädigt. In der Medizin wurde die Photodisruption gezielt in der Ophtalmologie und der Steinzertrümmerung (Lithotripsie) eingesetzt. Während angrenzendes Gewebe durch die beschriebene Druckwelle nicht beschädigt wird, findet bei Steinen eine effektive Einkoppelung der Energie und eine Zertrümmerung statt.

Photoablation

Auch Photoablation tritt nur bei Pulslasern hoher Energiedichte auf. Voraussetzung für diesen Effekt ist eine geringe Eindringtiefe der Strahlung (Abschnitt 4.2.3). Am Auge kann Photoablation an der Hornhautoberfläche bei Bestrahlung mit dem UV-Lasern, insbesondere Excimerlaser, oder IR-Lasern auftreten, z.B. 3-µm-Laser oder TEA-CO_2-Laser.

Tabelle 5.2. Zusammenfassung pathologischer Effekte in Verbindung mit übermäßiger Lichteinwirkung

Spektralbereich	Auge	Haut
Ultraviolett C (200 bis 280 nm)	⎫	Erythem (Sonnenbrand)
	⎬ -Photokeratitis	Beschleunigte Prozesse der Alterung der Haut
Ultraviolett B (280 bis 315 nm)	⎭	Verstärkte Pigmentierung
Ultraviolett A (315 bis 400 nm)	Photochemischer Katarakt	‖ Dunkelung von Pigmenten ‖ ‖-Photosensitive Reaktionen ‖
Sichtbares Licht (400 bis 780 nm)	Photochem. u. therm. Verletzung der Retina	‖ ‖ ⊢Verbrennung der Haut
Infrarot A (780 bis 1400 nm)	Katarakt, Verbrennung der Retina	
Infrarot B (1,4 bis 3,0 µm)	wässrige Ausbuchtung, Katar., Verbr. d. Cornea	
Infrarot C (3,0 bis 1000 µm)	Verbrennung d. Cornea allein	

5.2.3 Ermittlung der Grenzwerte (MZB)

Bei der Festlegung der maximal zulässigen Bestrahlung sind eine Reihe von Parametern zu berücksichtigen, so daß die Aufstellung von Normwerten mit großen Problemen verbunden ist. Meist sind die

Schwellwerte für eine Schädigung nur aus Tierexperimenten bekannt, so daß die Übertragung auf das menschliche Auge mit systematischen Fehlern verbunden sind. Hinzu kommt, daß die biologische Streubreite der Eigenschaften des Gewebes, z B. Pigmentierung, starke unterschiedliche individuelle Grenzwerte ergibt. Eine weitere Schwierigkeit liegt in der Definition eines Schadens. Nicht jede Reaktion des Gewebes muß eine Schädigung sein.

Sind alle Parameter konstant, so erhält man mit einer gewissen Wahrscheinlichkeit einen Schaden. Zur Bestimmung von Grenzwerten muß man also Wahrscheinlichkeitsverteilungen ermitteln. Man kann dann als Grenze den Wert bei 50% oder besser 1 bis 10% wählen. Derartige genaue Messungen liegen nur vereinzelt vor, so daß man auf Abschätzungen und Extrapolationen angewiesen ist.

Bild 5.17 zeigt ein Beispiel, wie aus Messungen im Spektralbereich zwischen 400 und 550 nm die Normen für die Grenzwerte ermittelt wurden. Bei kurzen Pulsen lagen zur Zeit der Normierung keine ausreichenden Messungen vor, so daß der eingearbeitete Sicherheitsfaktor groß ist.

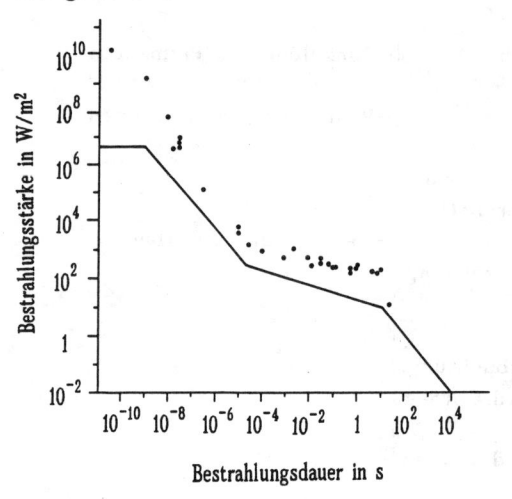

Bild 5.18. Experimentelle Schwellwerte für Schäden am Auge und maximal zulässige Bestrahlungsstärke nach DIN VDE 0837

Pulsfolgen

Es wurde experimentell festgestellt, daß die Schädigungsschwelle sinkt, wenn die gleiche Stelle auch nach längerer Zeit mehrmals mit einzelnen Laserpulsen bestrahlt wird. Für die Pulsfolgen gelten also besondere Mechanismen, die bisher noch nicht ausreichend untersucht wurden. In den Normen der maximal zulässigen Bestrahlung ist das Verhalten bei Pulsfolgen nach den bisherigen Kenntnissen mit eingearbeitet (siehe Kapitel 6).

III STRAHLENSCHUTZ
6 Maximal zulässige Bestrahlung (MZB)

Beim Betrieb von Lasern muß gewährleistet werden, daß die in den Normen festgelegten Strahlungsgrenzwerte in Personen zugänglichen Bereichen nicht überschritten werden. Man nennt diese Grenzwerte 'Maximal zulässige Bestrahlung' oder kurz 'MZB', im Englischen 'maximum permissable exposure' oder 'MPE'. Da die Bestrahlung und damit die Schädigung von verschiedenen Parametern, wie Wellenlänge λ, Bestrahlungsdauer, Divergenz der Strahlung, u.a. abhängen, sind die MZB-Werte kompliziert zu beschreiben. Sie sind in der Norm DIN VDE 0837 erarbeitet worden und in der Unfallverhütungsvorschrift VBG 93 im Anhang niedergelegt. Man unterscheidet zunächst zwei Wellenlängenbereiche.

Sichtbares und IR-A
Im Wellenlängenbereich zwischen 400 und 1400 nm, dem Sichtbaren und IR-A, ist das Auge weitgehend transparent (Bild 5.7). Einfallende Strahlung wird von der Linse auf der Netzhaut fokussiert, wodurch die Leistungsdichte erhöht wird. Daher sind in diesem Wellenlängenbereich die Laserschutzmaßnahmen besonders streng, sofern sie sich auf das Auge beziehen. Bei Bestrahlung der Haut entfällt die Fokussierung und die zulässige Bestrahlung ist höher. Man unterscheidet daher im Bereich zwischen 400 und 1400 nm zwischen Grenzwerten für das Auge und die Haut.

UV, IR-B und IR-C
Im Ultravioletten ($\lambda<400$nm) und Infraroten ($\lambda>1400$ nm, IR-B und IR-C) dringt die Strahlung in Auge und Haut ähnlich tief ein, die Werte schwanken zwischen 1 µm und einigen Millimetern. Eine Fokussierung durch das Auge kann nicht stattfinden. Daher unterscheiden sich die Grenzwerte für das Auge und die Haut nicht.

6.1 MZB-Werte für das Auge (400 bis 1400 nm)

Besonders gefährlich ist der direkte oder an glatten Flächen reflektierte Laserstrahl. Die in das Auge fallende Strahlung wird auf der Netzhaut mit einem Durchmesser im 10-µm-Bereich fokussiert. Grössere Durchmesser und damit geringere Leistungsdichten entstehen beim Betrachten ausgedehnter Lichtquellen. Dieser Fall liegt beispielsweise bei diffuser Streuung oder beim Betrachten von Hologrammen vor. Die Unfallverhütungsvorschrift VBG 93 unterscheidet zwei Fälle, die im Abschnitt 6.1.1 und 6.1.2 behandelt werden: (1) direkter Blick in den Strahl, bei dem auf der Netzhaut ein kleiner Strahldurchmesser entsteht; (2) ausgedehnte Laserquellen mit einem gößeren Durchmesser auf der Netzhaut. Das Kriterium für Fall (1) oder (2) wird durch einen Grenzwinkel (Bild 6.3) gegeben, unter dem die strahlende Fläche erscheint. Die MZB-Werte für beide Gegebenheiten sind unterschiedlich. Bei der Festlegung der Normen wurde berücksichtigt, daß bei ausgedehnten Laserquellen einerseits die geringe Leistungsdichte auch zu niedrigen Temperaturen auf der Netzhaut führt. Anderseits verringert sich bei großem Durchmesser die Wärmeleitung in die nicht bestrahlten Bereiche der Netzhaut, so daß die Temperaturabnahme geringer ausfällt als erwartet. Die MZB-Werte beziehen sich auf die Stelle der Hornhaut.

6.1.1 Laserstrahl oder Punktquellen

Die folgenden MZB-Werte gelten sowohl für parallele Laserstrahlen als auch für nahezu punktförmige Strahlquellen, wie z. B. die Austrittsfläche einer Lichtleitfaser oder ein Laserstrahl, der mittels einer Linse konvergent oder divergent gemacht wurde. Entscheidend für die Gültigkeit der folgenden Normen ist ein kleiner Strahldurchmesser auf der Netzhaut nach Bild 6.3, wie es bei den genannten Beispielen der Fall ist. Bild 6.1 zeigt die maximal zulässige Bestrahlung oder die Energiedichte (J/m^2) beim Eintritt ins Auge. Es entspricht den Werten aus Tabelle II der VBG 93 im Anhang. Der MZB-Wert hängt von der Wellenlänge und Pulsdauer bzw. der Bestrahlungszeit ab. Pulsfolgen oder wiederholte Bestrahlung sind in diesen Normwerten ausgeschlossen, eine Berücksichtigung erfolgt im Abschnitt 6.4. Die Darstellung im Bild 6.1 enthält den gesamten Spektralbereich zwischen 200 nm und 1 mm. Ein Fokussierungseffekt tritt nur zwischen 400 und 1400 nm auf, damit bezieht sich der Hinweis "direkter Strahl oder Punktquellen" nur auf diesen Bereich. Außerhalb dieser Wellenlängen ist die Art der Strahlungsquelle belanglos.

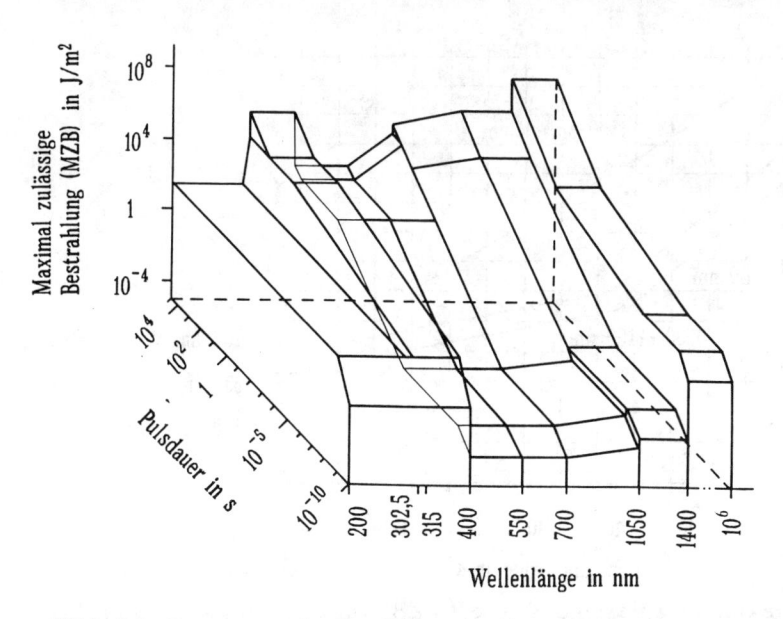

Bild 6.1. Zusammenfassende Darstellung der maximal zulässigen Bestrahlung H auf der Hornhaut des Auges nach DIN VDE 0837

Maximale Bestrahlung (MZB)

Die MZB-Werte variieren um viele Zehnerpotenzen, und aufgrund unterschiedlicher Wirkungsmechanismen sind Unstetigkeiten vorhanden. Für den praktischen Gebrauch wurden in Bild 6.2a die Grenzwerte für einige Wellenlängen herausgezeichnet. Im Gegensatz zu Bild 6.1 wurde die maximal zulässige Bestrahlungstärke oder Leistungsdichte (W/m^2) am Ort des Auges aufgetragen. Durch Extrapolation können damit die Grenzwerte im Spektralbereich zwischen 400 und 1400 nm abgelesen werden. Genauere Werte erhält man aus der Tabelle II der VBG 93 in der Anlage oder aus Tabelle 6.1a. Die Werte gelten nur für einmalige Bestrahlung, d. h. nicht für Pulsfolgen. Die Grenzwerte sind zwischen 400 und 1400 nm für direkte Laserstrahlen und Punktquellen gültig, damit sind auch kleine strahlende Flächen gemeint. Darunter fallen auch kollimierte, divergente oder konvergente Strahlen, die von reellen oder virtuellen Punkten, d. h. Strahltaillen, ausgehen. Für große strahlende Flächen sind die Normen weniger kritisch (Abschnitt 6.1.2). Außerhalb des Bereiches von 400 bis 1400 nm verschwindet der Unterschied zwischen punktförmigen und flächenhaften Strahlern.

Die Werte in Bild 6.1 und 6.2 gelten für Laser mit nur einer Wellenlänge. Die Erweiterung auf mehrere Wellenlängen ist trivial, sofern sie nach Bild 6.1 und 6.2 durch gleiche MZB-Werte gekennzeichnet

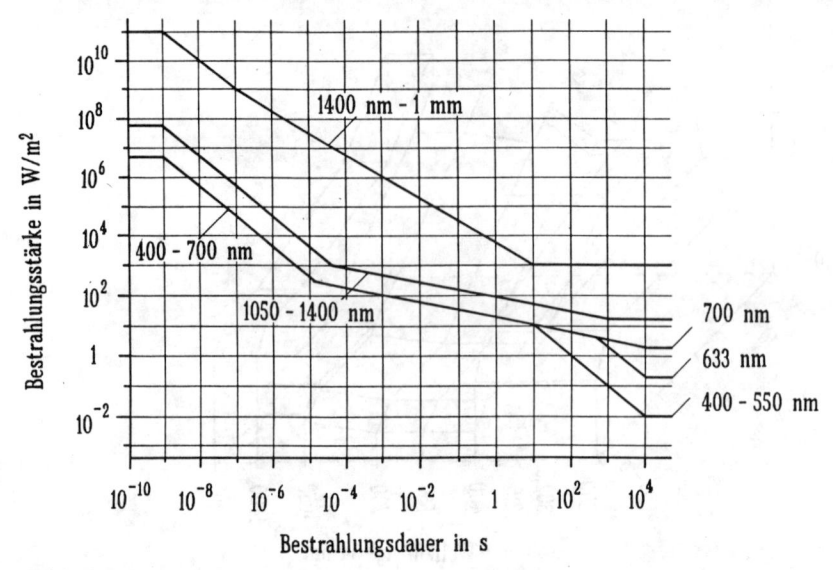

Bild 6.2a. Maximale zulässige Werte (MZB) für das Auge im sichtbaren und IR-Bereich

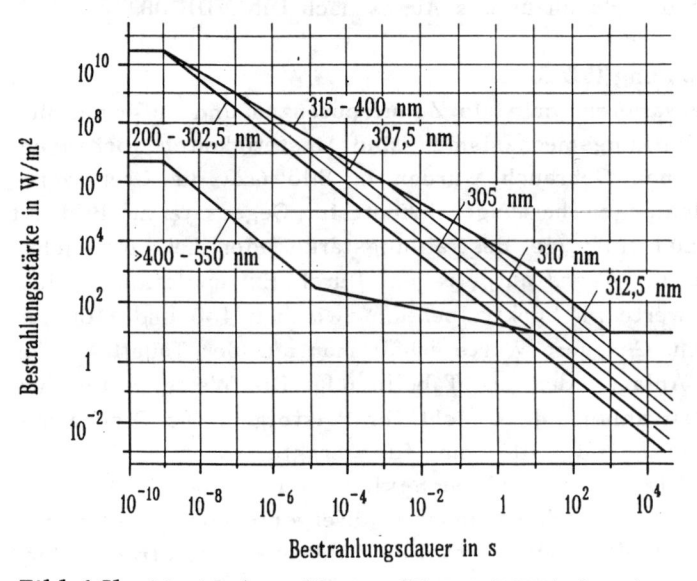

Bild 6.2b. Maximale zulässige Werte (MZB) für das Auge im UV-Bereich

sind. Falls das nicht der Fall ist, denkt man sich die Laserleistung in der gefährlichsten Wellenlänge konzentriert und ermittelt den MZB-Wert (genaueres siehe Abschnitt 6.4.1). Die Grenzwerte für das Auge im Bereich < 400 nm und > 1400 nm werden in Bild 6.2b und Abschnitt 6.2 beschrieben.

Tabelle 6.1a. Zusammenstellung der MZB-Werte für die Bestrahlung des Auges durch Laserstrahlung oder Punktquellen (λ in nm, t in s) (nach Schreiber, P., Ott G.: Laser + Elektro-Optik Nr. 2, S.23 (1981)). Es wird empfohlen, die Orginalwerte der VBG 93 oder DIN 0837 zu benutzen.

Wellenlänge (nm)	Dauer (s)	MZB-Wert	Einheit
200 bis 400	$\leq 10^{-9}$	$3 \cdot 10^{10}$	W/m^2
200 bis 302,5	10^{-9} bis $3 \cdot 10^4$	30	J/m^2
302,5 bis 315	10^{-9} bis $10^{(0,8\lambda - 251)}$	$5600\, t^{0,25}$	J/m^2
	$10^{(0,8\lambda - 251)}$ bis 10^3	$10^{(0,2\lambda - 59)}$	J/m^2
	10^3 bis $3 \cdot 10^4$	$10^{(0,2\lambda - 62)}$	W/m^2
315 bis 400	10^{-9} bis 10	$5600\, t^{0,25}$	J/m^2
	10 bis 10^3	10^4	J/m^2
	10^3 bis $3 \cdot 10^4$	10	W/m^2
400 bis 700	$\leq 10^{-9}$	$5 \cdot 10^6$	W/m^2
	10^{-9} bis $18 \cdot 10^{-6}$	$5 \cdot 10^{-3}$	J/m^2
	$18 \cdot 10^{-6}$ bis 10	$18\, t^{0,75}$	J/m^2
400 bis 550	10 bis 10^4	100	J/m^2
	10^4 bis $3 \cdot 10^4$	10^{-2}	W/m^2
550 bis 700	10 bis $10^{(0,02\lambda - 10)}$	$18\, t^{0,75}$	J/m^2
	$10^{(0,02\lambda - 10)}$ bis 10^4	$10^{(0,015\lambda - 6,25)}$	J/m^2
	10^4 bis $3 \cdot 10^4$	$10^{(0,015\lambda - 10,25)}$	W/m^2
700 bis 1050	$\leq 10^{-9}$	$10^{(0,002\lambda + 5,30)}$	W/m^2
	10^{-9} bis $18 \cdot 10^{-6}$	$10^{(0,002\lambda - 3,7)}$	J/m^2
	$18 \cdot 10^{-6}$ bis 10^3	$10^{(0,002\lambda - 0,14)} \cdot t^{0,75}$	J/m^2
	10^{-3} bis $3 \cdot 10^4$	$10^{(0,002\lambda - 0,90)}$	W/m^2
1050 bis 1400	$\leq 10^{-9}$	$5 \cdot 10^7$	W/m^2
	10^{-9} bis $50 \cdot 10^{-6}$	$5 \cdot 10^{-2}$	J/m^2
	$50 \cdot 10^{-6}$ bis 10^3	$90\, t^{0,75}$	J/m^2
	10^3 bis $3 \cdot 10^4$	16	W/m^2
1400 bis 10^6	$\leq 10^{-9}$	10^{11}	W/m^2
	10^{-9} bis 10^{-7}	100	J/m^2
	10^{-7} bis 10	$5600\, t^{0,25}$	J/m^2
	10 bis $3 \cdot 10^4$	1000	W/m^2

6.1.2 Ausgedehnte Quellen und Streustrahlung

Grenzwinkel

Im Spektralbereich von 400 bis 1400 nm ist das Augeninnere transparent, und es entsteht eine Abbildung auf der Netzhaut. Bei kleinen bestrahlten Netzhautflächen tritt ein hohes Temperaturgefälle seitlich zur Umgebung auf, und die Wärmeleitung ist beträchtlich. Bei großen Durchmessern nimmt die seitliche Wärmeleitung ab. Biophysikalisch kann man einen Grenzdurchmesser d_{min} festlegen, der die Wirkung der seitlichen Wärmeleitung angibt. Damit verbunden ist ein Grenzwinkel α_{min} (Bild 6.3). Er hängt von der Bestrahlungsdauer und der Wellenlänge ab; dies wird weiter unten erläutert. In der Unfallverhütungsvorschrift VBG 93 geht man wie folgt vor: Licht- oder Laserquellen, die man unter dem Sehwinkel $\alpha > \alpha_{min}$ beobachtet, nennt man 'ausgedehnte Quellen'. Im anderen Fall $\alpha < \alpha_{min}$ spricht man von 'Punktquellen'. Direkte Laserstrahlen verhalten sich wie Punktquellen. Der Sehwinkel α (im Bogenmaß) ist durch den Durchmesser der strahlenden Fläche d und den Abstand a vom Auge gegeben:

$$\alpha \approx d/a. \qquad (6.1)$$

Die Strahlenschutzbedingungen für ausgedehnte Quellen sind weniger kritisch als für punktförmige, da das Bild auf der Netzhaut größer ist.

Der in den Normen festgelegte Grenzwinkel α_{min} und der entsprechende Fleckdurchmesser auf der Netzhaut sind in Bild 6.3 darge-

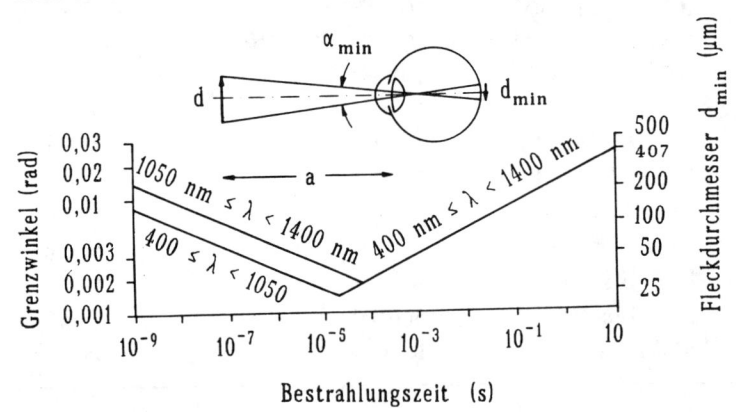

Bild 6.3. Grenzwinkel α_{min} zur Ermittlung der MZB-Werte. Unterhalb des Grenzwinkels gilt Bild 6.1, oberhalb Bild 6.4 (ausgedehnte Strahlungsquellen).

stellt. Der kleinste Grenzdurchmesser von 25 µm (α_{min} = 1,5 mrad) tritt bei einer Bestrahlungszeit von etwa $2 \cdot 10^{-5}$ s auf. Aufgrund der kurzen Zeit ist die Wärmeleitung gering. Für länger dauernde Bestrahlung nimmt die Wärmeleitung zu, und der Grenzdurchmesser steigt bei 10 s auf 407 µm (24 mrad). Für Bestrahlungszeiten unterhalb von $2 \cdot 10^{-5}$ s würde man ein weiteres Absenken des Grenzdurchmesser erwarten. Jedoch treten bei kurzen Pulse neben thermischen Effekten weitere Mechanismen der Schädigung wie Photodisruption auf. Diese Erscheinungen hängen von der Wellenlänge ab; daher werden in den Normen die Bereiche 400 bis 1050 nm und 1050 bis 1400 nm unterschieden. Wellenlängen außerhalb dieser Bereiche sind ohne Bedeutung, da sie die Netzhaut nicht erreichen.

Der Grenzwinkel in Bild 6.3 wurde nach folgenden Formel berechnet:

α_{min} = 0,00025 $t^{-0.17}$ rad   für t = 10^{-9} bis $1,8 \cdot 10^{-5}$ s,
α_{min} = 0,015 $t^{0.17}$ rad   für t = $1,8 \cdot 10^{-5}$ bis 10 s.
Für 1050 nm < λ < 1400 nm und für t < $5 \cdot 10^{-5}$ s
wird α_{min} um einen Faktor von 1,4 vergrößert.

Maximale Strahldichte (MZB)
Falls die Überprüfung nach Bild 6.3 das Vorliegen einer ausgedehnten Lichtquelle ergibt, können die weniger kritischen Grenzwerte nach Bild 6.4 angewendet werden. Sie entsprechen Tabelle III der

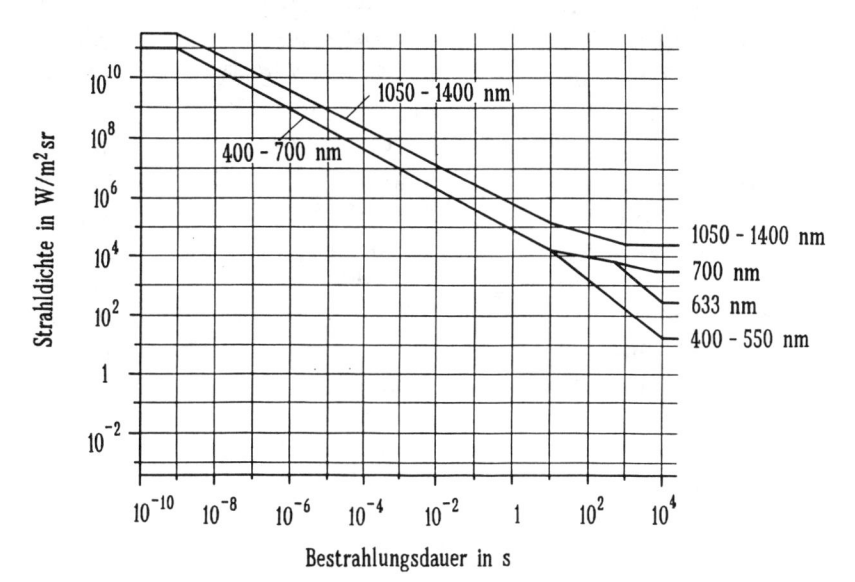

Bild 6.4. Maximal zulässige Werte für die Strahldichte L bei Bestrahlung des Auges mit ausgedehten Strahlungsquellen (diffuse Reflexion)

Tabelle 6.1b. Zusammenstellung der MZB-Werte für die Bestrahlung des Auges durch ausgedehnte Quellen. Es wird empfohlen, die Orginalwerte der VBG 93 (Anhang) oder DIN 0837 zu benutzen.

Wellenlänge (nm)	Dauer (s)	MZB-Wert	Einheit
200 bis 400	$\leq 10^{-9}$	$3 \cdot 10^{10}$	W/m^2
200 bis 302,5	10^{-9} bis $3 \cdot 10^4$	30	J/m^2
302,5 bis 315	10^{-9} bis $10^{(0,8\lambda-251)}$	$5600 \, t^{0,25}$	J/m^2
	$10^{(0,8\lambda-251)}$ bis 10^3	$10^{(0,2\lambda-59)}$	J/m^2
	10^3 bis $3 \cdot 10^4$	$10^{(0,2\lambda-62)}$	W/m^2
315 bis 400	10^{-9} bis 10	$5600 \, t^{0,25}$	J/m^2
	10 bis 10^3	10^4	J/m^2
	10^3 bis $3 \cdot 10^4$	10	W/m^2
400 bis 700	$\leq 10^{-9}$	10^{11}	$W/m^2 sr$
	10^{-9} bis 10	$10^5 \, t^{0,33}$	$J/m^2 sr$
400 bis 550	10 bis 10^4	$21 \cdot 10^4$	$J/m^2 sr$
	10^4 bis $3 \cdot 10^4$	21	$W/m^2 sr$
550 bis 700	10 bis $10^{(0,02\lambda-10)}$	$38 \cdot 10^3 \, t^{0,75}$	$J/m^2 sr$
	$10^{(0,02\lambda-10)}$ bis 10^4	$10^{(0,015\lambda-2,93)}$	$J/m^2 sr$
	10^4 bis $3 \cdot 10^4$	$10^{(0,015\lambda-6,93)}$	$W/m^2 sr$
700 bis 1050	$\leq 10^{-9}$	$10^{(0,002\lambda+9,6)}$	$W/m^2 sr$
	10^{-9} bis 10	$10^{(0,002\lambda+3,6)} \, t^{0,33}$	$J/m^2 sr$
	10 bis 10^3	$10^{(0,002+3,18)} \, t^{0,75}$	$J/m^2 sr$
	10^3 bis $3 \cdot 10^4$	$10^{(0,002\lambda+2,41)}$	$W/m^2 sr$
1050 bis 1400	$\leq 10^{-9}$	$5 \cdot 10^{11}$	$W/m^2 sr$
	10^{-9} bis 10	$5 \cdot 10^5 \, t^{0,33}$	$J/m^2 sr$
	10 bis 10^3	$1,9 \cdot 10^5 \, t^{0,75}$	$J/m^2 sr$
	10^3 bis $3 \cdot 10^4$	$3,2 \cdot 10^4$	$W/m^2 sr$
1400 bis 10^6	$\leq 10^{-9}$	10^{11}	W/m^2
	10^{-9} bis 10^{-7}	100	J/m^2
	10^{-7} bis 10	$5600 \, t^{0,25}$	J/m^2
	10 bis $3 \cdot 10^4$	1000	W/m^2

VBG 93 im Anhang oder Tabelle 6.1b. Im Gegensatz zu Abschnitt 6.1.1 werden die Grenzwerte durch die maximal zulässige Strahldichte L (in $W/m^2 sr$) beschrieben, die von der Bestrahlungsdauer abhängt. Sie kennzeichnet nicht die Bestrahlung am Auge, sondern die Eigenschaften der strahlenden Fäche. Dabei ist es gleichgültig, wie weit die Quelle vom Auge entfernt ist. Auf den ersten Blick erscheint dies merkwürdig. Es liegt daran, daß bei weit entfernten Quellen das Bild kleiner wird, so daß die Leistungsdichte auf der Netzhaut unabhängig von der Entfernung der Lichtquelle ist. Der Begriff 'Strahldichte L' ist nicht sehr anschaulich, und die Bestimmung von L ist bisweilen schwierig, da die Winkelverteilung der Strahlung bekannt sein muß. Bei diffuser Streuung (Lambert-Strahler) ist der Zusammenhang zwischen L und der Leistungsdichte $E' = P/A$ der strahlenden Fläche jedoch einfach:

$$L = E'/\pi = P/(A\pi). \tag{3.6}$$

6.1.3 Anwendungen

Laserstrahl oder Punktquelle

(1) Wie groß ist der MZB-Wert für einen Argonlaser bei einer Bestrahlungsdauer von 10 s?

Lösung: Im Wellenlängenbereich von 400 bis 550 nm liest man aus Bild 6.2a bei 10 s eine Bestrahlungsstärke von $E = 10 \ W/m^2$ ab. Daraus berechnet man die Bestrahlung (Energiedichte) $H = E \cdot t = 100 \ Ws/m^2 = 100 \ J/m^2$. (Tabelle II (VBG 93) oder Tabelle 6.1a liefern direkt $100 \ J/m^2$.)

(2) An einem kontinuierlichen Nd:YAG-Laser treten (punktförmige) Reflexe mit $10^4 \ W/m^2$ (und $1000 \ W/m^2$) auf. Wie lang ist die maximal zulässige Bestrahlungszeit?

Lösung: Bei $10^4 \ W/m^2$ und $\lambda = 1060$ nm liest man für die Bestrahlungsdauer $5 \cdot 10^{-6}$ s (und $5 \cdot 10^{-5}$ s) ab (Bild 6.2a). (Tabelle II (VGB 93) und Tabelle 6.1a ergeben $5 \cdot 10^{-2} \ J/m^2$. Mit $t = H/E$ erhält man das gleiche Resultat.)

(3) Ein Ti-Saphir-Laser liefert im Q-switch-Betrieb einen Puls von 10 ns Dauer. Wie hoch ist die maximale zulässige Energiedichte am Auge?

Lösung: Der Laser kann zwischen 700 und 1100 nm strahlen. Bei 10^{-8} s liest man aus Bild 6.2a die Werte von etwa $E = 5 \cdot 10^5$ und $5 \cdot 10^6 \ W/m^2$ ab. Für die Energiedichte (Bestrahlung) erhält man je nach Wellenlänge des Lasers H = E t = $5 \cdot 10^{-3}$ und $5 \cdot 10^{-2}$ J/m². Der erste Wert gilt für die rote der zweite für die infrarote Grenze des Lasers. (Das gleiche Resultat liefert auch Tabelle II (VBG 93) oder Tabelle 6.1a)

(4) Die Strahlung eines He-Ne-Lasers mit der roten, gelben oder grünen Linie soll bedenkenlos in den Raum geschickt werden.
Lösung: Bei einer Bestrahlungszeit bis zu $3 \cdot 10^4$ s = 30000 s ≈ 8 h liegen die MZB-Werte für die verschiedenen Bereiche des sichtbaren Spektrums: 10^{-2} W/m² bei 400 bis 550 nm; die Werte steigen kontinuierlich von 10^{-2} W/m² auf 1,5 W/m² zwischen 550 und 700 nm. Damit können die MZB-Werte für die einzelnen Linien interpoliert werden: rot (633 nm): $1,5 \cdot 10^{-1}$ W/m², gelb (594 nm): $5 \cdot 10^{-2}$ W/m², grün (543 nm): 10^{-2} W/m².
Bemerkungen: Man beachte, daß die angegebenen Werte nur dann zulässig sind, wenn die jeweilige Linie allein strahlt. Bei mehreren Linien muß Tabelle 6.2 berücksichtigt werden (Abschnitt 6.4.1). Weiterhin wird hier eine Dauerbestrahlung vorausgesetzt. Wird der Lidschlußreflex berücksichtigt, der in der Norm mit einer Betrachtungszeit von 0,25 s angenommen wird, erhöht sich der MZB-Wert nach Bild 6.2b zu 25 W/m². In der Definition der Laserklasse 2 (Abschnitt 7.1.2) wird beschrieben, daß eine derart hohe Leistungsdichte nur für Laser im Sichtbaren mit einer Leistung bis zu 1 mW bedenkenlos ist.

(5) Der Strahl eines aufgeweiteten CO_2-Lasers mit dem Durchmesser D_L = 4 cm soll nach 1 s (und 10 s) den MZB-Wert erreichen. Wie hoch ist der Wert, und welche Laserleistung P ist zulässig?
Lösung: Für den CO_2-Laser (10,6 µm) liest man bei 1 s den MZB-Wert von E = $7 \cdot 10^3$ W/m² ab (Bild 6.2a). (Für eine genauere Rechnung wird Tabelle 6.1a oder Tabelle II (VBG 93) benutzt: H = 5600 J/m², E = 5600 W/m².) Mit E = P/A = $4 \cdot P/D_L^2 \cdot \pi$ erhält man die Laserleistung P = E·A = $7 \cdot 10^3 \cdot \pi \cdot 16 \cdot 10^{-4}/4$ W = 7,5 W. Für 10 s Bestrahlungszeit erhält man E = 10^3 W/m² und damit 1/6 der angegebenen Ergebnisse. Man beachte, daß sich die Werte zwischen 10 s und 30 000 s nicht ändern.

(6) Wie groß ist der MZB-Wert eines Rubinlasers (694 nm) mit einer Pulsdauer von 10^{-3} s ?
Lösung: Aus Bild 6.2a, Tabelle 6.1 oder Tabelle II, VBG 93 im Anhang erhält man H = $18 \cdot t^{0,75}$ J/m² = 0,1 J/m². Eine mögliche Spike-Form der Pulse wurde nicht berücksichtigt.

(7) Es ist der MZB-Wert für einen GaAs-Laser (905 nm) mit einer Pulsdauer von 100 ns zu ermitteln.

Lösung: Aus Tabelle 6.1a erhält man $H = 10^{(0.002\lambda - 3,7)}$ J/m² = 0,012 J/m². Tabelle II aus VBG 93 im Anhang liefern das gleiche Resultat ($H = 5 \cdot 10^{-3} C_4$ J/m² = $5 \cdot 10^{-3} \cdot 10^{(\lambda - 500)/700}$ J/m² = 0,012 J/m²). Das Ergebnis kann auch aus Bild 6.2a abgelesen werden.

Ausgedehnte Quellen und Streustrahlung

(1) Ein Laserstrahl im Sichtbaren mit 10 mm Durchmesser strahlt auf eine diffus streuende Fläche, die 1 m vom Auge entfernt ist. Handelt es sich im Sinne der Normen um eine Punkt- oder Flächenquelle?

Lösung: Der Sehwinkel beträgt α = 1/100 = 0,01. Nach Bild 6.4 handelt es sich für Bestrahlungszeiten unterhalb von etwa 0,25 s um eine ausgedehnte Quelle, darüber um eine punktförmige.

(2) Wie groß ist bei einem Ar-Laser nach Aufgabe (1) der MZB-Grenzwert bei einer Bestrahlungszeit von 0,1 s? Wie groß ist die entsprechende Laserleistung?

Lösung: Es handelt sich um eine ausgedehnte Quelle und man entnimmt aus Bild 6.4 (oder Tabelle III (VBG 93)) bei 0.1 s die Strahldichte L = 4,8 10^5 W/m²sr. Da nach Gleichung 3.6 $L = 4P/\pi^2 D_L^2$ ist, erhält man für die Laserleistung $P = 4.8 \cdot 10^5 \cdot \pi^2 \cdot 25 \cdot 10^{-6}$ W = 12 W. Bei Absorption an der bestrahlten Fläche vergrößert sich der Wert entsprechend.

(3) Wie hoch ist bei einem Ar-Laser nach Aufgabe (1) der MZB-Grenzwert bei einer Bestrahlungszeit von 100 s? Wie groß ist die entsprechende Laserleistung?

Lösung: In diesem Fall handelt es sich um eine Punktquelle, und man entnimmt aus Bild 6.2a bei 100 s (400 bis 550 nm) eine Bestrahlungsstärke von E = 1 W/m². Mit $E = P/A = 4P/\pi D_L^2$ erhält man $P = 0,8 \cdot 10^{-4}$ W.

(4) Die Strahlung aus einem Nd-YAG-Laser (λ = 1060 nm, t = 10^{-8} s) wird auf einen Durchmesser von 2 cm aufgeweitet und an einem (idealen) Schirm gestreut. Bis zu welchem Abstand kann der MZB-Wert einer ausgedehnten Quelle verwendet werden? Wie groß darf die Pulsenergie für eine gefahrlose Betrachtung des Diffusors sein?

Lösung: Aus Bild 6.3 (oder der entsprechenden Gleichung) ergibt sich α_{min} = 0,008 rad. Mit Gleichung 6.1 erhält man a = 2,5 m. Bis zu dieser Entfernung gilt der MZB-Wert aus Tabelle 6.1b:

$S = 5 \cdot 10^5 \cdot t^{0.33} = 1{,}1 \cdot 10^3$ J/m² sr. Das gleiche Ergebnis erhält man aus Tabelle III in VBG 93 im Anhang oder aus Bild 6.2b. Für diffuse Streuung gilt analog zu Gleichung 3.6: $H = \pi S = Q/A$. Damit wird die maximale Pulsenergie $Q = \pi S A = \pi S \pi D_L^2/4 = 1{,}1$ J.

(5) Wie groß ist der kleinste zulässige Betrachtungsabstand senkrecht zu einem diffus streuenden Schirm, wenn die Strahlung des obengenannten Lasers auf den Schirm fokussiert wird?
Lösung: Für punktförmige Quellen ist der MZB-Wert neu zu ermitteln. Man erhält aus Bild 6.2a oder Tabelle 6.1a: $H = 5 \cdot 10^{-2}$ J/m². Bei diffuser Streuung gilt analog zu Gleichung 3.7: $H = Q \cos \varepsilon /(\pi r^2)$. Mit $\varepsilon = 0$ wird $\cos \varepsilon = 1$, und man erhält mit $Q = 1$ J für den minimalen Abstand $r = 2{,}5$ m.

6.2 MZB-Werte für das Auge (<400 nm und >1400 nm)

6.2.1 Grenzwerte

In dem Spektralbereich $\lambda < 400$ nm und $\lambda > 1400$ nm entfällt die Fokussierung der Strahlung durch die Augenlinse, da eine Absorption an der Oberfläche der Hornhaut oder im Augeninneren stattfindet. Daher gibt es keinen Unterschied zwischen punktförmigen und ausgedehnten Strahlungsquellen. Der Ort der Schädigung ist nicht mehr die Netzhaut, sondern hauptsächlich die Hornhaut oder die Augenlinse. Da die Reaktion der Haut und der Hornhaut auf Strahlung ähnlich ist, sind die MZW-Werte außerhalb des Bereiches von 400 bis 1400 nm sind für beide Fälle gleich. Sie sind in Bild 6.1 und 6.2 sowie Tabelle 6.1 mit enthalten. Die Werte sind den Unfallverhütungsvorschriften VGB 93, Tabellen II und III im Anhang, entnommen. Während im Infaroten über 1400 nm der Grenzwert unabhängig von der Wellenlänge ist, erhält man im Ultravioletten drei verschiedene Bereiche. Zwischen 400 bis 315 nm liegt die Schwelle relativ hoch. Sie fällt zwischen 315 und 302,5 nm stark ab und bleibt dann bis 200 nm konstant. Gegenwärtig werden die 200-nm-Werte bis zu 180 nm verwendet. Eine Normung zwischen 200 bis 180 nm ist im Gange. Unterhalb von 180 nm absorbiert die Luft so stark, daß z.Zt. keine Notwendigkeit für Vorschriften gesehen wird.

6.2.2 Anwendungen

Mit Fokussierung im Auge

(1) : Wie lange darf das Auge versehentlich mit der Lichtleitfaser eines kontinuierlichen 8-W-Neodymlaser in a = 1 m Entfernung bestrahlt werden? Die Faser (0,4 mm Durchmesser) strahlt (nahezu homogen) unter einem Winkel von $\delta = \pm 3^0$.

Lösung: Das Faserende wird unter einem Divergenzwinkel von $\alpha = 0{,}4 \cdot 10^{-3}$ beobachtet, d.h. es handelt sich um eine punktförmige Quelle. Die bestrahlte Fläche in 1 m Entfernung berechnet sich zu $A = r^2\pi = \delta^2 a^2 \pi = 8{,}6 \cdot 10^{-3}$ m² (δ im Bogenmaß). Daraus erhält man die Bestrahlungsstärke $E = P/A = 930$ W/m². Man liest aus Bild 6.2a eine Bestrahlungszeit von etwa 10^{-4} s ab. Eine zufällige Bestrahlung ist also äußerst gefährlich.

Ohne Fokussierung

(2) Man berechne obige Aufgabe für einen kontinuierlichen Laser oberhalb von 1,4 μm.

Lösung: Aus Bild 6.2a (oder Tabelle 6.1a oder b, bzw. Tabelle II oder III (VBG 93)) erhält man eine Bestrahlungszeit bis zu 30 000 s = 8 Stunden. Da hier die Strahlung nicht auf der Netzhaut fokussiert wird, besteht keine Gefahr.

(3) Die (punktförmige) Wirkung eines CO_2-Lasers auf eine streuende Fläche soll aus 1 m Entfernung beobachtet werden. Wie hoch darf die Leistung sein?

Lösung: Für Bestrahlungszeiten zwischen 10 und 30000 s findet man als MZB-Wert für 10,6 μm : $E = 1000$ W/m². Unter der Annahme, daß die Leistung gleichmäßig in den Halbraum gestrahlt wird (isotrope Streuung, siehe Gleichung 3.8) erhält man $E = P/(2\pi a^2)$. Damit resultiert $P = 6{,}28$ kW. Für diffuse Streuung gilt Gleichung 3.7, die vom Beobachtungswinkel abhängt.

6.3 MZB-Werte für die Haut (200 bis 10^6 nm)

6.3.1 Grenzwerte

Die Grenzwerte für die Haut sind einfacher strukturiert als für das Auge, da die fokussierende Wirkung im Bereich von 400 bis 1400 nm entfällt. Die MZB-Werte sind in Bild 6.5a und b in Abhängigkeit von

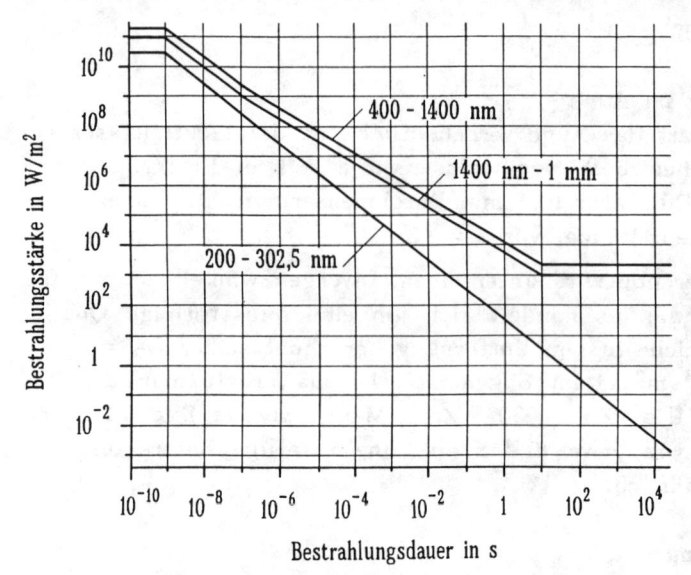

Bild 6.5a. Maximal zulässige Werte (MZB) für die Haut, gesamtes Spektrum: UV, sichtbar, IR. Außerhalb des Bereiches 400 bis 1400 nm stimmen die Werte mit Bild 6.2 überein

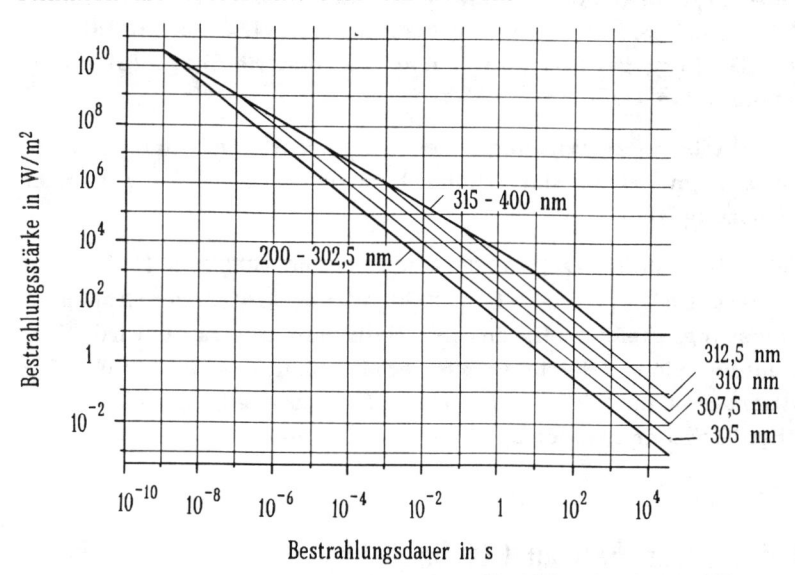

Bild 6.5b. Maximal zulässige Werte (MZB) für die Haut, genauere Werte im UV. Siehe Bemerkung in der Bildunterschrift 6.5a

der Bestrahlungszeit aufgetragen. Innerhalb von 400 bis 1400 nm sind die Grenzwerte von der Wellenlänge unabhängig und wesentlich höher als beim Auge. Ein Unterschied zwischen punktförmigen und ausgedehnten Quellen existiert prinzipiell nicht. Außerhalb dieses

Spektralbereiches stimmen die Grenzwerte für Haut und Auge überein, da die Mechanismen der Schädigung ähnlich sind. Die Strahlung wird stark an der Oberfläche absorbiert. Daher liegt die Schädigungsschwelle bei Bestrahlung von Haut mit $\lambda > 1400$ nm etwa um den Faktor zwei höher als im Gebiet zwischen 400 und 1400 nm. In diesem Bereich dringt die Strahlung tiefer in das Gewebe ein; es treten zahlreiche Steuvorgänge auf, und ein beträchtlicher Teil der Strahlung wird wirkungslos aus der Hautoberfläche wieder herausgestreut. Dies führt zu höheren Grenzwerten.

Im Ultravioletten zwischen 200 und 400 nm unterscheidet man wie im Fall der Augenbestrahlung drei verschiedene Wellenlängenbereiche: das Gebiet von 400 bis 315 nm mit einer relativ hohen Schwelle, den Übergangsbereich von 325 bis 302,5 nm und den Bereich von 302,5 bis 200 nm mit einer konstanten relativ niedrigen Schwelle (Bild 6.5 b).

Die MZB-Werte für die Haut haben hauptsächlich Bedeutung, wenn die Augen durch Laserschutzbrillen abgesichert sind. Dies ist beispielsweise bei Justierarbeiten an Lasern höherer Leistung oder Pulsenergie der Fall.

6.3.2 Anwendungen

Haut
(1) Mit welcher Leistung darf ein Laserstrahl im sichtbaren bei einem Durchmesser von $D_L = 1$ mm (und 1 cm) kontinuierlich auf die Haut gestrahlt werden?
Lösung: Nach Bild 6.5a (oder Tabelle IV (VBG 93) ergibt sich als Grenze $E = 2000$ W/m². Mit $E = 4P/(D_L^2 \pi)$ erhält man $P = 1,6$ mW. Bei einem Strahldurchmesser von 1 cm wird der Wert 100mal höher. Bei einem Gaußprofil (TEM_{00}) ist auf die Definition des Strahlradius zu achten (siehe Abschnitt 2.1.2).

(2) Ein Q-switch-Laser (1,06 µm) mit 100 MW und 20 ns strahlt auf diffus streuendes Papier. In welcher Entfernung darf es gehalten werden ? Man führe die gleiche Aufgabe für UV-Strahlung (200 bis 302,5 nm) durch.
Lösung: Aus Bild 6.5a entnimmt man für 1060 nm bei 10^{-8} s: $E = 10^{10}$ W/m². (Tabelle IV (VBG 93) ergibt mit $H = 200$ J/m² den gleichen Wert.) Die Laserleistung verteilt sich (vereinfacht) homogen

auf eine Halbkugelfläche $2\pi a^2$, d.h. $E = P/(2\pi a^2)$ oder $a = (P/2\pi E)^{1/2}$. Numerisch erhält man a = 4 cm, für UV-Strahlung a = 10 cm.

(3) Welche Leistung darf ein He-Ne-Laser (TEM_{00}, Strahldurchmesser 0,7 mm ($1/e^2$-Wert)) besitzen, damit er die Grenzwerte für die Haut einhält.

Lösung: Nach den DIN-Normen ist der Strahldurchmesser als $1/e$-Wert definiert. Nach Gleichung 2.4a berechnet man D_L = 0,5 mm. Der MZB-Wert nach Bild 6.5a oder Tabelle IV (VBG 93) beträgt $E = 2000$ W/m². Mit $E = 4P/(\pi D_L^2)$ resultiert eine Leistung von 0,4 mW. Diese Leistung ist für Bestrahlungszeiten bei zu 8 h zulässig.

6.4 MZB-Werte für kompliziertere Fälle

In der Praxis tritt häufig Laserstrahlung auf, die aus mehreren Wellenlängen eines oder verschiedener Laser zusammengesetzt ist. Außerdem kann die Laserstrahlung gepulst sein. In diesen Fällen sind die MZB-Werte zu modifizieren.

6.4.1 Mehrere Wellenlängen

Bei manchen Anwendungen besteht der Laserstrahl aus mehreren Wellenlängen. Für den Laserstrahlenschutz kann man zwei Fälle unterscheiden:

(1) Sind die Mechanismen der Schädigungen für die Wellenlängen verschieden, so ist für jede Komponente der Strahlung der MZB-Wert einzuhalten. Als Beispiel wird ein (nicht sichtbarer) UV-B-Strahl mit einem roten He-Ne-Zielstrahl betrachtet. Trifft der Strahl das Auge, wird das UV-B an der Hornhaut absorbiert. Der He-Ne-Strahl dagegen wird auf der Netzhaut fokussiert. Jede Strahlungsart hat seine eigene maximal zulässige Bestrahlung. Das Beispiel bleibt auch gültig, wenn die gemischte Strahlung die Haut trifft. UV-B ruft photochemische Wirkungen hervor, und die sichtbare Strahlung thermische.

(2) Sind die Mechanismen der Schädigung für verschiedene Wellenlängen gleich, so ist die Wirkung additiv. In die Ermittlung der maximal zulässigen Bestrahlung gehen die einzelnen Strahlungskomponenten ein. Die Wirkung einer Komponente ist um so stärker, je kleiner der MZB-Wert ist. Es liegt daher nahe, daß der Beitrag einer Komponente durch den ensprechenden MZB-Wert (E_{MZB}) zu dividieren ist. Man erhält als zulässige obere Grenze:

$$\sum_i (E_{Mi}/E_{MZBi}) = 1. \qquad (6.2a)$$

Dabei ist E_{Mi} die maximale Bestrahlungsstärke der Komponente i mit einer bestimmten Wellenlänge. E_{MZBi} ist der MZB-Wert, welcher nach den besprochenen Verfahren aus Bild 6.2, 6.4 oder 6.5 (bzw. Tabelle 6.1) abgelesen werden kann. Das Gemisch der Strahlung ist durch die relativen Anteile α_i (= Leistung einer Komponente/Gesamtleistung) gegeben. Es gilt auch $\alpha_i = E_{Mi}/E'_{MZB}$, wobei $E'_{MZB} = \sum E_{Mi}$ als maximal zulässige Bestrahlungsstärke des Strahlungsgemisches anzusehen ist. Durch Einsetzen von α_i in Gleichung 6.2a erhält man

$$E'_{MZB} = 1/\sum(\alpha_i/E_{MZBi}). \qquad (6.2b)$$

Wenn die Bestrahlunszeit aller Komponenten gleich ist, kann nach dieser Gleichung die maximal zulässige Bestrahlung E'_{MZB} für das Strahlungsgemisch ermittelt werden. Die Gleichung ist nicht explizit Teil der Norm, sie kann aber indirekt aus einem entsprechenden Vorgehen bei der Einteilung in Laserklassen abgeleitet werden. Die Gleichungen für die Bestrahlung H und die Strahlstärke sind völlig analog. Kompliziert werden die Verhältnisse, wenn die Bestrahlungszeiten der einzelnen Strahlungsanteile ungleich werden, z.B. wenn ein Q-switch-Laser mit einem kontinuierlichen vereint wird.

Die Frage, ob additiv zu verfahren ist oder ob die Grenzwerte völlig unabhängig voneinander sind, wird durch Tabelle 6.2 für Haut und Auge verschieden geklärt. Man unterscheidet 4 Wellenlängenbereiche. Eine besondere Stellung nimmt die UV-Strahlung von 200 bis 315 nm ein, die sich aufgrund der besonderen photochemischen Wirkung nicht additiv verhält. Für die Haut sind alle anderen Bereiche additiv zueinander. Wegen der fokussierenden Wirkung verhält sich das Auge anders, da die Effekte an Horn- und Netzhaut unabhängig, d.h. nicht additiv, zueinander sind.

Tabelle 6.2. Additive Wirkung von Strahlung auf Haut und Auge in verschiedenen Spektralbereichen (DIN VDE 0837)

	UV-C, UV-B 200-315 nm	UV-A 315-400 nm	Sichtb., IR-A 400-1400 nm	IR-B, IR-C 1400-10^6 nm
UV-C, UV-B 200-315 nm	Auge Haut			
UV-A 315-400 nm		Auge Haut	Haut	Auge Haut
Sicht., IR-A 400-1400 nm		Haut	Auge Haut	Haut
IR-B, IR-C 1400-10^6 nm		Auge Haut	Haut	Auge Haut

6.4.2 Regelmäßige Pulsfolgen

Die diskutierten MZB-Werte gelten für eine einmalige Bestrahlung mit der entsprechenden Dauer. Treten Pulsfolgen auf, so werden die Sicherheitsvorschriften strenger, die Grenzwerte sinken. Ausgangspunkt sind die MZB-Werte für einen einzelnen Puls. Das weitere Vorgehen zur Ermittlung der Grenzen hängt von den Parametern der Pulsfolge ab, wie Wellenlänge, Pulsdauer t, Pulsfolgefrequenz N, Pulszahl n und Leistungsdichte E, bzw. Bestrahlung H. Die Grenzwerte für regelmäßige Pulsfolgen werden in verschiedenen Schritten ermittelt.

a) Man betrachtet einen einzelnen Puls mit der Dauer t der Folge und stellt den entsprechenden MZB-Wert fest: $E_{MZB}(t)$ (oder H oder L). Die Leistungsdichte (Bestrahlungsstärke) E muß unterhalb des Grenzwertes liegen

$$E < E_{MZB}(t) \quad \text{oder} \quad H < H_{MZB}(t). \tag{6.3a}$$

b) Dann ermittelt den MZB-Wert für einen Puls mit der zeitlichen Dauer T, die der gesamten Pulsfolge entspricht: $E_{MZB}(T)$ (oder H oder L). Dieser Wert wird mit der mittleren Leistungsdichte E_m der gesamten Pulsfolge verglichen. Die zulässige Bestrahlung muß folgender Bedingung genügen:

$$E_m \leq E_{MZE}(T). \tag{6.4}$$

Diese Bedingung verhindert, daß in der Pulsfolge die zulässige mittlere Leistung überschritten wird. Entsprechendes gilt für H und bei ausgedehnten Quellen für L.

Die mittlere Leistung E_m im Pulszug errechnet man aus der Bestrahlungsstärke im Puls, der Dauer eines einzelnen Pulses t und der Pulsfolgefrequenz N

$$E_m = ENt = HN. \qquad (6.5)$$

Damit wird aus Gleichung 6.4:

$$E < E_{MZB}(t)/(Nt) \quad \text{oder} \quad H < H_{MZB}(t)/(Nt). \qquad (6.3b)$$

Handelt es sich um die Bestrahlung von Haut bei allen Wellenlängen oder des Auges im Bereich außerhalb von 400 bis 1400 nm, so ist das Verfahren beendet. Die maximal zulässige Bestrahlung muß Gleichung 6.3a und b genügen.

c) Liegt die Wellenlänge zwischen 400 und 1400 nm, so kann die Strahlung im Auge fokussiert werden. Es müssen die beiden folgenden Gleichungen 6.3c und d eingehalten werden. Das folgende Kriterium gilt nur für Pulsdauern $t < 10^{-5}$ s und bei Pulsfolgefrequenzen $N > 1 \text{ s}^{-1}$. Der ermittelte $E_{MZB}(t)$-Wert (oder H oder L) für einen einzelnen Puls muß reduziert werden. Dies erfolgt durch Multiplikation mit einem Korrekturfaktor, der in der VBG 93 im Anhang durch C_S symbolisiert wird:

$$E < E_{MZB}(t) \, C_S \quad \text{oder} \quad H < H_{MZB}(t) \, C_S. \qquad (6.3c)$$

Der Faktor C_S hängt von der Pulsfolgefrequenz N nach Tabelle 6.3 ab. Eine graphische Darstellung zeigt Bild 6.6. Die Grenze nach Gleichung 6.3c ist häufig niedriger als 6.3a und b.

d) Dieses Kriterium ist nur für Pulsdauern $t > 10^{-5}$ s und für Pulsfolgefrequenzen $N \geq 1 \text{ s}^{-1}$ gültig. In diesem Fall erhält man für die maximale Bestrahlungsstärke eines Einzelpulses in einer Folge von n Pulsen:

$$E < E_{MZB}(nt)/n \quad \text{oder} \quad H < H_{MZB}(nt)/n. \qquad (6.3d)$$

Der Wert $E_{MZB}(nt)$ wird in der üblichen Art ermittelt, die in den letzten Abschnitten beschrieben wurde.

Man kann zusammenfassen: (1) Für Strahlung, die im Auge fokussiert wird (400 nm < λ < 1400 nm), bestimmt man die maximal zulässige Bestrahlung (MZB) durch die vier Gleichungen 6.3 a bis d. Es ist der niedrigste Wert anzunehmen. Die Gleichungen gelten analog für die Bestrahlungsstärke E, die Bestrahlung H und bei ausgedehnten Quellen für die Strahldichte L. (2) Entfällt der Fokussierungseffekt, so müssen nur die Gleichungen 6.3a und b geprüft werden. Dies ist für die Haut der Fall und für das Auge außerhalb des Bereiches 400 bis 1400 nm. Rechenbeispiele werden in Abschnitt 6.4.4 angegeben.

Pulsfolge-frequenz N (s^{-1})	C_5
< 1	1
1 bis 278	$1/\sqrt{N}$
> 278	0,06

Tabelle 6.3. Korrekturfaktor C_3 zur Ermittlung der MZB-Werte für Pulsdauern unterhalb von 10^{-5} s (400 < λ < 1400 nm), (siehe Bild 6.6). Neue Normen sind in Vorbereitung.

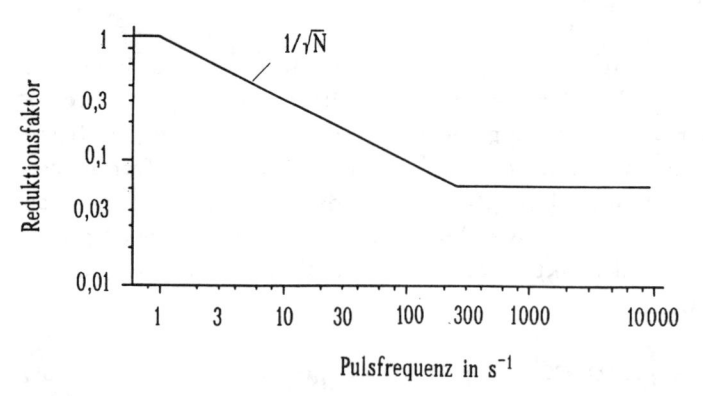

Bild 6.6. Reduktionsfaktor C_5 zur Ermittlung der MZB-Werte bei Pulsfolgen

6.4.3 Unregelmäßige Pulsfolgen

Ist die Pulsfolge unregelmäßig, so muß die Frequenz N aus dem kürzesten Pulsabstand berechnet werden. Damit ist der ungünstigste Fall berücksichtigt.

Besteht die Pulsfolge aus einer Gruppe von 10 oder weniger Pulsen, so kann dieser Pulszug durch einen sogenannten 'aquivalenten Puls' für den Strahlenschutz repräsentiert werden. Das gleiche gilt für eine periodische Reihe aus ≤ 10 Pulsen, die sich regelmäßigen Abständen wiederholen. Für die Berechnung des äquivalenten Pulses gelten folgende Vorschriften:

a) Ist die Länge der Pulsgruppe oder die Periodendauer der Pulsreihe kleiner als 10^{-5} s, so ist die Pulsdauer der äquivalenten Pulses gleich der des kürzesten vorkommenden Pulses. Die Bestrahlung H des äquivalenten Pulses setzt sich aus der Summe der einzelnen Pulse zusammen.

b) Ist die oben erklärte Zeitdauer größer als 10^{-5} s, so hat der äquivalente Puls eine Dauer, die aus der Summe der einzelnen Pulsdauern gebildet wird. Die Bestrahlung des äquivalenten Pulses setzt aus der Summe der einzelnen Pulse zusammen.

Mit diesen äquivalenten Pulsen wird die maximal zulässige Bestrahlung nach den Vorschriften dieses Kapitels ermittelt. Bei mehr als 10 Pulsen muß der ungünstigste Fall, d.h. der kürzeste Pulsabstand, berücksichtigt werden.

6.4.4 Anwendungen

Mehrere Wellenlängen
(1) Ein Kryptonlaser strahlt mit 752 nm (1W), 647 nm (1,5W) und 530 nm (0,9W). Wie hoch liegt der MZB-Wert für kontinuierliche Strahlung?

Lösung: Aus Bild 6.2a erhält man bei 10^4 s für obige Wellenlängen $E_{MZB1} \approx 2$ W/m², $E_{MZB2} \approx 0,2$ W/m² und $E_{MZB3} \approx 10^{-2}$ W/m². (Genauere Werte kann man aus Tabelle 6.1 und der VBG 93 berechnen). Die prozentualen Anteile α_i ergeben sich aus den angegebenen Leistungen: $\alpha_1 = 1/3,4 = 0,29$, $\alpha_2 = 1,5/3,4 = 0,44$ und $\alpha_3 = 0,9/3,4 = 0,27$. Aus Gleichung 6.2b resultiert für den Grenzwert des Strahlungsgemisches $E'_{MZB} = 1/\sum(\alpha_i/E_{MZBi}) = 0,034$ W/m².

Pulsfolgen
(2) Ein Argonlaser (488 nm) hat eine Pulsfrequenz von N = 1 MHz und eine Pulsdauer von $t = 10^{-8}$ s. Wie groß ist der MZB-Wert für eine Expositionsdauer von 0,25 s (Lidschlußreflex).

Lösung: a) Tabelle 6.1a (oder Bild 6.2a) ergibt für 10^{-8} s als MZB-Wert $H = 5 \cdot 10^{-3}$ J/m². Die Pulsdauer ist kleiner als 10^{-5} s ist, der Korrekurfaktor beträgt $C_S = 0,06$. Für einen Einzelpuls erhält man damit nach Gleichung 6.3c: $H = 3 \cdot 10^{-4}$ J/m².

b) Als zweites Kriterium ist die mittlere Bestrahlungsstärke nach Gleichung 6.3b oder 6.5 zu ermitteln. Tabelle 6.1a (oder Bild 6.2a) liefert für 0,25 s: H_m = 6,36 J/m² oder E_m = 25 W/m². Diese mittlere Bestrahlungsstärke darf nicht überschritten werden. Für einen einzelnen Puls erhält man damit nach Gleichung 6.5: E = E_m/Nt = 2550 W/m² oder H = $2,55 \cdot 10^{-5}$ J/m². Dieser Wert ist kleiner als der zuerst gefundene ($3 \cdot 10^{-4}$ J/m²); er stellt damit den MZB-Wert für einen einzelnen Puls des Lasers dar. Statt Tabelle 6.1 können auch die Orginaltabellen in der der VBG 93 im Anhang verwendet werden.

(3) Es ist der MZB-Wert für einen Nd-Laser (1060 nm) mit einer Pulsfolgefrequenz von 20 Hz und einer Pulsdauer von einer ms zu ermitteln. Da die Strahlung unsichtbar ist, kann ein Schutz durch den Lidschlußreflex nicht auftreten. Als Bestrahlungszeit soll 10 s angenommen werden.

Lösung: a) Der Grenzwert der mittleren Bestrahlungsstärke bei 10 s liegt bei 50 W/m². Für einen Einzelpuls ergibt sich damit 50/20 J/m² = 2,5 J/m².

b) Die Pulsdauer mißt > 10^{-5} s; daher gilt Gleichung 6.3d. In 10 s summiert sich die Zahl der Pulse zu n = 200, und es gilt nt = 0,2 s. Der MZB-Wert (0,2 s) beträgt 27 J/m². Nach Gleichung 6.3d erhält man für einen Einzelpuls 27/200 J/m² = 0,135 J/m². Dieser Wert ist restriktiver und damit gültig. Die mittlere Bestrahlungsstärke beträgt $0,135 \cdot 20$ W/m² = 2,7 W/m².

6.5 Sicherheitsabstand und Laserbereich

6.5.1 Sicherheitsabstand

Der Sicherheitsabstand stellt die Entfernung dar, bei der die Bestrahlungsstärke oder Bestrahlung in jedem Fall unter die maximal zulässigen Werte MZB fällt. Außerhalb des Sicherheitsabstandes besteht keine Gefährdung. In der englischen Literatur wird der Sicherheitsabstand mit 'nominal ocular hazard distance', abgekürzt NOHD, bezeichnet. Damit ist klar, daß es sich um die MZB-Werte für das Auge handelt. Die Ausbreitung von Laserstrahlung wurde im Abschnitt 2.1.2 beschrieben. Für die Grundmode (Gaußprofil) erhöht sich der Strahldurchmesser D_L mit der Entfernung z vom Laserausgang:

$$D_L = a + z\Phi. \qquad (2.4b)$$

a stellt den Strahldurchmesser am Laserausgang dar; Φ ist volle Divergenzwinkel Φ. Die Angaben von D_L, a und Φ beziehen sich auf 1/e-Werte. Damit wird die mittlere Bestrahlungsstärke bei einer Laserleistung P in der Entfernung z

$$E = P/A = 4P/(\pi(a + z\Phi)^2). \tag{6.6a}$$

Arbeitet der Laser im multimode-Betrieb, so soll statt dessen

$$E = I/z^2 \tag{6.6b}$$

benutzt werden. Ist die Strahlstärke I (in W/sr) nicht bekannt, was in der Regel der Fall sein wird, kann in Gleichung 6.6a P durch 2,5 P ersetzt werden (DIN VDE 0837).

Sicherheitsabstand (NOHD)
Aus den Gleichungen 6.6 kann der Sicherheitsabstand z_{NOHD} abgeschätzt werden, indem für E der Grenzwert E_{MZB} eingesetzt wird:

$$z_{NOHD} = (\sqrt{4P/\pi E_{MZB}} - a)/\Phi \tag{6.7}$$

oder

$$z_{NOHD} = \sqrt{I/E_{MZB}}.$$

Für Pulse kann in Gleichung 6.7 P durch Q und E durch H ersetzt werden.

Schwächung in der Atmosphäre
Für Meßgeräte über große Entfernungen, z.B. Entfernungsmesser oder Lidar, kann die Schwächung der Strahlung in der Luft berücksichtigt werden. Die Laserleistung P verrringert sich durch Absorption in Form einer e-Funktion

$$P = P_0 \exp(-\mu z), \tag{6.8}$$

wobei P_0 die Leistung am Laserausgang und μ der Schwächungskoeffizient bedeuten. Diese Beziehung kann in die Gleichung 6.6 eingesetzt werden. Für den Sicherheitsabstand z_{NOHD} erhält man folgende Näherung (DIN VDE 0837):

$$z_{NOHD} = 0,5\, z_{NOHD}(\mu=0)\, [1 + \exp(-\mu\, z_{NOHD}(\mu=0))].$$

Dabei wird der Wert $z_{NOHD}(\mu=0)$ ohne Absorption nach Gleichung 6.7 berechnet.

Für den Schwächungskoeffizienten μ in der Atmosphäre wird folgende Näherung für Wellenlängen zwischen 0,4 und 2 μm angegeben

$$\mu = 10^{-3} \cdot \frac{3{,}91}{V} \cdot \frac{0{,}55}{\lambda} 0{,}585 \ V^{0{,}33} \ m^{-1}.$$

In dieser Gleichung ist V die Sichtweite in km und λ die Wellenlänge in μm.

Verwendung optischer Hilfsmittel
Wird zur Beobachtung ein optisches Gerät, beispielsweise ein Teleskop, in den Strahlengang eines Lasers gehalten, so erhöht sich die Bestrahlungsstärke auf dem Auge. Im ungünstigsten Fall ist der Durchmesser des Laserstrahl mindestes so groß wie der des Objektivs D_0, und die Austrittspupille ist kleiner als die Augenpupille, d.h. die gesamte eintretende Strahlung fällt ins Auge. Die Bestrahlungsstärke steigt dann maximal um den Faktor $(D_0/D_P)^2$. Der Pupillendurchmesser wird in den Normen stets zu $D_P = 7$ mm angenommen. Aufgrund der erhöhten Bestrahlung muß der Sicherheitsabstand vergrößert werden. Als Parameter wird

$$K = D_0 / D_P$$

gewählt. Man ersetzt in Gleichung 6.7 P durch $K^2 P$ und erhält für den erweiterten Sicherheitsabstand z_{NOHD} bei Verwendung eines optischen Gerätes (DIN VDE 0837):

$$z_{NOHD}(K) = (K\sqrt{4P/\pi E_{MZB}} - a)]/\Phi$$

oder (6.9)

$$z_{NOHD}(K) = K \, z_{NOHD} + a(K-1)/\Phi.$$

Der Wert z_{NOHD} ist der normale Sicherheitsabstand ohne Gerät (K = 1), der nach Gleichung 6.7 errechnet wird. Obige Gleichung ist auch für Laserpulse gültig, indem P durch Q und E durch H vertauscht werden.

Diffuse Streuung (Punktquelle)
Es ist ungefährlicher, den Strahl auf Matt- oder Streuscheiben zu beobachten, als direkt hineinzusehen. Die Streustrahlung kann nach den Angaben von Abschnitt 3.2.2 berechnet werden. Bei Vernachlässigung von Absorption erhält man für den Sicherheitsabstand aus Gleichung 3.6 und 3.7 bei diffuser Streuung

$$z_{NOHD} = \sqrt{P\cos\varepsilon / \pi E_{MZB}} \qquad (6.10a)$$

und für isotrope

$$z_{NOHD} = \sqrt{P / 2\pi E_{MZB}} \; . \qquad (6.10b)$$

Die Laserleistung ist durch P und der Beobachtungswinkel durch ε repräsentiert. Für einige Laser ist der Sicherheitsabstand z_{NOHD} bei diffuser Streuung in Tabelle 6.4 gegeben.

Tabelle 6.4. Sicherheitsabstand bei punktförmiger Bestrahlung einer isotrop streuenden Fläche (Gleichung 6.10b). Für diffuse Streuung (Gleichung 6.10a) erhält man für $\varepsilon = 60°$ den gleichen Wert.

Wellenlänge (μm)	Laser	MZB-Wert E oder H	Laser- leistung	Sicherheits- abstand (m)
kontinuierlich (30 000 s)				
10,6	CO_2	1000 W/m^2	10 kW	1,3
10,6	CO_2	1000 W/m^2	1 kW	0,4
1,06	Nd-YAG	16 W/m^2	1 kW	3,2
1,06	Nd-YAG	16 W/m^2	100 W	1,0
um 0,5	Ar$^+$	0,01 W/m^2	10 W	12,6
um 0,5	Ar$^+$	0,01 W/m^2	1 W	4,0
0,63	He-Ne	0,18 W/m^2	10 mW	0,1
gepulst				
1,06	Nd-YAG	0,5 J/m^2	10 J, 1 ms	1,8
1,06	Nd-YAG	0,05 J/m^2	10 J, 10 ns	5,6
0,66	Rubin	0,1 J/m^2	10 J, 1 ms	3,9
0,66	Rubin	0,005 J/m^2	10 J, 10 ns	18

Diffuse Streuung (ausgedehnte Quelle)
Wird der Durchmesser der bestrahlten Fläche so groß, daß die Beobachtung oberhalb des Grenzwinkels α_{min} (Bild 6.3) erfolgt, so ändern sich die Normen der MZB-Werte für Wellenlängen zwischen 0,4 und 1,4 μm, es wird die maximale Strahldichte L_{MZB} angegeben (Bild 6.4). Nach Gleichung 3.4d kann für einen gegebenen Strahldurchmesser D_L (oder die Fläche $A = D_L^2 \pi / 4$) die maximale Laserleistung P errechnet werden. Beispiele sind in Tabelle 6.5 dargestellt. Es ist bemerkenswert, daß es bei ausgedehnten Strahlquellen keinen Sicherheitsabstand gibt. Die Strahldichte L ändert sich bei der optischen Abbildung durch das Auge nicht. Der Beobachtungsabstand beeinflußt nicht die Strahldichte auf der Netzhaut, sondern nur die Bildgröße. Diese Betrachtung gilt nur, solange $\alpha > \alpha_{min}$ ist.

Tabelle 6.5. Maximale Laserleistung bei einem bestimmten Strahldurchmesser D_L bei flächenhafter Bestrahlung (Gleichung 3.4d) (100 s). Einen Sicherheitsabstand gibt es bei flächenhaften Quellen nicht ($\alpha > \alpha_{min}$ nach Bild 6.4). Die Betrachtung ist nur für Wellenlängen zwischen 0,4 und 1,4 µm gültig.

Wellenlänge (µm)	Laser	MZB-Wert L (W/m² sr)	Laserleistung (W) $D_L = 1$ cm	$D_L = 5$ cm
um 0,5	Ar⁺	ca. 1500	0,37	9,5
0,65	Kr⁺	ca. 10 000	2,5	63
1,06	Nd:YAG	ca. 60 000	15	380

Laserdioden und Faseroptik

Die Austrittsflächen von Laserdioden und optischen Fasern sind so klein, daß sie als Punktstrahler wirken. Dementsprechend ist die maximal zulässige Bestrahlung aus den Normen zu entnehmen. Typische Leistungen von Laserdioden liegen zwischen 1 bis 10 mW; Diodenarrays können bis 10 W und mehr liefern, werden aber in Zusammenhang mit der Faseroptik kaum eingesetzt. Die Abstrahlwinkel α und β von Dioden sind x- und y-Richtung verschieden, sie liegen zwischen 20 bis 40° (halber Winkel).

Man unterscheidet verschiedene Faserypen. Bei Stufenindexfasern ist die Grenze zwischen Kern und Mantel scharf. Dagegen ändert sich bei der Gradientenfaser der Brechungsindex zwischen Kern und Mantel kontinuierlich, die Abstrahlwinkel werden dadurch kleiner. In der Informationstechnik werden sogenannte 'Monomodefasern' verwendet. Der halbe Abstrahlwinkel beträgt um 5°, während 'Multimodefasern' etwa den doppelten Wert aufweisen. Die Leistungen an der Austrittsfläche von Fasersystemen liegt bei einigen mW in der Informatik und Meßtechnik, bis in den kW-Bereich bei der Materialbearbeitung.

Für die Berechnung des Sicherheitsabstandes z_{NOHD} muß die Abstrahlcharakteristik bekannt sein. Diese unterscheidet sich für Laserdioden, Stufenindex- und Gradientenfasern:

Laserdioden $\quad z_{NOHD} = \sqrt{P/(\pi \sin\alpha \sin\beta \; E_{MZB})}$

Stufenindexfasern $\quad z_{NOHD} = \sqrt{P/(\pi N^2 E_{MZB})}$

Monomodefasern $\quad z_{NOHD} = \sqrt{P/(1{,}05 \; \pi N^2 E_{MZB})}$

Gradientenfasern $\quad z_{NOHD} = \sqrt{2P/(\pi N^2 E_{MZB})}$.

Es bedeuten P die Leistung, α und β die halben Abstrahlwinkel, N die numerische Apertur der Faser und E_{MZB} den MZB-Wert (für punktförmige Strahlen oder Laserstrahlen). Die Gleichungen können für Pulslaser modifiziert werden: man ersetzt die Leistung P durch die Energie und E_{MZB} durch H_{MZB}. Der höhere Wert für Gradientenfaser liegt in der engeren Abstrahlcharakteristik.

6.5.2 Anwendungen

Sicherheitsabstand

(1) Ein Laser hat eine Leistung von P = 4 W, eine Divergenz von Φ = 0,7 mrad und einen Durchmesser von a = 1 mm. Man berechne den Sicherheitsabstand bei E_{MZB} = 10 W/m^2.
Lösung: Nach Gleichung 6.7 erhält man z_{NOHD} = 1018 m.

(2) Dem Laser des vorhergehenden Beispiels wird eine strahlaufweitende Optik vorgesetzt. Diese verringert die Strahldivergenz auf 0,1 mrad und vergrößert den Strahldurchmesser auf a = 7 mm.
Lösung: Der Sicherheitsabstand vergrößert sich auf z_{NOHD} = 7070 m. Dies liegt daran, daß sich der Strahldurchmesser bei größeren Entfernung durch die geringere Divergenz verkleinert.

(3) Ein He-Ne-Vermessungslaser mit 3 mW emittiert einen Strahl mit a = 13 mm, der sich bei einer Entfernung von 50 m auf 18 mm verbreitert. a) Wie lange kann man aus einer Entfernung von 65 m gefahrlos direkt in den Strahl blicken? b) Wie weit ist mindestens die Entfernung, bei der man gefahrlos 3 min in Strahl blicken kann?
Lösung: Die Strahldivergenz beträgt Φ = (0,018 - 0,013)/50 = 0,1 mrad. Weitere Daten sind: P = 0,003 W, a = 0,0013 m, z = 50 m.
a) Aus Tabelle 6.1a erhält man H = $18 \cdot t^{0.75}$ J/m^2 oder E = H/t = $18 \cdot t^{-0.25}$ W/m^2. Dieser Wert ist gleich E = $4P/(\pi(a + z\Phi)^2)$ (Gleichung 6.6a). Gleichsetzen und Auflösen nach t ergibt eine maximale Bestrahlungszeit von t = 10,3 s.
b) Aus Gleichung 6.7 resultiert z_{NOHD} = 149 m.

Sicherheitsabstand bei Pulsfolgen

(4) Ein Vermessungsgerät mit einem IR-Laser hat folgende Kenndaten: λ = 903 nm, Pulsfolgefrequenz N = 300 Hz, Pulsleistung P = 30 W, Pulsenergie Q = 0,6 µJ, Strahldivergenz Φ = 10 mrad, Strahldurchmesser a = 55 mm. Es soll der Sicherheitsabstand ermittelt werden: a) bei normaler Beobachtung, b) bei Verwendung eines 8x50-Binokulars.

Lösung: a) Die Pulsdauer berechnet sich zu $t = Q/P = 20$ ns. Nach Tabelle 6.1 (oder Interpolation in Bild 6.2a) erhält man als MZB-Wert für einen Einzelpuls 0,0128 J/m^2. Dieser Wert muß für N > 278 Hz mit 0,06 multipliziert werden: Man erhält als neuen MZB-Wert $7,7 \cdot 10^{-4}$ J/m^2. Setzt man diesen Wert in Gleichung 6.7 ein, so erhält man einen negativen Wert. Dies bedeutet, daß der Sicherheitsabstand Null und der Laser sicher ist. Bei Pulsfolgen muß auch die mittlere Bestrahlungsstärke unterhalb der Grenzwerte liegen. Man erhält für $E_m = (4P/(\pi a^2)) \cdot Nt = 0,08$ W/m^2. Nach Bild 6.2b ist eine Bestrahlung über 30000 s zulässig.

b) Bei Benutzung eines Fernglases kann die in das Objektiv (D_0 = 50 mm) tretendende Strahlung vollständig in das Auge treten. (Die Autrittspulle 50/8 mm = 6,25 mm ist kleiner als die Augenpupille D_p = 7 mm des Auges.) Die Erhöhung der Bestrahlungsstärke am Auge ist durch $K^2 = (D_0/D_p)^2 = 50$ gegeben. Mit Gleichung 6.9 erhält man einen Sicherheitsabstand von $z_{NOHD} = 17$ m.

(5) Ein gütegeschalteter Nd-Laser in einem Entfernungsmesser hat folgende Daten: $\lambda = 1,06$ μm, Pulsleistung 1,5 MW, Pulsenergie 45 mJ, Pulsfolgefrequenz $N = 12$ min^{-1}, Strahldurchmesser 10 mm, Divergenz 1 mrad. Wie groß ist der Sicherheitsabstand a) mit normalem Auge, b) mit einer Beobachtungsoptik von 50 mm Durchmesser?

Lösung: a) Die Pulsdauer errechnet sich zu $t = Q/P = 30$ ns. Bei einer Pulsfolgefrequenz von $N = 0,2$ Hz ist nur der Einzelpuls zu berücksichtigen. Der MZB-Wert beträgt 0,05 J/m^2. Aus Gleichung 6.7 erhält man $z_{NOHD} = 1060$ m. b) Mit einer Beobachtungsoptik mit K = 50/7 erhält man 7500 m (Gleichung 6.9).

6.5.3 Laserbereich

Definition
Den Raum, in dem die maximal zulassige Bestrahlung (MZB) des Auges (auch zufällig) überschritten wird, nennt man 'Laserbereich', im englischen 'nominal ocular harzard area' oder 'NOHA'. Die Begrenzung erfolgt durch den Sicherheitsabstand (NOHD), der im letzten Abschnitt berechnet wurde. In der Praxis des Labors oder der Fertigung muß man die Laserbereiche kennzeichnen und durch Abschirmungen beschränken. Der Laserbereich kann auch durch eine möglichst divergente Strahlaufweitung reduziert werden.

Erweiteter Laserbereich
Bei Benutzung optischer Geräte, z.B. von Fernrohren, kann das Auge auch außerhalb des Laserbereiches verletzt werden, wenn dadurch die Bestrahlungsstärke erhöht wird. Schließt man diese Möglichkeit mit ein, so wird vom 'erweitertem Laserbereich' gesprochen. Außerhalb dieses Bereiches wird auch beim Einsatz optischer Instrumente die maximal zulässige Bestrahlung nicht überschritten.

Genau wie es bei flächenhaften Strahlquellen keinen Sicherheitsabstand gibt, existiert auch kein normaler oder erweiteter Laserbereich. Bei Vergrößerung des Abstandes ändert sich die Strahldichte L auf der Netzhaut nicht, sondern nur die Größe der bestrahlten Fläche. Diese Aussage ist solange gültig, bis der Grenzwinkel α_{min} erreicht wird (Abschnitt 6.1.2).

Vorschriften
Klasse 2 oder 3A: Der Laserbereich muß gekennzeichnet sein, ein Zeichen nach DIN 4844 Teil 1 'Warnung vor Laserstrahl' ist ausreichend.

Klasse 3B oder 4: Der Laserbereich muß gekennzeichnet und abgegrenzt sein. Unbefugte dürfen nicht unbeabsichtigt in den Bereich gelangen können. Bei der Klasse 4 ist an den Zugängen der Laserbetrieb durch eine Warnleuchte anzuzeigen. Der Zugang kann schleusenartig sein, oder es sind Türkontakte vorzusehen, die den Laser beim Öffnen abschalten.

Genauere Erläuterungen finden sich in Kapitel 9 und in Abschnitt 10.2.1 (VGB 93).

6.6 Messungen zu den Grenzwerten

In der Praxis des Laserstrahlenschutzes wird man sowohl Rechnungen als auch Messungen am Strahlungsfeld vornehmen. Zur Bestimmung der MZB-Werte ist vor den Meßgeräten eine Meßblende zu verwenden, über welche der Meßwert, wie die Bestrahlungsstärke E oder die Bestrahlung H, gemittelt wird. Der Durchmesser ist in den Normen (DIN VDE 0837) festgelegt; man nennt ihn 'Grenzapertur'. Die Werte hängen von der Wellenlänge ab, sie sind in Tabelle 6.6 zusammengestellt. Bei Rechnungen zum Strahlenschutz muß die Mittelwertsbildung über die entsprechenden Kreisflächen erfolgen.

Tabelle 6.6. Für Strahlungsmessungen (und Rechnungen) muß folgender Blendendurchmesser verwendet werden (Grenzapertur):

Wellenl. (nm)	200-400 nm	400-1400 nm	1400–10^5 nm	0,1-1 mm
Durchm. (mm)	1	7	1	11

Von besonderer Bedeutung ist der Blendendurchmesser von 7 mm im Bereich zwischen 400 bis 1400 nm, in dem das Auge durchlässig ist und eine Fokussierung auf der Netzhaut auftritt. Dieser Durchmesser entspricht der maximalen Öffnung der Pupille; er wird daher in den MZB-Werten stets zugrunde gelegt. (Eine Anpassung der Werte auf kleinere Pupillendurchmesser in nicht zulässig.) Bei der Bestimmung der Mittelwerte für das Auge ist also über diese Kreisfläche von etwa $4 \cdot 10^{-5}$ m² zu mitteln. Ein He-Ne-Laser mit 1 mW und 1 mm Durchmesser erzeugt nach den Meßvorschriften eine mittlere Bestrahlungsstärke von $1 \text{ mW}/4 \cdot 10^{-5}$ m² = 25 W/m².

Die Grenzaperturen von 1 mm im Bereich 200 bis 400 nm und 1400 nm bis 0,1 mm haben keinen besonderen biophysikalischen Hintergrund. Es handelt sich einfach um einen praktischen Wert. Im Bereich von 0,1 bis 1 mm vergrößert man die Apertur auf 11 mm, da bei einem Durchmesser von 1 mm zu starke Beugung auftritt.

Bei ausgedehnten Quellen im Bereich von 400 bis 1400 nm muß darüber hinaus über den minimalen Grenzwinkel α_{min} gemittelt werden.

7 Laserklassen

Die Einteilung von Lasern in verschiedene Klassen soll dem Benutzer die Einschätzung der möglichen Gefährdung erleichtern. Er kann dann entsprechende Schutzmaßnahmen ergreifen. Nach den Normen (DIN VDE 0837) sind Laser-Einrichtungen in die Klassen 1, 2, 3A, 3B und 4 eingeteilt. Die Klassifizierung hängt von den Parametern, wie Wellenlänge, Leistung, Bestrahlungszeit und den Puls-Eigenschaften ab.

Völlig ungefährlich sind nur die Laser der Klasse 1. Jedoch auch in den Klassen 2, die nur im Sichtbaren definiert ist, und 3A sind spezielle Schutzmaßnahmen nicht notwendig; der Augenschutz wird im Sichtbaren durch Abwendungsreaktionen einschließlich des Lidschlußreflexes sichergestellt. Allerdings darf bei der Klasse 3A nicht mit optischen Instrumenten in den Strahl geblickt werden. Dagegen können Geräte der Klassen 3B (bis 0.5 W für $\lambda > 315$ nm) und 4 (über 0,5 W) starke und sehr starke Schäden hervorrufen, sofern nicht entsprechende Schutzmaßnahmen getroffen wurden.

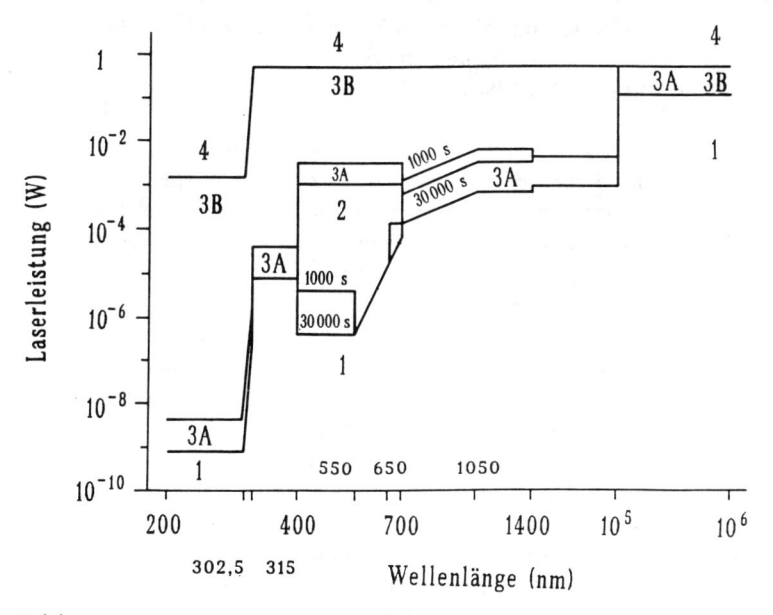

Bild 7.1. Leistungsgrenzen für die Laserklassen 1, 2, 3A, 3B und 4 (30000 s). Die Einteilung hängt von der maximalen Bestrahlungszeit ab.

7.1 Definition der Laserklassen

Die Laserklassen werden durch die Festlegung von Grenzwerten für die Strahlung definiert, die nicht überschritten werden dürfen. Man nennt die entsprechenden Laserleistungen für die Klassengrenzen 'Grenzwerte zugänglicher Strahlung' kurz 'GZS', im Englischen 'accessible emission limit' oder 'AEL'. Die Laserklassen werden in Tabelle 7.1 in einer Übersicht beschrieben; genauere Grenzen finden

Tabelle 7.1. Einfache Übersicht über die Klassen kontinuierlicher Laser im Sichtbaren. Die Leistungen geben die maximal zugängliche Strahlung (MZS) (zwischen 1000 und 30000 s). Genauer Werte sind in Tabelle 7.2 zusammengestellt

Laser-klasse	Leistungs-grenze im Sichbaren	Kurzbeschreibung: Laserklasse	Kurzbeschreibung: Schutzmaßnahmen
1	0,39 µW	Diese Laser sind ungefährlich. Bestrahlung von Haut und Auge verursacht keine Schäden.	Keine
2	1 mW	Diese Laser gelten bei einer Bestrahlung bis zu 0,25 s als ungefährlich. Die Klasse ist nur im Sichtbaren definiert.	Abwehrreaktion, Lidschlußreflex
3A	5 mW	Strahl ist aufgeweitet. Gefahr im Sichtbaren wie bei Klasse 2, sonst wie bei Klasse 1. Ohne Strahleinengung (z.B. Fernrohr) also gefahrlos, im Sichtbaren nur bis 0,25 s.	Keine Einengung des Strahles, Abwehrreaktion, Lidschlußreflex
3B	0,5 W	Lasersysteme mittlerer Leistung, Gefahr für Auge und evtl. Haut. Diffuse Streustrahlung bis 10 s ab 13 cm Entfernung ungefährlich.	Abschirmung, Laserschutzbrille
4	über 0,5 W	Laser hoher Leistung. Große Gefahr für Auge und Haut. Diffuse Streustrahlung gefährlich. Erhöhte Brandgefahr.	Abschirmung, Laserschutzbrille, Evtl. Hautschutz

Tabelle 7.2. Einteilung in Laserklassen für kontinuierliche Strahlung bei Bestrahlung zwischen 1000 und 30000 s

Klasse	Wellenlänge (nm)	Grenzwert (MZB)	Bedingung
1	200 bis 302,5	$2,5 \cdot 10^{-5}$ J	
	302,5 bis 315	$2,5 \cdot 10^{-5}$ J bis 7,9 mJ	
	315 bis 400	0,79 µW	
	400 bis 550	0,39 µW	
	550 bis 700	0,39 µW bis 69 µW	
	700 bis 1050	0,12 mW bis 0,6 mW	
	1050 bis 1400	0,6 mW	
	1400 bis 10^5	0,8 mW	
	10^5 bis 10^6	0,1 W	
2	400 bis 700	0,1 mW	
3A	200 bis 302,5	0,12 mJ	(30 J/m^2)
	302,5 bis 315	0,12 mJ bis 40 mJ	(120 bis $4 \cdot 10^4$ J/m^2)
	315 bis 400	40 µW	(10 W/m^2)
	400 bis 700	5 mW	(25 W/m^2)
	700 bis 1040	0,6 bis 3 mW	(3,3 bis 16 W/m^2)
	1050 bis 1400	3 mW	(16 W/m^2)
	1400 bis 10^5	4 mW	(1000 W/m^2)
	10^5 bis 10^6	0,5 W	(1000 W/m^2)
3B	200 bis 302,5	1,5 mW	
	302,5 bis 315	1,5 mW bis 0,5 W	
	315 bis 10^6	0,5 W	
4	Werte höher als in Klasse 3B		

sich in Tabelle 7.2 und Bild 7.1. Die ausführlichen Definitionen für unterschiedliche Strahlungsdauern sind in der Norm DIN VDE 0837 zu finden.

7.1.1 Klasse 1

Laser der Klasse 1 sind von der Konstruktion her völlig sicher, so daß die Bestrahlung keine Schäden verursachen kann, auch wenn der direkte Strahl ins Auge fällt. Bei diesen Geräten werden also die MZB-Werte in jedem Fall unterschritten. Einrichtungen der Klasse 1 werden durch die Leistungsgrenzen (GZS) beschrieben, die im Bild 7.1 aufgetragen sind. Die Leistungsgrenzen hängen von der Wellenlänge der Strahlung ab; zusätzlich spielt noch die Bestrahlungszeit eine Rolle. Daher sind im Bild 7.1 die Grenzen für Zeiten bis zu 1000 s und 30 000 s angegeben. Ausführliche Angaben für die Klassengrenze finden sich in Tabelle 7.2 oder noch genauer in DIN VDE 0837.

Laser der Klasse 1 sind leistungsschwach, für Dauerstrichlaser liegt die Grenze im Sichtbaren zwischen 400 und 550 nm bei 0,39 µW. Dieser Wert gilt für Bestrahlung bis zu 30 000 s = 8h, d.h. einen Arbeitstag. Zum roten Teil des Spektrums steigt die Grenze um etwa 2 Zehnerpotenzen. Im UV (200 bis 302,5 nm) fällt die Schwelle stark; der GZS-Wert wird durch die Energie von $2,4 \cdot 10^{-5}$ J gegeben, bei 30000 s erhält man den Wert von Bild 7.1 mit 10^{-9} W. Im IR (1050 bis 1400 nm) ergibt die Norm: $6 \cdot 10^{-4}$ W.

Als Zeitbasis für Laser der Klasse 1 wird meist 30 000 s festgelegt. Für Wellenlängen größer als 400 nm kann jedoch auch eine kürzere Zeit von 10 000 s angenommen werden, es sei denn, daß es sich um ein Gerät handelt, bei welchem das Blicken in den Strahl beabsichtigt ist. Wenn die reduzierte Zeitbasis für die Klassifizierung benutzt wurde, muß dies angegeben werden.

Besondere Schutzmaßnahmen sind bei Geräten der Klasse 1 nicht erforderlich; es ist zu beachten, daß es sich um gekapselte Laser höherer Klassen handeln kann, so daß bei Justier- und Reparaturarbeitenn die Vorschriften höherer Klassen einzuhalten sind. Abschließend sei erwähnt, daß bei der Klassifizierung eine Meßblende von 80 mm bei der Ermittlung der Grenzwerte vorgesehen wird, um die Benutzung optischer Geräte, die den Querschnitt verringern, zu berücksichtigen.

7.1.2 Klasse 2

Laser der Klasse 2 sind Geräte niedriger Leistung, die sichtbare Strahlung zwischen 400 und 700 nm aussenden; sie können im Dauerstrich- oder Pulsbetrieb arbeiten. Laser dieser Klasse sind zwar nicht wirklich sicher, der Augenschutz ist jedoch durch den Lidreflex und andere Abwehrreaktionen sichergestellt. Für diesen Reflex werden in der Norm 0,25 s veranschlagt. Es ist klar, daß die Klasse 2 nur im Sichtbaren definiert ist. Schaut man bewußt länger in den Strahl oder wird der Reflex z.B. medimentakös unterdrückt, kann eine Schädigung auftreten.

Die Leistung oder Energie für die Klase 2 ist auf die Strahlungsgrenzwerte (GZS) für die Expositiondauer bis zu 0,25 s der Klasse 1 beschränkt. Die bedeutet, daß innerhalb dieser Zeitdauer eine Schädigung des Auges nicht erfolgen kann. Für Dauerstrichlaser liegt die Grenze bei 1 mW: dies entspricht Mitteilung über die geöffnete Pupille von 7 mm Durchmesser dem MZB-Wert (Leistungsdichte) von etwa 25 W/m^2. Die Klassengrenzen finden sich in Bild 7.1, Tabelle 7.2 oder genauer in Tabelle 1 der Norm DIN VDE 0837.

7.1.3 Klasse 3A

Im sichtbaren Bereich (400 bis 700 nm) sind in dieser Klasse kontinuierliche Laser bis zu 5 mW zulässig, sofern die Leistungsdichte von 25 W/m^2 (wie in Klasse 2) nicht überschritten wird. Eine Begrenzung und Verringerung der Leistungsdichte kann durch eine Strahlaufweitung erreicht werden. Bei 5 mW muß ein homogener Strahl mindestens 16 mm Durchmesser haben, damit 25 W/m^2 unterschritten werden. Für die Klasse 3A ist im sichtbaren Bereich garantiert, daß (bei einem aufgeweiteten Strahl) die MBZ-Werte bis zu einer Bestrahlungszeit von 0,25 s nicht überschritten werden. Damit kann die zulässige Laserleistung abgeschätzt werden, die von der Strahlaufweitung abhängt.

Im Fall gepulster oder richtungsveränderlicher Strahlung im Sichtbaren liegt die Schwelle fünfmal höher als bei Klasse 2, wobei aber 25 W/m^2 nicht übertroffen werden darf. Im Gegensatz zu Klasse 2 sind in der Klasse 3A auch Laser im ultravioletten und infraroten Bereich einzuordnen, sofern die Leistung bis zu fünfmal größer ist als in Klasse 1 (Bild 7.1). Die maximal zulässige Bestrahlung (MZB) des Auges darf jedoch nicht überschritten werden.

Zusammengefaßt läßt sich feststellen: für Laser der Klasse 3A im Sichtbaren wird der Schutz des freien Auges durch Abwendungsreaktionen einschließlich des Lidschlußreflexes garantiert. Als Schutz genügt die Forderung, nicht in den Strahl zu sehen. Allerdings darf die Strahlung nicht durch optische Hilfsmittel eingeengt sein, wodurch die Leistungsdichte erhöht wird. Im UV und IR liegt die Lagerleistung so, daß die maximal zulässige Bestrahlung (MZB) unterschritten wird. Bei Beobachtung mit dem unbewaffneten Auge besteht keine Gefahr. Hinweisschilder für die Klasse 3A zeigt Bild 7.2.

7.1.4 Klasse 3B

Die Grenzwerte für die bisher aufgeführten Klassen basieren auf biologischen Überlegungen und lassen eine begründbare Abgrenzung zu. Dies ist bei den Klassen 3B und 4 nicht so eindeutig möglich. Für kontinuierliche Laser im sichtbaren und infraroten Bereich liegt der Strahlungsgrenzwert (GZB) der Klasse 3B bei 0.5 W, im UV niedriger, bei 1,5 mW. Die Grenzwerte bei Pulslasern hängen von verschiedenen Parametern ab; sie müssen in der Klasse 3B im Sichtbaren und IR geringer als 10^5 J/m^2 sein. Die Klassengrenze ist vereinfacht in Bild 7.1 und genauer in Tabelle 7.2 dargestellt.

Das direkte Blicken in den Strahl ruft Schäden hervor. Die Betrachtung von diffuser Streuung unfokussierter Strahlung von Pulslasern dieser Klasse ist gefährlich. Unter folgenden Bedingungen kann die Strahlung kontinuierlicher Laser ohne schädigende Folgen auf einem diffusen Reflektor angesehen werden: minimaler Betrachtungsabstand 13 cm, maximale Beobachtungszeit 10s. Wenn eine dieser Bedingungen nicht erfüllt ist, muß die Möglichkeit der Gefährdung durch diffuse Reflexion geprüft werden. Bei Lasern dieser Klassen kann auch eine Brandgefahr auftreten, wenn der Strahl auf entzündliche Materialien trifft.

7.1.5 Klasse 4

Laser mit höheren Leistungen als in Klasse 3B fallen in diese Klasse 4. Im Sichtbaren liegt die Schwelle bei 0.5 W. Hier kann nicht nur der direkte Strahl schwere Schäden verursachen. Auch diffus gestreute Strahlung kann Verletzungen der Augen und der Haut verursachen. Außerdem stellen die Strahlen eine Brandgefahr dar, da bei Absorption hohe Temperaturen entstehen. Hochleistungslaser fallen fast immer unter diese Klasse 4. Neben dem Augenschutz ist oft auch ein Hautschutz notwendig, möglicherweise auch Schutzkleidung. Die Klassengrenze ist aus Bild 7.1 und Tabelle 7.2 zu entnehmen, alle Werte über der 3B-Grenze fallen in Klasse 4.

7.2 Vorgehen bei der Klassifizierung

Der Hersteller oder sein Vertreter sind dafür verantwortlich, die Laser-Geräte in die richtige Klasse einzuordnen. Wird vom Anwender ein Gerät verändert, so muß er anschließend die Klassifizierung überprüfen und möglicherweise die Klasse ändern. Die Einteilung muß die ungünstigste Kombination von möglichen Betriebszuständen, wie Leistung, Wellenlänge, Pulsbreite und- folgefrequenz, berücksichtigen, und die Zuordnung muß in die jeweils höchste mögliche Klasse erfolgen. Dabei sind auch Ein- und Ausschaltvorgänge, sowie Leistungsschwankungen oder -überhöhungen in Betracht zu ziehen.

Die Klassengrenzen werden durch die Grenzwerte zugänglicher Strahlung (GZS) festgelegt (DIN VDE 0837); dies ist die Strahlung, die auf den Menschen treffen kann. Sie tritt direkt aus dem Laser oder wird durch eingeführte Spiegel aus dem Gerät abgelenkt. Es ist zu berücksichtigen, daß möglicherweise Teile des Körpers, z.B. die Hand, in das Gerät eingebracht und bestrahlt werden können.

7.2.1 Mehrere Wellenlängen

Ermittiert ein Laser mehrere Wellenlängen, so muß nach Tabelle 6.3 geprüft werden, ob die Strahlung additiv wirkt. Ist dies nicht der Fall, so erfolgt die Einordnung in die höchste Klasse, die sich für eine der Wellenlängen ergibt. Ist die Wirkung mehrerer Strahlungskomponenten mit unterschiedlichen Wellenlängen additiv, so erfolgt die Klassenzuordnung analog zum Abschnitt 6.4.1. Die Bestrahlungsstärke einer Komponente E_i wirkt um so stärker, je kleiner der Grenzwert zugänglicher Strahlung (GZS) E_{GZS} für eine Klasse ist. Für jede Laserklasse wird die Summe der Werte E_i/E_{GZS} gebildet. Diese Summe muß kleiner als 1 sein:

$$\sum_i (E_i/E_{GZS}) < 1, \qquad (7.1)$$

Ist die Summe größer als 1 so ist die Laserklasse noch nicht gefunden, man muß den Wert E_{GZS} für die nächst höhere Klasse einsetzten, bis die Gleichung 7.1 erfüllt. Auf diese Art findet man die Klasse, dies entspricht dem Vorgehen in Gleichung 6.2a.

7.2.2 Gepulste Laser

Für wiederholt gepulste oder modulierte Laserstrahlung verringern sich die Grenzwerte (GSZ) im Spetralbereich zwischen 400 und 1 400 nm. Das Vorgehen ist völlig analog zu den Abschnitten 6.4.2 und 6.4.3. In den Formeln wird die maximal zulässige Bestrahlung (MZB) durch den Grenzwert zugänglicher Strahlung (GZS)) für die jeweilige Laserklasse ersetzt.

7.2.3 Schilder zur Lasersicherheit

Nach den Vorschriften (VBG 93 und DIN DVE 0837) müssen Lasergeräte beschildert werden. In dem Text muß die Laserklasse vermerkt werden, und es muß ein Hinweis gegeben werden, falls es sich um unsichtbare Strahlung handelt. Die Schilder müssen dauerhaft, lesbar und auch bei Servicearbeiten deutlich sichtbar sein. Man muß sie lesen können, ohne sich den Grenzbedingungen (GZS) für Klasse 1 auszusetzen. Text, Symbole und Umrandungen sind schwarz auf gelben Untergrund. Bei Diodenlasern und anderen kleinen Lasern muß das Schild den Benutzerunterlagen beigefügt oder auf der Verpackung angebracht sein. Beispiele für die Kennzeichnung der Laserklassen zeigt Bild 7.2.

Bild 7.2a. Laserwarnschild - Gefahrensymbol (schwarz auf gelbem Untergrund)

Die Klasse 1 kommt ohne ein allgemeines Laserwarnschild aus; es muß angegeben werden, ob das Gerät für 1000 s zugelassen ist. Ist keine Zeit angegeben, bezieht man sich auf 1000 bis 30 000 s. Ab Klasse 2 muß ein dreieckiges Warnschild (Bild 7.2a) angebracht werden. Zusätzlich müssen Hinweisschilder mit den im Bild 7.2b angegebenen Texten vorhanden sein; die Texte für sicht- und unsichtbare Strahlung sind verschieden. Wegen der besseren Lesbarkeit soll der der Text vorzugsweise nicht nur in Großbuchstaben sondern in üblicher Groß- und Kleinschreibung ausgeführt werden.

Bei Lasern der Klasse 3B und 4 muß an jeder Öffnung, an denen Strahlung austritt, eines der Hinweisschilder von Bild 7.2c angebracht sein. Das Schild kann entfallen, wenn die Strahlung die Grenzwerte der Klassen 1 oder 2 unterschreitet.

Klasse 1: allgemein: Zeitbasis 1000 s:

> Laser Klasse 1

> Laser Klasse 1
> Zeitbasis 1000 s

Klasse 2:

> Laserstrahlung
> Nicht in den Strahl blicken
> Laser Klasse 1

Klasse 3A: sichtbare Strahlung: unsichtbare Strahlung:

> Laserstrahlung
> Nicht in den Strahl blicken
> auch nicht mit optischen Instrumenten
> Laser Klasse 3A

> Unsichtbare Laserstrahlung
> Nicht in den Strahl blicken
> auch nicht mit optischen Instrumenten
> Laser Klasse 3B

Klasse 3B: sichtbare Strahlung: unsichtbare Strahlung:

> Laserstrahlung
> Nicht dem Strahl aussetzen
> Laser Klasse 3B

> Unsichtbare Laserstrahlung
> Nicht dem Strahl aussetzen
> Laser Klasse 3B

Klasse 4: sichtbare Strahlung: unsichtbare Laserstrahlung:

> Laserstrahlung
> Bestrahlung von Auge oder Haut durch
> direkte oder Streustrahlung vermeiden
> Laser Klasse 4

> Unsichtbare Laserstrahlung
> Bestrahlung von Auge oder Haut durch
> direkte oder Streustrahlung vermeiden
> Laser Klasse 4

Bild 7.2b. Beschriftung der Hinweisschilder für Laser der Klassen 1, 2, 3A, 3B und 4 (schwarze Schrift und Umrandung auf gelbem Untergrund, siehe VBG 93 im Anhang). Zusätzlich muß das Laserwarnschild (Bild 7.2a) angebracht sein.

Eine besondere Kennzeichnung wird bei eingebauten Lasern gefordert, die durch eine Abdeckung zugänglich werden. Die Abdeckung muß ein Hinweisschild nach Bild 7.2d tragen; außerdem sind die Hinweisschilder der jeweiligen Laserklasse anzubringen. Das dreieckige Warnschild kann entfallen, da in geschlossener Abdeckung noch keine Gefahr besteht. Sind die Sicherheitsverriegelungen überbrückbar und wird dadurch Strahlung oberhalb der Klasse 1 zugänglich, so müssen Schilder nach Bild 7.2d an der Austrittsöfnung angebracht werden. Zusätzlich muß ein Hinweisschild für die jeweilige Laserklasse vorhanden sein.

| Austrittsöffnung für Laserstrahlung | oder | Bestrahlung vermeiden Austritt von Laserstrahlen |

Bild 7.2c. Beschriftung der Hinweisschilder für Austrittsöffnungen bei Lasern der Klasse 3B und 4. An jedem Laser (außer Klasse 1) muß ein weiteres Hinweisschild mit folgenden Angaben vorhanden sein: maximale Ausgangswerte, Wellenlängen und eventuell Pulsdauer.

Vorsicht
Laserstrahlung, wenn Abdeckung geöffnet

zusätzlich:

Klasse 2:

Nicht in den Strahl blicken

Klasse 3A:

Nicht in den Strahl blicken auch nicht mit optischen Instrumenten

Klasse 3B:

Nicht dem Strahl aussetzen

Klasse 4:

Bestrahlung von Auge oder Haut durch direkte oder Streustrahlung vermeiden

Bild 7.2d. Hinweisschilder für abnehmbare Abdeckungen an Lasern

7.2.4 Messungen zu den Laserklassen

Zur Klassifizierunng von Lasergeräten sind Messungen der Kenngrößen der Strahlung durchzuführen. Messungen sind nicht notwendig, wenn man aufgrund der physikalischen Eigenschaften und Begrenzungen der Laserquelle eine eindeutige Zuordnung feststellen kann. Die Messungen (oder Rechnungen) sind an den Stellen durchzuführen, die zu den höchsten Werten führen.

In der Festlegung der Laserklassen nach DIN VDE 0837 werden unterschiedliche Größen benutzt, die genauen Meßvorschriften unterliegen. Messungen der Leistung (W) und Energie (J) der Laserstrahlung sind innerhalb einer Apertur von 80 mm Durchmesser durchzuführen. Dies bedeutet im Idealfall, daß vor einem großflächigen Detektor eine Meßblende mit diesem Durchmesser steht. In der Praxis können durch Verwendung einer Linse (8 cm Durchmesser) auch Detektoren mit kleinerem Durchmesser eingesetzt werden. Dadurch wird eine Mittelwertbildung über die die entsprechende Fläche erreicht und der Gebrauch von optischen Geräten simuliert, wie z.B. Fernrohre, welche eine Erhöhung der Leistungsdichte bewirken. In zukünftigen Normen wird eine Verringerung dieser Werte auf 50 mm angestrebt.

Bei Messungen der Bestrahlungsstärke E (Leistungsdichte in W/m^2) oder Bestrahlung H (Energiedichte in J/m^2) wird über eine Meßblende mit 7 mm Durchmesser ermittelt. Komplizierter ist die Untersuchung ausgedehnter Quellen im Spektralbereich von 400 bis 1400 nm, die durch den Begriff Strahldichte L ($W/m^2 sr$) oder des zeitlichen Integrals S ($J/m^2 sr$) charakterisiert werden. Die Messung geschieht durch einen Detektor mit einer 7 mm Meßblende; der Detektor muß die Strahlungsquelle, z. B. eine diffus streuende Fläche, unter dem effektiven Raumwinkel von 10^{-5} sr vermessen. Bei einer strahlenden Fläche von 10^{-5} m^2 = 10 mm^2 beträgt damit die Entfernung des Detektors 1 m; dies entspricht einem Öffnungswinkel von $3 \cdot 10^{-3}$ rad. Die Strahldichte wird aus der gemessenen Leistung (W), der Fläche der Meßblende ($3,5^2 \cdot \pi \cdot 10^{-6}$ m^2) und dem Raumwinkel (10^{-5} sr) gebildet. Die anderen Strahlungsmeßgrößen im Bereich von 400 bis 1400 nm müssen unter einem größeren Raumwinkel von $5 \cdot 10^{-4}$ sr ermittelt werden. Genauere findet sich in DIN VDE 0837.

8 Schutzbrillen und Filter

Bei der technischen Anwendung des Lasers muß der Arbeitsplatz, z.B. in der Fertigung, möglichst so aufgebaut sein, daß im Normalbetrieb keine Strahlung auf Personen treffen kann. Dennoch gibt es viele Bereiche, in denen auf einen persönlichen Strahlenschutz nicht verzichtet werden kann, insbesondere in der Forschung, Entwicklung, Erprobung, Justierung und Wartung von Lasergeräten. Zu den persönlichen Stutzausrüstungen gehören vor allem Laserschutzbrillen, aber bei Hochleistungslasern auch Hautschutz und Schutzkleidung. In diesem Kapitel sollen insbesondere Schutzbrillen behandelt werden. Man unterscheidet zwei Typen: Laserschutzbrillen (DIN 58215) und Justierbrillen (DIN 58219). Die Regeln für Laserbrillen gelten auch für Laserschutzfilter.

8.1 Laserschutzbrillen

Brillen für den Strahlenschutz sollen nur die Laserstrahlung absorbieren (oder reflektieren), nicht aber normales sichtbares Licht der Umgebungsstrahlung. Liegt die Laserwellenlänge im UV oder IR, so kann diese Forderung weitgehend erfüllt werden. Es gibt Filter, die im kurzwelligen oder langwelligen Bereich durchlässig sind, und das sichtbare Spektrum weitgehend unbeschränkt passieren lassen (Bild 3.10 und 3.11). Derartige Schutzbrillen existieren bespielsweise für CO_2-, Nd:YAG- und Eximerlaser. Die Gläser sind ungefärbt, und man hat nahezu normale Farbe und Helligkeit der Umgebung. Anders ist es bei Brillen im Sichtbaren; in diesem Spektralbereich sind die Filter farbig. Der Teil des Spektrums, im welchem die Laserwellenlänge liegt, wird absorbiert. Dies bedeutet, daß Brillengläser für rot strahlende Laser blau oder grün sind, bzw. umgekehrt. Die meisten Brillen sind mit Absorptionsfiltern versehen. Durch die Laserstrahlung wird das Filter erwärmt und kann bei hohen Leistungen thermisch zerstört werden.

Dieses Problem wird bei Reflexionsfiltern verringert, die aus einem System von Aufdampfschichten bestehen. Diese Filter ähneln in ihrer Funktion den Laserspiegeln, d.h. die Laserstrahlung wird reflektiert. Leider funktioniert eine derartige Anordnung nur für senkrechten

Einfall; bei Veränderung des Winkels steigt die Transmission. Nach den Normen (DIN 58215) muß die angegebene optische Dichte bis zu einem Einfallswinkel von 30⁰ garantiert werden. Diese Forderung ist für die Augensicherheit notwendig, sie ist allerdings bei den beschriebenen Interferenzschichten in der Praxis nicht einzuhalten. Daher werden diese Filter für Laserbrillen mit Absorptionsschichten kombiniert. Als Einwand gegen Reflexionsschichten wird erwähnt, daß der reflektierte Strahl andere Personen gefährden kann. Dieses ist erstens relativ unwahrscheinlich, und zweitens müssen nach den Unfallverhütungsvorschriften alle im Raum befindlichen Personen ebenfalls Laserschutzbrillen tragen.

8.1.1 Definition der Schutzstufen

Für den Umgang mit Filtern oder Brillen wurden Schutzstufen eingeführt. Diese orientieren sich zum einen an der optischen Dichte D des Filters, zum anderen an der maximalen Leistungs- bzw. Energiedichte, der das Filter oder die Brille ausgesetzt werden kann. Ist die Zerstörschwelle hoch genug, so ist die Schutzstufe L gleich der optischen Dichte D, die auf ganze Zahlen nach unten abgerundet wird:

$$L = D = - \lg T . \qquad (8.1)$$

Dabei ist die optische Dichte D durch den dekadischen Logarithmus des Transmissionsgrades T gegeben. Tabelle 8.1a zeigt den Zusammenhang zwischen der Transmission und der Schutzstufe. Um Verwechslungen mit anderen Brillen des Arbeitsschutzes zu vermeiden, werden Laserschutzbrillen mit dem Buchstaben L und Justierbrillen (Abschnitt 8.2) mit R gekennzeichnet. Zusätzlich wird noch ein A hinter die Schutzstufe gestellt, um die Brille von Modellen nach älterer Norm zu unterscheiden. Bespielsweise weist die Bezeichnung L 5 A auf eine Laserschutzbrille neuerer Norm mit der Schutzstufe, bzw. optischen Dichte von mindestens 5 hin.

Die beschriebene Bezeichnung der Schutzstufe L ist nur richtig, wenn die Brille oder das Filter auch für festgelegte Leistungs- bzw. Energiedichten ausgelegt ist. Mit zunehmender Schutzstufe N steigt die geforderte maximale Leistungsdichte (W/m^2) oder Energiedichte (J/m^2), welche die Brille oder das Filter standhalten muß. Die geforderten Grenzen hängen von der Wellenlänge ab; für Dauerstrichlaser wird die Leitungsdichte und für Impuls- bzw. Riesenimpulslaser die Energiedichte angegeben. Die erforderliche Schutzstufe L kann mittels Tabelle 8.1a festgestellt werden.

Tabelle 8.1a. Schutzstufe und minimaler Transmissionsgrad (bei bestimmter Wellenlänge)

Schutzstufe L	1A	2A	3A	4A	5A	6A	7A	8A	9A	10A
Opt. Dichte D	1	2	3	4	5	6	7	8	9	10
Transmission T	10^{-1}	10^{-2}	10^{-3}	10^{-4}	10^{-5}	10^{-6}	10^{-7}	10^{-8}	10^{-9}	10^{-10}

Tabelle 8.1b. Schutzstufen von Laserschutzbrillen oder -filtern. Es wird empfohlen, die Orginaltabellen der VBG 93 im Anhang zu benutzen.

Verwendung bis zu einer max. Bestrahlungsstärke E bzw. Bestrahlung H im Wellenlängenbereich:

Typ der Brille	200 bis 620 nm			620 bis 1050 nm			1050 bis 1400 nm			über 1400 nm		
	E W/m²	E W/m²	H J/m²	E W/m²	E W/m²	H J/m²	E W/m²	E W/m²	H J/m²	E W/m²	E W/m²	H J/m²
	Betriebsdauer(s)			Betriebsdauer(s)			Betriebsdauer(s)			Betriebsdauer(s)		
	>0,5	10^{-9} bis 0,5 <10^{-9}		>0,05	10^{-9} bis 0,05 <10^{-9}		>0,005	10^{-9} bis 0,005 <10^{-9}		>0,1	10^{-9} bis 0,1 <10^{-9}	
L 1A	0,1	$5\cdot 10^7$	0,05	1	$5\cdot 10^7$	0,05	10^2	$5\cdot 10^8$	0,5	10^4	10^{12}	10^3
L 2A	1	$5\cdot 10^8$	0,5	10	$5\cdot 10^8$	0,5	10^3	$5\cdot 10^9$	5	10^5	10^{13}	10^4
L 3A	10	$5\cdot 10^9$	5	10^2	$5\cdot 10^9$	5	10^4	$5\cdot 10^{10}$	50	10^6	10^{14}	10^5
L 4A	10^2	$5\cdot 10^{10}$	50	10^3	$5\cdot 10^{10}$	50	10^5	$5\cdot 10^{11}$	$5\cdot 10^2$	10^7	10^{15}	10^6
L 5A	10^3	$5\cdot 10^{11}$	$5\cdot 10^2$	10^4	$5\cdot 10^{11}$	$5\cdot 10^2$	10^6	$5\cdot 10^{12}$	$5\cdot 10^3$	10^8	10^{16}	10^7
L 6A	10^4	$5\cdot 10^{12}$	$5\cdot 10^3$	10^5	$5\cdot 10^{12}$	$5\cdot 10^3$	10^7	$5\cdot 10^{13}$	$5\cdot 10^4$	10^9	10^{17}	10^8
L 7A	10^5	$5\cdot 10^{13}$	$5\cdot 10^4$	10^6	$5\cdot 10^{13}$	$5\cdot 10^4$	10^8	$5\cdot 10^{14}$	$5\cdot 10^5$	10^{10}	10^{18}	10^9
L 8A	10^6	$5\cdot 10^{14}$	$5\cdot 10^5$	10^7	$5\cdot 10^{14}$	$5\cdot 10^5$	10^9	$5\cdot 10^{15}$	$5\cdot 10^6$	10^{11}	10^{19}	10^{10}
L 9A	10^7	$5\cdot 10^{15}$	$5\cdot 10^6$	10^8	$5\cdot 10^{15}$	$5\cdot 10^6$	10^{10}	$5\cdot 10^{16}$	$5\cdot 10^7$	10^{12}	10^{20}	10^{11}
L10A	10^8	$5\cdot 10^{16}$	$5\cdot 10^7$	10^9	$5\cdot 10^{16}$	$5\cdot 10^7$	10^{11}	$5\cdot 10^{17}$	$5\cdot 10^8$	10^{13}	10^{21}	10^{12}
L 11A	10^9	$5\cdot 10^{17}$	$5\cdot 10^8$	10^{10}	$5\cdot 10^{17}$	$5\cdot 10^8$	10^{12}	$5\cdot 10^{18}$	$5\cdot 10^9$	10^{14}	10^{22}	10^{13}

Es ist verständlich, daß bei einer Schutzbrille vermerkt werden muß, ob sie für Dauerstrich-, Impuls-, Riesenimpulsbetrieb oder für Modenkopplung zugelassen ist. Auf der Brille wird dies durch die Buchstaben D (Dauerstrich), I (Impuls), RI (Riesenimpuls) oder MI (Modenkopplung) vermerkt. Weiterhin muß die entsprechende Laser-Wellenlänge in nm angegeben werden. Zusätzlich wird für zugelassene Brillen das Zeichen 'DIN' hinzugefügt. Davor kann der Hersteller Kurzzeichen schreiben. Die komplette Klassifizierung einer Laserschutzbrille zeigt Tabelle 8.2.

Tabelle 8.2. Beispiel zur Klassifizierung von Laserschutzbrillen

```
          DI    1060      L 7A    ...    DIN   ...
          D     630-700   L 8A    ...    DIN   ...
```

Laserbetriebsart* ⟶↑
Wellenlänge (nm) ──────↑
Schutzstufe ──────────────↑
Evtl. Zeichen des Herstellers ────────↑
Evtl. Nationales Prüfzeichen ──────────────↑
Evtl. Zeichen f. mech. Festigkeit ──────────────↑

*)

Kennung	Laserbetriebsart
D	Dauerstrichlaser
I	Impulslaser
RI	Riesenimpulslaser
MI	Modengekoppelter Impulslaser

Oft ist die Brille für verschiedene Betriebsarten (D, I, RI, MI) zugelassen, wobei die jeweilige Schutzstufe unterschiedlich ist. Ebenso sind mehrere Wellenlängen möglich; für die normale (1064 nm) und frequenzverdoppelte (532 nm) Strahlung des Nd: YAG wird nur eine Brille benötigt.

Es folgen einige Beispiele für die Kennzeichnung von Brillen:
  D 300-525 L 7A XY DIN
  633 L 4A XY DIN
  I/RI 694 L 8A XY DIN
  D 1060 L 7A XY DIN .

8.1.2 Grenzwerte und Auswahl der Brille

Eine Laserschutzbrille muß so gewählt werden, daß die maximal zulässige Bestrahlung (MZB) unterschritten wird. Die MZB-Werte sind in Kapitel 6 beschrieben. Da sie sehr kompliziert sind, wurden in den Normen für Brillen (DIN 58215) Vereinfachungen vorgenommen. Diese sind in Bild 8.1 dargestellt. Es wird zwischen 4 Wellenlängenbereichen unterschieden (Tabelle 8.1b): 200 bis 620 nm, 620 bis 1050 nm, 1050 bis 1400 nm und 1400 nm bis 1 mm. In Bild 8.1 sind zum Vergleich die exakten Grenzwerte (VDE DIN 0837) aufgeführt.

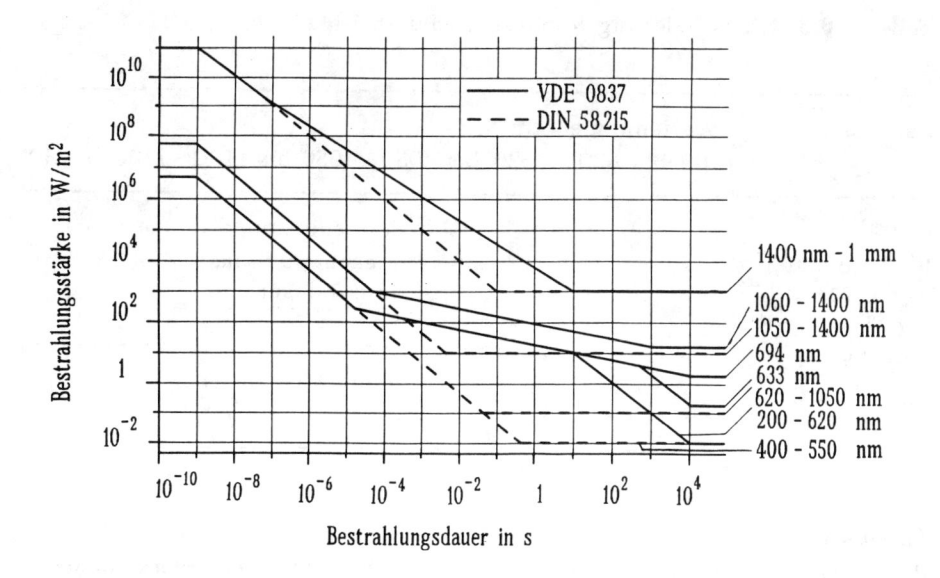

Bild 8.1. Zulässige Grenzwerte zur Berechnung von Laserschutzbrillen nach DIN 58215 (- - -). Zum Vergleich sind die genaueren MZB-Werte nach DIN VDE 0837 eingetragen (———).

Zur Bestimmung der Schutzstufe einer Brille wird Tabelle 8.1b herangezogen. (Benutzt man die genaueren MZB-Werte, so erhält man geringere Schutzstufen, was von der optischen Dichte her korrekt wäre. Man muß dann allerdings selbst sicherstellen, ob auch eine ausreichende Beständigkeit der Filter gegen Laserstrahlung gewährleistet ist.) Bei der Messung von E oder H im Spektralbereich zwischen 400 bis 1400 nm muß über eine Blende von 7 mm Durchmesser gemittelt werden. dies entspricht der maximalen Öffnung der Augenpupille.

Nach Tabelle 8.1a geht die Schutzstufe von L1A bis L11A; der entsprechende Transmissionsgrad variiert zwischen 10^{-1} und 10^{-11}. Zusätzlich muß die Brille oder das Filter auch die der Schutzstufe entsprechenden Leistungs- bzw. Energiedichte nach Tabelle 8.1b aushalten. Insbesondere im infaroten Sektralbereich dürfte es z.Zt. kaum möglich sein, Brillen mit sehr hoher Schutzstufe herzustellen. Dies liegt nicht an der erreichbaren optischen Dichte des Filters, sondern an den geforderten Leistungsdichten. Bespielsweise liegt gegenwärtig die Grenze für CO_2-Laser bei Schutzstufe L5A, die ohne Reflexionsfilter nicht überschritten wird.

Tabelle 8.3. Klassifizierung von Laserschutzbrillen

Zeit (s)	Wellenlänge (nm)			
	180 bis 620	620 bis 1050	1050 bis 1400	1400 bis 10^6
$< 10^{-9}$		MI = Modengekoppelte Laser		
10^{-9} bis 10^{-7}		RI = Riesenimpulslaser		
10^{-7} bis $5 \cdot 10^{-3}$		I = Impulslaser		
$5 \cdot 10^{-3}$ bis 0,05				
0,05 bis 0,1				
0,1 bis 0,5		D = Dauerstrichlaser		
$> 0,5$				

Pulslaser

Bei Laserschutzbrillen muß man nach DIN 58215 zwischen verschiedenen Betriebsarten des Lasers unterscheiden; Dauerstrich (D), Impuls (I), Riesenimpuls (RI) oder modengekoppelter Laser (MI). Die Unterteilung im Zusammenhang mit Schutzbrillen hängt von der Pulsdauer und Wellenlänge ab (Tabelle 8.3). Für modengekoppelte Laser werden gegenwärtig noch keine Schutzbrillen angeboten, da sie noch relativ selten und hauptsächlich in der Forschung eingesetzt werden.

Pulsfolgen

Bei Pulsen mit Wiederholfrequenzen über 1 s^{-1} ist für Strahlung mit Wellenlängen zwischen 400 und 1400 nm zu berücksichtigen, daß sich die Wirkung einzelner Pulse addieren kann. Zur Ermittlung der Schutzbrille kann auf die die ausführliche Berechnung der MZB-Werte für Pulsfolgen in Abschnitt 5.4 zurückgegriffen werden. Nach DIN 58215 kann auch vereinfacht vorgegangen werden:

Bei Pulsfolgen mit Pulsdauer < 10 µs reduziert man im Bereich 400 bis 1400 nm zulässige Grenzwerte um den Faktor 0.06. Man benutzt also den in Abschnitt 6.4.2 zitierten ungünstigsten Fall (Bild 6.6; Gleichung 6.4). In den Berechnungen und Tabellen wird statt der Bestrahlung H für für den Einzelpuls der etwa 17fach höhere Wert H' verwendet.

$$H' = H/0.06 = 17 H. \qquad (8.2)$$

Für Pulsdauern über 10 µs wird das Verfahren im folgenden Absatz mit zusammengefaßt.

Zusammenfassung

Im folgenden wird der Vorgang zur Bestimmung einer Laserbrille zusammengefaßt:

1. Dauerstrichlaser:
Für Dauerstrichlaser wird die Bestrahlungsstärke E (W/m^2) ermittelt. In Tabelle 8.1b wird die Spalte mit dem entsprechenden Wellenlängenbereich aufgesucht und die Schutzstufe entnommen.

2. Laserpulse:
Für einzelne Laserpulse (und für Pulsfolgen mit Wiederholfrequenzen $< 1\ s^{-1}$) wird die auftretende Bestrahlung H (J/m^2) ermittelt und in Tabelle 8.1b die Schutzstufe abgelesen.

3. Pulsfolgen:
Für Pulsfolgen mit Wiederholfrequenzen $> 1\ s^{-1}$ geht man wie folgt vor:
3.1. Die Bestrahlung H für den einzelnen Puls ist nach Punkt 2 zu bestimmen und die Schutzstufe abzulesen.
3.2a. Für Strahlung zwischen 400 nm und 1400 nm mit Pulslängen unter 10 µs wird die Bestrahlung H des einzelnen Pulses durch H' = H/0,06 = 17 H ersetzt. Dafür wird nach Tabelle 8.1 b die Schutzstufe ermittelt.
3.2b. Für Strahlung zwischen 400 und 1400 nm mit Pulslängen über 10 µs wird die Gesamtzahl n der Pulse ermittelt. Die Bestrahlung H des einzelnen Pulses wird mit $n^{0,25}$ multipliziert: H' = H $n^{0,25}$. Mit diesem Wert wird in Tabelle 8.1b die Schutzstufe festgestellt.
3.3. Für die Pulsfolge wird die mittlere Bestrahlungsstärke E_m ermittelt, die sich aus der Bestrahlung H und der Pulsfrequenz N ergibt (E_m = H N). Mit diesem Wert wird in Tabelle 8.1b die Schutzstufe bestimmt.
3.4. Der höchste Wert aus 3.1, 3.2 und 3.3 ist die Schutzstufe.

Für modengekoppelte Laser, die in der Technik seltener als in der Wissenschaft eingesetzt werden, gelten Bestrahlungsdauern $< 10^{-9}$ s in Tabelle 8.1b. Zur Berechnung der Leistungsdichte muß die jeweilige Spitzenleistung der Pulse eingesetzt werden.

8.1.3 Beispiele zur Berechnung von Brillen

Einzelpulse

(1) Als erstes Beispiel soll eine Laserschutzbrille für einen Argonlaser mit 5 W und einem Strahldurchmesser von 1 mm berechnet werden.

Lösung: Als Leistungsdichte erhält man $E = 1{,}3 \cdot 10^5$ W/m², wobei eine Fläche von 7 mm Durchmesser berücksichtigt wurde. Bei einer Wellenlänge von etwa 500 nm erhält man aus Tabelle 8.1b für Bestrahlungszeiten über 0,5 s die Schutzstufe L 8A.

(2) Ein KrF-Laser (0.248 µm, Pulsenergie 1,5 J, Pulsdauer 10 ns, Pulsfolgefrequenz 1 Hz, Strahldurchmesser 1 cm) soll justiert werden. Welche Brille liefert vollständigen Schutz?

Lösung: Die Bestrahlung errechnet sich zu $H = Q/A = 4 \cdot 1{,}5/(\pi \cdot 10^{-4})$ J/m² $= 1{,}9 \cdot 10^4$ J/m². Nach Tabelle 8.1b erhält die Schutzstufe L 7A.

(3) Man berechne die gleiche Aufgabe für einen ArF-Laser (0,193 µm).

Lösung: Gegenwärtig werden von 0,18 bis 0,2 µm die gleichen Grenzwerte benutzt wie im Bereich 0,2 bis 0.62 µm. Man erhält das Ergebnis von Aufgabe (2).

(4) Ein 10-J-Nd:YAG-Laser (1.06 µm) strahlt Einzelpulse (punktförmig) auf eine Fläche, die diffus streut. Es soll eine Brille gewählt werden, die einen Schutz bis zu 0,5 m Entfernung liefert.

Lösung: Für diffuse Streuung gilt analog zu Gleichung 3.5 : $H = Q \cos\varepsilon / \pi r^2$. Unter $\varepsilon = 0°$ erhält man für $r = 0{,}5$ m: $H = 10/(\pi \cdot 0{,}25)$ J/m² ≈ 13 J/m². Mit Tabelle 6.1b erhält man für die Brille L 3A.

Justierbrille

(5) Für einen 4-W-Kryptonlaser (647 nm) von 2 mm Durchmesser soll eine Justierbrille gewählt werden (siehe Abschnitt 8.3).

Lösung: Aus Tabelle 8.4 erhält man die Schutzstufe R 4 mit einer optischen Dichte zwischen 4 und 5. Damit können maximal 0,4 bis 0.04 mW ins Auge treten. Für eine Dauerbestrahlung ist das zu viel, so daß hier der Lidschlußreflex schützen muß.

(6) Aufgabe (5) soll für eine Laserschutzbrille berechnet werden. Wie ändert sich die Schutzstufe, wenn der Kr-Laser auch bei 531 nm strahlt?

Lösung: Für die Berechnung der Leistungsdichte muß über einen Blendendurchmesser von 7 mm gemittelt werden: $E = 1.04 \cdot 10^5$ W/m². Mit Tabelle 6.1b erhält man zwischen 620 bis 1050 nm die Schutzstufe L 7A. Für den Bereich unterhalb von 620 nm muß die Schutzstufe L 8A betragen. (Treten die Wellenlängen von 647 und 531 nm gleichzeitig auf, sind zwei unterschiedliche Filter notwendig.)

Pulsfolgen
(7) Ein Nd:YAG-Laser im Q-switch-Betrieb hat einen Strahlradius von 2 mm, eine Pulsbreite von 100 ns und eine Pulsfolgefrequenz von 1 kHz. Die Spitzenleistung beträg 15 kW. Es ist die Schutzbrille für 1060 nm auszuwählen.

Lösung: a) Die Pulsenergie beträgt $Q = 15$ kW $\cdot$ 100 ns $= 1,5$ mJ. Die Bestrahlung muß über eine Fläche von 7 mm Durchmesser gemittelt werden: $H = 39$ J/m². Aus Tabelle 6.1b erhält man die Schutzstufe L 3A. Dieser Wert ist nicht anwendbar, da für Pulsdauern < 10 µs nach Gleichung 8.3 die Bestrahlung durch 0.06 zu dividieren ist, d.h. $H' = 650$ J/m². Dies ergibt eine Schutzstufe L 5A.
b) Als weitere Rechnung muß die mittlere Bestrahlungsstärke ermittelt werden. Bei einer mittleren Leistung von 1,5 mJ $\cdot$ 1 kHz = 1,5 W erhält man $3,9 \cdot 10^4$ W/m² und die Schutzstufe L 4A. Es muß der höchere Wert L 5A angewendet werden.

(8) Ein Excimer-Laser liefert Pulse mit 0,2 J bei Widerholfrequenzen von 25 Hz. Die mittlere Leistung liegt demnach bei 25 Hz $\cdot$ 0,2 J = 5 W. Der Strahlquerschnitt beträgt 2 cm².

Lösung: Für einen einzelnen Puls erhält man im UV: $H = 10^3$ J/m². Die mittlere Bestrahlungsstärke beträgt $2,5 \cdot 10^4$ W/m². Für den ersten Fall erhält man L 6A, für den zweiten L 7A. Es muß eine Schutzbrille mit dem höheren Wert eingesetzt werden.

8.1.4 Brillenfassungen

Auch die Brillenfassungen (Tragekörper) sind für den Augenschutz wichtig. Die Prüfbedingungen bezüglich Leistungs- und Energiedichte, die für die Schutzgläser festgelegt sind, gelten auch für die Gestelle. Die Schutzstufen L 1 bis L 11 haben auch für die Brillenfassungen Bedeutung (wobei natürlich der Begriff 'Transparenz' entfällt). Das einer bestimmten Schutzstufe zugeordnete Brillengestell muß die gleiche Leistungs- und Energiedichte aushalten wie die Gläser. Nur auf den ersten Blick wirkt es etwas merkwürdig, wenn die Schutzstufe eines Gestells mit der Wellenlänge variiert, z.B. L 7 im Ultravioletten und L 3 im Infraroten. Dies liegt am Absorptionsverhalten des Materials. Die Schutzstufe ist auch verschieden für kontinuierlichen und Pulsbetrieb, da beide Betriebsarten unterschiedlich thermisch auf das Material wirken.

Zur Vermeidung von Unfällen und Verwechslungen sind Brillen mit auswechselbaren Gläsern nicht zugelassen. Es reicht daher, wenn der Schutz des Systems auf dem Brillenglas angegeben ist.

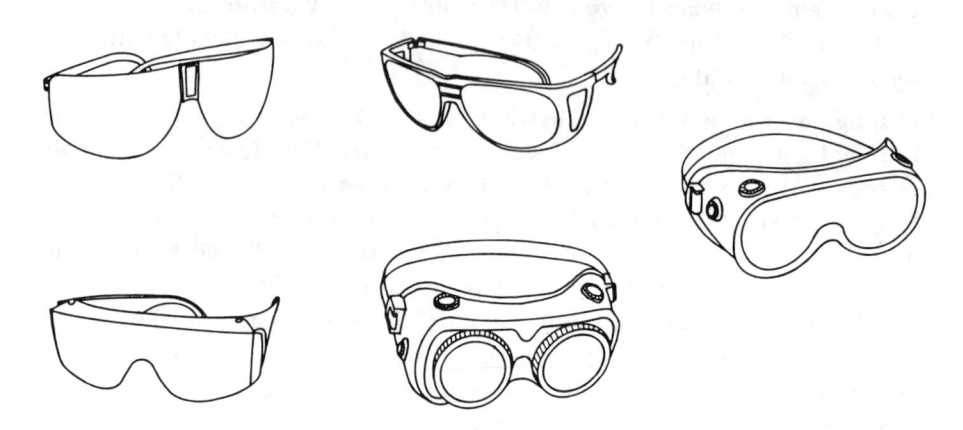

Bild 8.2. Verschiedene Fassungen für Laserschutzbrillen

Die wichtigsten Brillenfassungen sind die sogenannte 'Korbbrille' und die 'Bügelbrille' (Bild 8.2). Bei manchen Herstellern sind für die beiden Modelle die Schutzstufen im sichtbaren Bereich gleich. Für Brillenträger und Nichtbrillenträger empfiehlt sich die Korbbrille, die sich auch über normale Brillen ziehen läßt. Man sollte ein Modell mit möglichst großen Filtergläsern wählen, damit das Gesichtsfeld nicht zu sehr eingeengt wird. Häufig werden die handlicheren Bügelbrillen gewählt, die einer normalen Sonnenbrille mit zusätzlichem Seitenschutz ähneln. Allerdings ist ein Eindringen von Strahlung von der Seite oder von hinten nicht völlig ausgeschlossen.

8.1.5 Anforderungen

Laserbrillen und Schutzfilter müssen den Leistungs- und Energiedichten standhalten, die in Tabelle 8.1 b festgelegt sind. Die Normen DIN 58215 (Laserschutzbrillen) und DIN 58219 (Justierbrillen) sehen dafür Mindestzeiten von 10s oder 100 Laserpulse bei langsam gepulsten Lasern vor, Laserschutzbrillen, welche nur die optische Dichte angeben, sind nicht zulässig.

Bei höheren Leistungsdichten werden die Laserbrillen zerstört, meist durch thermische Effekte. Die Filter schmelzen oder zerspringen, Kunststoffilter können auch entflammen. Bei laminierten Filtern können sich im Inneren Gase bilden, durch deren Druck das Filter zerspringt und möglicherweise das Auge beschädigt. Bei Pulslasern treten auch nichtlineare optische Effekte auf, die mit mechanischen Druckwellen verbunden sind. Gewöhnliche Brillen können bei Bestrahlung mit intensiven Lasern ebenfalls zerstört werden und zur Beschädigung des Auges führen.

8.2 Sichtfenster

Bei kleineren Lasergeräten ist es relativ einfach, das gesamte System abzuschirmen, so daß keine Strahlung nach außen tritt. Es ist jedoch sinnvoll, Sichtfenster einzubauen, um den ablaufenden Vorgang zu beobachten. Für die Filter der Sichtfenster und der Laserschutzbrillen gelten die gleichen Vorschriften (DIN 58215) hinsichtlich Berechnung, Auslegung und Anforderung.

Bei großen Roboteranlagen sind die Abschirmungen relativ aufwendig. Dabei kann unterschieden werden, ob das Werkstück mehr punktförmig, wie z.B. beim Schweißen, oder flächenhaft, wie z.B. bei Härten bestrahlt, wird. Wichtig ist die Beleuchtungsstärke oder bei Pulslasern die Bestrahlung am Ort des Sichtfensters. Die weiteren Regeln zur Ermittlung der Schutzstufe von Filtern sind in Abschnitt 8.1.2 dargestellt.

Weitere Normen für die Abschirmungen gibt es bisher nicht. Viele Hersteller bemühen sich, Systeme zu entwickeln, die den allgemeinen Anforderungen des Laser-Strahlenschutzes genügen. Neben völlig geschlossenen Systemen an automatischen Maschinen werden auch flexible Lösungen in Art von Vorhängen oder Wänden eingesetzt. Für den CO_2-Laser eignet sich Polykarbonat oder Verbundglas, welches für normales Licht durchsichtig ist.

8.3 Laserjustierbrillen

Im sichtbaren Spektralbereich mit Wellenlängen zwischen 400 und 700 nm wurden für das Arbeiten an Lasern bis zu 100 W Justierbrillen eingeführt, die in DIN 58219 beschrieben werden. Der Laserstrahl ist mit diesen Brillen noch gut sichtbar, was Justier-, Entwicklungs- und Wartungsarbeiten erleichtert. Die Laserjustierbrillen sind so konzipiert, daß sie die Leistung der Strahlung auf die der Klasse 2 reduzieren. Dies bedeutet, daß mit Abwehrreaktionen und dem Lidschlußreflex (von 0,25 s Dauer) gerechnet wird, falls die Strahlung ins Auge trifft. Die maximale Laserleistung, die durch das Filter der Brille treten darf, beträgt 1 mW. Laserjustierbrillen werden in Schutzstufen R2 bis R4 eingeteilt, die auf R5 erweitert werden sollen. Die Auswahl der Brille erfolgt nach Tabelle 8.4; es wird die maximale Leistung der Laserstrahlung ermittelt und die Schutzstufe abgelesen.

Es ist folgende Kennzeichnung vorgesehen: sie besteht aus dem Wort 'Justierbrille', Kennbuchstaben des Herstellers, der Wellenlänge in nm, dem Prüfzeichen 'DIN' und der maximalen Laserleistung. Beispiele bei speziellen Wellenlängen des Argon-, He-Ne- und Kryptonlasers sind

    Justierbrille XX 515 DIN 10 W (Schutzstufe R 4)
    Justierbrille YY 633 DIN 0,1 W (Schutzstufe R 2)
    Justierbrille Z   647 DIN 1 W (Schutzstufe R 3).

Entsprechend Tabelle 8.4 benötigt ein Argonlaser (514 nm) mit 2 W die Schutzstufe R 4 und ein He-Ne-Laser (633 nm) mit 60 mW die Stufe R 2.

Tabelle 8.4. Klassifizierung von Laser-Justierbrillen
            *Normen in Vorbereitung

Schutzstufe	Maximale Laserleistung	Transmission	Optische Dichte
R1*	0,01 W	10^{-1} bis 10^{-2}	1 bis 2
R2	0,1 W	10^{-2} bis 10^{-3}	2 bis 3
R3	1 W	10^{-3} bis 10^{-4}	3 bis 4
R4	10 W	10^{-4} bis 10^{-5}	4 bis 5
R5*	100 W	10^{-5} bis 10^{-6}	5 bis 6

9 Maßnahmen zum Strahlenschutz

9.1 Apparative Maßnahmen

Beim Kauf eines Lasergerätes sollte darauf geachtet werden, daß die zu der Laserklasse gehörenden apparativen Schutzmaßnahmen vorhanden sind. Es empfiehlt sich, ein Produkt mit dem GS-Zeichen (Geprüfte Sicherheit) einer Prüfstelle zu erwerben. Maßnahmen zum Laserstrahlenschutz sind in DIN VDE 0837 und in VBG 93 aufgeführt, die in Abschnitt 10.2 abgedruckt ist.

9.1.1 Betrieb von Lasergeräten

Im folgenden sollen einige apparative Schutzmaßnahmen aufgeführt werden (siehe auch Tabelle 9.1):

- Laser der Klasse 2 bis 4 müssen gegen ein unbeabsichtigtes Strahlen jederzeit gesichert sein. Ein versehentliches Einschalten ist zu verhindern. Handstücke, an denen der Strahl austritt, müssen mit einem Zustimmungsschalter versehen sein. Das unbeabsichtigte Schalten durch Störpulse darf nicht auftreten. Bei Abschalten des Lasers sind die Kondensatoren der Netzgeräte zu entladen.
- Es sind elektrische Verriegelungen von Bedienungs- und Wartungsklappe vorzusehen, die den Laser beim Öffnen abschalten, sowie Schlüsselschalter zum Einschalten. Ferner ist ein Anschluß für fernbediente Verriegelungen und für Warneinrichtungen notwendig.
- Beim Ausfall von Strahlablenkern (Scannern) muß dies angezeigt werden. Wenn sich dadurch eine Gefährdung ergibt, muß der Laser abgeschaltet werden.
- Bei hoher Gefährdung sind die Sicherheitssysteme redundant anzulegen, und der Ausfall der Redundanz muß angezeigt werden.
- Die Strahlung soll soweit wie möglich abgeschirmt werden. Dazu dienen Schutzgehäuse mit Verriegelungen, Strahlführungselemente wie Rohrleitungen mit Gelenkoptiken oder geschützte Lichtleitfasern, Strahlfänger oder -abschwächer.
- Vorhersehbare Störungen, wie Federbruch oder Lockerung von Schrauben, dürfen nicht zu einer Gefährdung führen.
- Am Ende eines Strahlweges sind geeignete Strahlfänger, z. B. in Form von Hohlraumabsorbern vorzusehen. Bei hohen Leistungen muß eine Wasserkühlung vorhanden sein. Zur Verringerung der

Tabelle 9.1. Zusammenstellung einiger Sicherheitsmaßnahmen für verschiedene Laserklassen

Sicherheitsmaßnahmen	Laserklasse 1 2 3A 3B 4
Gerätetechnik	
Schutzgehäuse	in allen Klassen notwendig
Schlüsselschalter	notwendig
Strahlwarnung	optische oder akustische Anzeige
Abschwächer	möglichst Klasse 1 oder 2 erreichen
Bedienungselemente	möglichst weit vom Strahl entfernt
Beobachtungsoptik	Laserschutzfilter einbauen
Scanner-Überwachung	bei möglicher Überschreitung der MZB
Opt. Schutzeinrichtung	Strahlung auf Zielgebiet beschränken
Strahlaustritt	kennzeichnen
Laserschilder	Gefahrenklasse angeben
Medizinlaser	Kallibrierung notwendig
Zielstrahl	notwendig
Bau und Installationen	
Wände, Decken, Böden	matt, hell, diffus, feuerfest
Sichtenster, -wände	hohe Absorption, "
Laserbereich	kennzeichnen, Zugang beschränken
Anzeige 'Laserbetrieb'	beleuchtet, an Zugängen
Warnzeichen	notwendig
Installationen	Not-Aus-Schalter, regelbare Bel.
Strahlweg	Auffänger am Strahlende
Organisation	
Laserschutzbeauftragter	schriftlich ernennen
Meldepflicht	Berufsgenossenschaft
Laserschutzbrillen	erforderlich, Raumbel. heller
Laserjustierbrillen	bei geringer Leistung möglich
Sensorkarten	an exponierten Stellen
Schutzkleidung	bei hoher Leistung
Zugangsbeschränkung	Warnleuchten, Verriegelung
Unterweisung	regelmäßig erforderlich
Handbücher	Anweisungen für den sicheren Betrieb

Leistungsdichte ist eine Strahlaufweiterung günstig. Bei schmelzenden Oberflächen, z.B. Steinen, kann eine gefährliche gerichtete Rückstreuung auftreten.
- Beim Einbau von Lasern in komplexe Anlagen müssen sicherheitstechnische Probleme berücksichtigt werden. Das Versagen von Steuerungsleitungen darf nicht zu einer Gefährdung führen.
- Beim Umbauen der Laser sind die allgemeinen Schutzmaßnahmen zu beachten. Möglicherweise muß die Klassifizierung überprüft werden.
- Optische Einrichtungen zur Beobachtung des Strahls oder der Auftrittfläche müssen so ausgelegt werden, daß die MZB-Werte nicht überschritten werden. Laserschutzfilter sind dementsprechend auszuwähen.
- Beim Justieren leistungsstarker Lasergeräte sollte ein schwächerer Justierlaser benutzt werden, möglichst der Klasse 1, 2 oder 3A.
- Bei Verwendung von Strahlaufweitern können schwache Lasergeräte der Klasse 3B in die Klasse 3A fallen. Auch der umgekehrte Fall ist bei Strahleinengung möglich. Bei Strahlaufweitung verringert sich die Divergenz der Strahlung, dies kann bei großen Entfernungen gefährlich werden.
- Bei Frequenzverdopplung oder- vervielfachung müssen entsprechende Schutzmaßnahmen ergriffen werden, z.B. Laserbrillen, für zwei oder mehrere Wellenlängen.
- Schutzschilder für Laser werden in Abschnitt 7.2.3 beschrieben.

9.1.2 Instandhaltung von Lasern

Die Inspektion, Wartung und Reparatur von Laseranlagen ist mit besonderen Gefahren verbunden:

- Es müssen vorübergehend Laserbereiche mit Zugangsbeschränkungen, Abschirmungen, Verriegelungen oder Vorhängen eingerichtet werden. Zusätzlich sind optische, beleuchtete Warn- und Schutzhinweise anzubringen mit Informationen über die Wartung, die Aufhebung von Verriegelungen und das Tragen von Schutzbrillen. Nach Beendigung der Arbeit sind sie zu entfernen oder abzuschalten, da dauernde Warnungen nicht lange beachtet werden.
- Die Laserklasse darf für die Arbeiten (Justieren, Auswechseln, Reinigen optischer Elemente) nicht unbeabsichtigt erhöht werden. Bei manchen Lasergeräten erhöht sich bei der Wartung und Inspektion die Laserklasse auf 3B oder 4. Als apparative Schutzmaßnahme

soll der Schlüsselschalter in diesem Fall eine weitere Position 'Wartung' aufweisen.
- Die Arbeiten an Lasergeräten sind, falls notwendig, außerhalb normaler Betriebszeiten durchzuführen.
- Die Wartungstechniker müssen von Laserschutzbeauftragten speziell geschult werden. Bei den Arbeiten sind Reflexe zu vermeiden und Werkzeug darf nicht in Strahlnähe liegen.

9.1.3 Bau und Installationen

Schutzmaßnahmen am Bau und an Installationen sind nur für Laser der Klassen 4 und teilweise 3B erforderlich. Da die Räume meist schon vorher vorhanden sind, erfolgt meist nur eine Nachrüstung.
- Das Gebäude soll massiv und das Material der Wände der Laserleistung entsprechend sein. Der Laserstrahl darf beim Versagen der Schutzeinrichtung nicht die Wände durchbohren, zumindest nicht in kurzer Zeit. Brennbare Stoffe sollen im Raum nicht vorhanden sein, auch nicht in benachbarten Räumen. Bei Lasern über 5 W oder 1 J ist bei üblichen Strahlquerschnitten auf erhöhte Brandgefahr zu achten. Fenster sind mit Platten zu verschließen, möglicherweise abnehmbar mit Sicherheitsschaltern. Besonders kritisch ist es, wenn sich der Strahl in Augenhöhe befindet.
- Der Laserbereich ist zu begrenzen, in welchem die MZB-Werte für das Auge überschritten werden (siehe Abschnitt 6.5.3). Insbesondere in Forschungslaboren kann dieser Bereich der gesamte Raum sein. Der Laserbereich kann durch Abschirmungen verkleinert werden.
- Die Zugänge zu Räumen mit Lasern sind zu kennzeichnen und bei der Klasse 4 mit Warnleuchten zu versehen. Der Zugang soll nicht bestrahlt werden können; möglich ist die Errichtung einer Schleuse, z.B. mit nichtbrennbaren Vorhängen. Es soll eine Zugangskontrolle erfolgen, jedoch muß für Notfälle ein Passieren in beiden Richtungen möglich sein.
- Es sind Warnschilder entsprechend den Vorschriften anzubringen (siehe Abschnitt 7.2.3).
- Wände und Decken sollen hell und diffus reflektierend sein. Dunkle Flächen absorbieren besser, verringern jedoch die Helligkeit im Raum. Dies kann zu Unfällen führen, insbesondere beim Tragen von Laserschutzbrillen, die auch die Helligkeit reduzieren. Da diffus streuende Flächen rau sind, gibt es Probleme in aseptischen Operationssälen. Wichtige Materialeigenschaften für den Laserstrahlenschutz sind der Reflexionskoeffizient und der Transmissionsgrad

(Bild 3.7 und 3.8). Glas reflektiert bei senkrechtem Einfall etwa 8%, bei flachem nahezu 100% (Bild 3.5).
- Innerhalb des Laserbereiches dürfen keine metallischen Installationen vorhanden sein. Streichen von Metallflächen reicht nicht, da die Farben dem Laserstrahl nicht standhalten. Dabei zu zu beachten, daß auch matte Flächen im IR spiegelnd wirken. Auch metallische Geräte dürfen nicht vom Laserstrahl getroffen werden.
- Der Laserstrahl sollte nicht in Augenhöhe verlaufen. Diese Sicherheitsmaßnahme ist in der Praxis selten erfüllbar, da die Augenhöhe zwischen 100 bis 170 cm liegt, sofern man die Sitzhöhe mit berücksichtigt.
- Für das Lasergerät sind deutlich sichtbare Not-Aus-Schalter an verschiedenen Stellen zu installieren. Andere Schalter verschiedener Art sind an Stellen anzubringen, an denen das Personal nicht von Laserstrahlung getroffen werden kann.
- Die Raumbeleuchtung soll hell sein, damit die Augenpupille eng bleibt. Die Transmissionsverluste von Laserschutzbrillen sollen ausgeglichen werden.

9.2 Organisatorische Schutzmaßnahmen

Der Unternehmer hat den Betrieb von Lasereinrichtungen der Klassen 3B und 4 der Berufsgenossenschaft und der für den Arbeitschutz zuständigen Behörde vor der ersten Betriebnahme anzuzeigen. Jugendliche dürfen in Laserbereichen mit Einrichtungen der Klasse 3A und 4 im allgemeinen nicht arbeiten, es sei denn über 16 Jahre unter Aufsicht eines Fachkundigen.

9.2.1 Strahlenschutzbeauftragter

Werden Laser der Klasse 3B oder 4 betrieben, so muß schriftlich ein Sachkundiger als Strahlenschutzberauftragter bestellt werden. Die Aufgaben des Beauftragten sind in der Unfallverhütungsvorschrift VGB 93 (siehe 10.2.1) spezifiziert: Überwachung des Betriebes der Lasereinrichtungen, Festlegung und Überwachung der Schutzmaßnahmen, Auswahl der Schutzausrüstungen, Untersuchung von Unfällen sowie die Zusammenarbeit mit Fachkräften für Arbeitssicherheit. Von Bedeutung sind auch Unterweisungen der Beschäftigten an Lasereinrichtungen und in Laserbereichen, die mindestens jährlich durchzuführen sind. Eine weitere Aufgabe ist die Festlegung und Abgrenzung des Laserbereiches, sowie die Zugangsregelung dazu (siehe Abschnitt

6.5.3). Falls kein Laserfachmann bestellt wird, empfiehlt es sich die Strahlenschutzbeauftragten in einem Kurs auszubilden. Es gibt Lehrgänge für den allgemeinen Einsatz von Lasern sowie für das Gesundheitswesen. Damit die Lehrgänge vom Fachausschuß Elektrotechnik (Zentralstelle für Unfallverhütung und Arbeitsmedizin des Hauptverbandes der gewerblichen Berufsgenossenschaften, Köln) anerkannt werden, müssen sie folgende Lehrinhalte aufweisen:

Nicht-medizinische Anwendungen:
Der Kurs muß die Teilnehmer in die Lage versetzen, die Aufgaben des Laserschutzbeauftragten nach § 6 Abs. 2 der Unfallverhütungsvorschrift "Laserstrahlung" (VBG 93) wahrzunehmen.

Der Kurs sollte folgende Themenbereiche beinhalten (Zeitanteile in Klammern):
- Theorie (1/3)
- praktische Anwendung (1/3)
- Lasersicherheit (1/3).

*Der Umfang für den Seminarblock "Lasersicherheit" sollte sechs Lehreinheiten umfassen. Als Mindestumfang für diesen Seminarblock werden vier Lehreinheiten für erforderlich angesehen.

Im Seminarblock "Lasersicherheit" sind folgende Lehrinhalte zu vermitteln:
- Gefährdung durch direkte, reflektierte oder gestreute Laserstrahlung
- Schädigung der Augen
- Schädigung der Haut
- Feuer und Explosionsgefahren
- Entflammbarkeit durch Laserstrahlung
- chemische Gefährdung (toxische)
- elektrische Gefährdung
- Laserklassen
- Sicherheitseinrichtungen, -Vorkehrungen und Warneinrichtungen
- Grenzwerte für ungefährliche Laserstrahlung
- Laserschutzbrillen
- Lasersicherheitsvorschriften
- Aufgaben und Pflichten des Laserschutzbeauftragten.

Als Arbeitsunterlagen müssen mindestens zur Verfügung stehen:
- Unfallverhütungsvorschrift "Laserstrahlung (VBG 93)"
- DIN VDE 0837 "Strahlungssicherheit von Lasereinrichtungen; Klassifizierung von Anlagen, Anforderungen, Benutzer-Richtlinien".

Einrichtungen des Gesundheitsdienstes:
Die Anforderungen sind nahezu identisch mit obigem Text. Abschnitt * ist zu ersetzten durch:
Als Mindestumfang für den Seminarblock "Lasersicherheit" werden 4 Lehreinheiten für erforderlich angesehen bei der Anwendung z.B. in Akupunktur, Kosmetik, Dermatologie, Augenheilkunde. Bei anderen Anwendungen, z.B. in Chirurgie, Endoskopie sind mindesten 6 Lehreinheiten erforderlich.

Als Arbeitsunterlagen muß zusätzlich die Medizingeräteverordnung (Med GV) zur Verfügung stehen.

9.2.2 Belehrung der Beschäftigten

Sicherheitsbelehrung
Für Personen, die Lasereinrichtungen der Klassen 2 bis 4 anwenden oder sich in Laserbereichen von Geräten der Klassen 3B bis 4 aufhalten, sind Unterweisungen zur Lasersicherheit durchzuführen, mindestens einmal im Jahr. Die Belehrung soll über die Gefahren, Sicherheitseinrichtungen und Schutzmaßnahmen informieren, um eine Schädigung der Mitarbeiter selbst und anderer Personen zu vermeiden. Die Unterweisungen sind schriftlich zu protokollieren. Wurden Veränderungen an einer Laseranlage durchgeführt, so ist danach eine Sicherheitsbelehrung durchzuführen. Die Unterweisung kann wie folgt strukturiert sein:
  - Eigenschaften der Laserstrahlung und Gefahren
  - Wirkung von Laserstrahlung auf das Auge
  - Maximal zulässige Strahlung
  - Sonstige Gefährdungsmöglichkeiten von Laserstrahlung
  - Schutzvorschriften und betriebliche Anweisungen
  - Arbeiten und Verhalten im Laserbereich
  - Schutzmaßnahmen- und vorrichtungen
  - Laserschutz- und Justierbrillen
  - Verhalten bei Unfällen.

Untersuchungen
Seit 1983 sind augenärztliche Untersuchungen von Beschäftigten an Lasern in den Unfallverhütungsvorschriften nicht mehr vorgesehen. Aus rechtmedizinischen Gründen kann vor und nach einer Tätigkeit mit Lasern der Klasse 3B und 4 eine ophthalmologische Untersuchung stattfinden.

9.2.3 Maßnahmen nach einem Unfall

Schäden an der Haut durch Laserstrahlung sind insbesondere Verbrennungen. Entsprechen der allgemeinen Unfallverhütungsvorschrift (VBG 109) "Erste Hilfe" besteht die Pflicht der ärztlichen Versorgung. Kritischer sind Verletzungen des Auges durch Laserunfälle. Besteht die Annahme, daß ein Augenschaden entstanden sind, so hat der Unternehmer dafür zu sorgen, daß der Betroffene unverzüglich einen Augenarzt vorgestellt wird. Der Arzt soll eine Fluoreszenzangiographie durchführen, in der Regel ist dies in Augenkliniken möglich, insbesondere an Universitäten.

Eine mögliche Schädigung am Auge macht sich durch starke Blendung, Leuchterscheinungen und Gesichtsfeldausfälle bemerkbar. Kleinere Verletzungen werden von Betroffenen im am Sehzentrum, dem gelben Fleck, festgestellt. Im Zentrum des Gesichtsfeldes sieht man einen unscharfen weißen Fleck, der sich nach einigen Wochen schwarz färbt. Insbesondere beim Betrachten einer weißen Fläche macht sich die Koagulationsspur als dunkles fadenförmiges Knäuel bemerkbar, das durch die schnelle Mikrobewegung des Auges erzeugt wurde. Außerhalb des Sehzentrums, werden kleine Schäden oft nicht bemerkt, da das Gehirn Defekte an der Retina kompensieren kann. Dies verleitet zu der falschen Aussage, daß leistungsarme He-Ne-Laser ungefährlich sind.

9.3 Strahlenschutz bei speziellen Anwendungen

9.3.1 Laser in Laboren

Die Anforderungen an den Laserstrahlenschutz sind in Forschungs- und Entwicklungslaboren und in anderen Bereichen der Lasertechnik verschieden. In den Laboren befinden sich Experimentieraufbauten, an denen meist Fachpersonal tätig ist. Im folgenden sollen einige Hinweise zum Strahlenschutz aufgezeigt werden:
- Es sind Laserbereiche zu kennzeichnen, meist ganze Räume. Beim Betrieb der Laser muß der Zugang eingeschränkt und Warnlampen eingeschaltet sein.
- Es sind beim Arbeiten Laserschutz- oder Justierbrillen zu tragen. Die eingeschränkte Transmission der Brille ist durch eine großzügige Raumbeleuchtung auszugleichen.

- Die Arbeitsplätze sollen aufgeräumt sein, Leitungen möglichst nach oben verlaufen, damit Stolpern vermieden wird. Beim Arbeiten im Dunkeln sollten keine Stühle im Wege stehen.
- Not-Aus-Schalter sollen sichtbar vorhanden sein, im Dunkeln sind sie zu beleuchten. Es brauchen nur die gefahrbringenden Einrichtungen abgeschaltet werden.
- Falls möglich, soll der Strahl nicht in Augenhöhe verlaufen.
- Optische Bauelemente dürfen sich nicht lose im Strahlengang befinden, damit sie sich beim Anstoßen nicht undefiniert verschieben können. Werkzeuge nicht in Strahlnähe liegen lassen.
- Es sollen geeignete Strahlfänger und Abschirmungen verwendet werden. Falls möglich, sind Strahlwege zu umschließen.
- Es sind die Maßnahmen nach den Abschnitten 9.1 und 9.2 zu beachten.

9.3.2 Materialbearbeitung

In diesem Abschnitt werden hauptsächlich Probleme der Streustrahlung und Abschirmung behandelt. Durch Vorrichtungen zur Absaugung von entstehenden Gasen und Aerosolen müssen die im Abschnitt 9.4.3 behandelten Grenzwerte eingehalten werden.

Laser für die Materialbearbeitung sind insbesondere: CO_2-Laser (10,6 µm, IR) bis zu 10 kW Leistung und mehr, Nd:YAG-Laser (1.06 µm, IR) bis zu 1 kW sowie Eximerlaser (0,19 bis 0,35 µm, UV) bis zu einigen

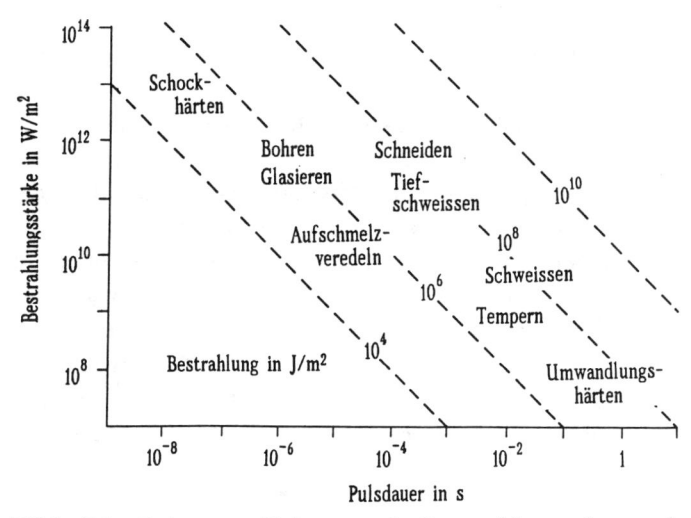

Bild 9.1. Leistungsdichte und Bestrahlungsdauer bei verschiedenen Prozessen der Materialbearbeitung

100 W. In der Mikromaterialbearbeitung werden auch andere schwächere Laser eingesetzt; der Strahlenschutz ist dementsprechend einfacher. Eine Übersicht über verschiedene Prozesse und Leistungsdichten bei der Materialbearbeitung zeigt Bild 9.1.

Streustrahlung
Die Intensität der Streustrahlung hängt vom Reflexionskoeffizienten ρ des bearbeiteten Materials ab. Für diffuse Streuung kann die Bestrahlungsstärke in der Entfernung r angegeben werden (Gleichung 3.6):

$$E = P\rho \cos \varepsilon / (r^2 \pi),$$

wobei P die Laserleistung ist und ε der Beobachtungswinkel zur Flächennormalen ist. Der Reflexionsgrad ρ für Metalle (Bild 3.3) und andere Stoffe (Bild 3.7) hängt stark von der Wellenlänge ab. Für die Strahlung des CO_2-Lasers liegt die Reflexion an Metallen bei über 90%, für die Nd:YAG-Strahlung etwas niedriger. Im UV bei den Wellenlängen des Eximerlasers beträgt ρ um 20%. Schmilzt das Material, so ändern sich die Werte. Treten Laserplasmen auf, so erhöht sich die Absorption auf nahezu 100% und die Reflexion wird dementsprechend gering. Geht man bei Berechnungen zur Lasersicherheit von ρ = 1 aus, so liegt man auf jeden Fall auf der sicheren Seite.

Ist die Streuung nicht diffus, sondern wird sie gleichmäßig in den Halbraum abgestrahlt, gilt statt obiger Beziehung die Gleichung (3.7):

$$E = P\rho / (2\pi r^2).$$

Für $\varepsilon = 60^0$ ($\cos 60^0 = 1/2$) liefern beide Berechnungen gleiche Werte.

In Tabelle 6.4 sind für einige Laser die Abstände berechnet, bei denen bei 100%iger Streuung die maximal zulässige Bestrahlung (MZB) herrscht. Will man dichter heran, so muß eine Abschirmung oder ein Schutzfilter eingesetzt werden. Besonders kritisch sind die Werte für den Bereich zwischen 400 bis 1400 nm, in welchem das Auge fokussiert. Bei Bestrahlung größerer Flächen wird als Grenzwert die Strahldichte L angegeben, Beispiele sind in Tabelle 6.5 dargestellt, ein Sicherheitsabstand existiert in diesem Fall nicht (Abschnitt 6.1.2).

Abschirmungen
Bei Bearbeitung ebener Werkstücke ist es relativ einfach, die Streustrahlung in der Nähe des Entstehungsortes abzuschirmen. Bei

CO_2-Lasern kann ein steuerbarer Quarzzylinder (Suprasil) den Bearbeitungskopf weitgehend umschließen. Das Glas ist undurchlässig für die CO_2- Strahlung, erlaubt aber eine Beobachtung des Bearbeitungsvorganges. Für Excimerlaser eignet sich bis 400 °C hitzebeständiges Tafelglas (Tempax 111 oder 121); dieses Material kann bei einer 90%igen Absorption auch für den Nd-Laser verwendet werden.

Für Bearbeitungssysteme in drei Dimensionen oder Laserroboter werden großflächige Abschirmungen mit Sichtfenstern eingesetzt, die für die Laserstrahlung undurchlässig sind. Bei der Auslegung muß auch berücksichtigt werden, daß beim Versagen des Steuersystems der Strahl direkt auf die Abschirmung oder das Fenster fallen könnte. Nichtdurchsichtige Schutzwände oder -schirme sollen aus diffus reflektierendem und brandhemmendem Material bestehen. Häufig sind jedoch zur Beobachtung, Beleuchtung oder aus anderen Gründen großflächige, durchsichtige Schirme oder Wande erwünscht. Die Anforderung an die Materialien sind: hohe Transparenz im Sichtbaren, geringe für die Laserstrahlung, thermische Belastbarkeit, nicht brennbar und lange Belastungszeiten vor dem Durchbrennen.

Für Abschirmungen an CO_2-Lasern bis zu 500 W wurde Acrylglas (6-8 mm dick) verwendet. Besser ist schwer entflammbares Plexiglas 215, welches auch im UV für Excimerlaser geeignet ist. Unterhalb von 370 nm ist der Transmnissionsgrad nur noch 10^{-4}. Andere Plexiglassorten sind bis zu 250 nm durchlässig (Bild 3.8). Für CO_2-Laser höherer Leistungen werden Polycarbonate wie Makrolon (Bayer AG) und Lexan (General Elestric) empfohlen. Die Materialien sind transparent und bis 135 °C belastbar, bei höheren Temperaturen entflammt sie, erlöschen aber nach Abschalten der Bestrahlung. Makrolon 3103 FBL eignet sich auch für Excimerlaser.

Für höhere Laserleistungen sind Kunststoffe nicht mehr geeignet. Für diesen Fall werden Verbundglasscheiben von 6,5 bis 8 mm Dicke zu empfohlen, z.B. Kinon-Kristall, welches kurzzeitig 80 °C aushalten kann. Derartige Scheiben eignen sich für den CO_2- und Excimerlaser (Bild 3.7). Normales Glas wird nicht verwendet, da es bei Bestrahlung mit dem direkten Strahl zerspringen kann. Weitere Gläser mit guten thermischen Eigenschaften sind: Tempax-Tafelglas und Pyran-Brandschutzglas von Schott. Diese Gläser sind durchlässig für die IR-Strahlung des Nd-Lasers (1.06 µm). Für diese Laser können Wärmeabsorptionsgläser, z.B. URO H9 der Deutschen Spezialglas AG, mit einer Dicke von 2 bis 3 mm verwendet werden. Die Absorption liegt um 98% bei 1,06 µm.

Roboter mit Laser

Roboter können den Laserstrahl in alle Raumrichtungen bewegen, und daher treten speizielle Sicherheitsprobleme auf. Im Normalfall ist es nicht besonders schwierig, einen ungefährdeten Betrieb zu erreichen. Es müssen jedoch Fehlfunktionen und Defekte mit einkalkuliert werden.

Es wird empfohlen, eine Einrichtung zur Überwachung des Streulichtes vorzunehmen. Fehlt das Streulicht, so bedeutet es, daß der Laserstrahl nicht auf ein Werkstück trifft. Der Laser muß dann abgeschaltet werden. Die Strahlführung für CO_2-Laser geschieht bisher mit optischen Spiegelgelenken, die des Nd-Lasers mit Lichtleitfasern. Beide Systeme sind Verschleiß unterworfen, und es kann zu einem Austritt des Strahles kommen. Dies ist zu verhindern. Besonders gefährlich sind Laserstrahlen in Augenhöhe.

Der Laserstrahl sollte bei der Materialbearbeitung auf die Zone der Bearbeitung fokussiert werden, um dann möglichst divergent auseinanderzulaufen. Dies erhöht die Sicherheit im Fall einer Fehlfunktion.

9.3.3 Lasertechnik in der Medizin

Die Medizin hat etwa 20% Anteil am gesamten Umsatz der Lasertechnik. Die Zahl unterschiedliche Lasertypen und ihre Ersatzbereiche in der Medizin nehmen ständig zu (Tabelle 1.4b). Dementsprechend steigt die Bedeutung für einen umfassenden Strahlenschutz.

Medizingeräteverordnung (MedGV)

Die Verordnung (MedGV) gilt für alle medizinischen Geräte, also auch für Laser. (Erläuterungen zur MedGV finden sich in den "Sicherheitsvorschriften für medizinisch-technische Geräte", Nöthlichs, M.) Nahezu alle medizinischen Lasersysteme fallen unter die Gruppe 1 der MedGV, welche die schärfsten Sicherheitsbestimmungen aufweist.

Die Medinzingeräteverordnung unterscheidet Pflichten des Betreibers und des Herstellers. Der Betreiber muß folgendes beachten:
- Es darf nur besonders ausgebildetes und eingewiesenes Personal mit Lasern arbeiten.
- Vor dem Einsatz ist die Funktionssicherheit des Lasers zu prüfen.
- Es muß ein Gerätebuch geführt werden.
- Die Gerätepflege hat nach der Gebrauchsanweisung zu erfolgen.
- Die sicherheitstechnischen Kontrollen sind regelmäßig durchzuführen.

- Gefährliche Mängel und daraus entstehende Unfälle sind meldepflichtig, damit Erfahrungen zur Unfallverhütung gesammelt werden.

Für den Hersteller gelten u.a. folgende Pflichten:
- Das Lasergerät muß eine Bauartenzulassung erhalten.
- Es sollen Warneinrichtungen für eine Fehldosierung vorhanden sein. Diese Forderung wird gegenwärtig noch nicht technisch realisiert. Daher muß der Betreiber zusätzlich vom Gerät unabhängige Verfahren für die Messung der Laserleistung einsetzen.

Unfallverhütungsvorschriften

Für alle Lasergeräte gilt die bereits häufig zitierte Unfallverhütungsvorschrift (VBG 93). Sie schreibt insbesondere vor:
- Die Inbetriebnahme eines Lasers der Klasse 3B und 4 muß der zuständigen Landesbehörde und Berufsgenossenschaft angezeigt werden.
- Der Betreiber muß einen Laserschutzbeauftragten schriftlich bestellen, wenn ein Laser dieser Klasse eingesetzt wird.
- Für Laser der Klasse 4 muß der Laserbetrieb durch Warnlampen angezeigt werden. Schutzmaßnahmen müssen getroffen werden, wenn die Bestrahlungsstärken oberhalb der maximal zulässigen Werte liegen.
- Es sind Schutzbrillen zu tragen.
- Es hat eine regelmäßige Unterweisung der Beschäftigten zu erfolgen, wenn Laser der Klasse 2 bis 4 eingesetzt werden.
- Es müssen gefährliche Reflexionen durch medizinische Instrumente vermieden werden.
- Schutzmaßnahmen gegen Brand und Explosionen sind zu treffen.
- Beim Einsatz optischer Instrumente müssen Schutzfilter eingebaut sein.

Einige Punkte sollen im folgenden genauer ausgeführt werden.

Schutzmaßnahmen

Folgende technische Schutzmaßnahmen können für die Lasersicherheit im Operationssaal getroffen werden:
- Verriegelung: Laser der Klasse 3B und 4 haben einen Anschluß, der mit 'Verriegelung' oder 'Interlock' bezeichnet wird. Es handelt sich um einen Stromkreis, der bei Unterbrechung den Laserstrahl abschaltet. An diesen Stromkreis können folgende Anordnungen angeschlossen werden: Schalter "Ein/Aus" mit Warnlampe zur Anzeige des Laserbetriebes oder Schalter "Not-Aus", Türkontakt zum Abschalten des Lasers bei unbefugten Öffnen der Tür des OP's oder Türkontakt zum Verriegeln der Tür (Not-Türöffner muß vor-

handen sein.) Es empfiehlt sich nicht, die Tür zur Grenze des Laserbereichs zu machen (Bild 9.2). In diesem Fall kann von einer Verriegelung der Tür abgesehen werden.
- Warnschilder und -lampen: Alle Türen zum Laserbereich müssen das bekannte dreieckige Laserschild tragen und ein Schild mit dem Schriftzug "Laserstrahlung". Weitere Angaben über die Laserklasse und der Hinweis "Laserschutzbrille tragen" sind erforderlich. Türen, die dem Publikumsverkehr zugänglich sind, müssen zusätzlich die Aufschrift "Betreten verboten" tragen. Über den Eingangstüren sind gelbe Laserwarnlampen mit dem schwarzen Schriftzug "Laser" vorgeschrieben. Eine Kombination mit dem 'Interlock' ist sinnvoll, so daß der Laser nur betrieben werden kann, wenn die Lampe brennt. Die Lampe muß auch ausgehen, wenn der Laser abeschaltet wird. Bei der Auswahl der Birnen sollte auf lange Lebendauer Wert gelegt werden, was entweder durch Leuchtstofflampen oder durch eine Verringerung der Betriebsspannung um 20% für Glühfadenlampen erreicht wird.
- Trennwände: Trennwände und Vorhänge dürfen von der Laserstrahlung nicht entzündet oder durchlöchert werden. Sie sollten der Strahlung mindestens 10s standhalten. Weiterhin sollten die Oberflächen von Wänden so beschaffen sein, daß keine gerichtete Reflexion auftritt.
- Stromversorgung: Lasergeräte haben oft eine hohe elektrische Leistung bis zu 10 kW und mehr, deshalb sind die elektrischen Sicherheitsvorschriften zu beachten. Die Stromversorgung kann mit dem Stromkreis für die Warnlampe kombiniert werden, so daß das Einschalten nicht vergessen werden kann.

Schutzausrüstung
- Laserschutzbrillen: Jeder, der am Laser arbeitet, sollte eine eigene Schutzbrille besitzen, die seinen Bedürfnissen angepaßt ist Die Auswahlkriterien für die Brille sind in Kapitel 8 aufgeführt
- Abdecktücher: Die Kleidung oder die OP-Tücher dürfen nicht durch die Laserstrahlung entzündet werden können. Gegenwärtig wird dies durch Befeuchten der Abdecktücher erreicht.
- OP-Besteck: Es sollte möglichst nicht reflektierendes OP-Besteck verwendet werden. Glatte spiegelnde Flächen sind zu vermeiden, stark gekrümmte Flächen führen zu einer divergenten Strahlaufweiterung. Geeignet sind streuenden Oberflächen größerer Rauhtiefe (4 µm für Nd:YAG-. 40 µm für CO_2-Laser). Bespielsweise haben sich Goldoberflächen für den CO_2-Laser bewährt. Die hohe Rautiefe erschwert die Sterilisierung, nach der sich die optischen Eigenschaften nicht verschlechtern sollen.

Brand- und Explosionsschutz
Für den Brand- und Explosionsschutz sind im Operationssaal alle brennbaren Materialien zu sichern, z.B. organische Lösungsmittel, wie sie auch zum Entfetten des OP-Feldes dienen, und alkoholhaltige Desinfektionslösungen. Viele Lösungsmittel entflammen erst, wenn sie als dünne Schicht vorliegen. Weitere brennbare Materialien sind OP-Abdecktücher, Tupfer, Tuben für die Narkose und andere Kunststoffartikel.

Ein Vorschlag zur Einteilung in Brennbarkeitsklassen zeigt Tabelle 9.2a und 9.2b. Unter Sauerstoffatmosphäre brennen Kunststoffe wesentlich leichter als in normaler Luft.

Tabelle 9.2a. Vorschlag zur Einführung von Klassen zur Brennbarkeit bei Laserbestrahlung (Laser-Medizin-Zentrum Berlin)

Klasse	Entzündungszeit	
1	keine Entzündung, jedoch Rauchentwicklung	
2	über 5 s	> Reaktionszeit
3	0,5 bis 5 s	> Reaktionszeit
4	0,1 bis 0,5 s	≈ Reaktionszeit
5	0 bis 0,1 s	< Reaktionszeit

Tabelle 9.2b. Brennbarkeit einiger Kunststoffe bei Bestrahlung mit einem Nd-YAG- und CO_2-Laser in Luft (L) und Sauerstoff (O_2) (Laser-Medizin-Zentrum Berlin)

Leistungsdichte	2500 W/cm²				5000 W/cm²				10 000 W/cm²			
Lasertyp	Nd:YAG		CO_2		Nd:YAG		CO_2		Nd:YAG		CO_2	
Atmosphäre	L	O_2	L	O_2	L	O_2	L	O_2	L	O_2	L	O_2
PVC/Polystyrol	–	5	1	4	2	5	1	4	3	5	1	4
Latex	4	5	1	4	4	5	1	4	4	5	1	4
Gummi	4	5	3	5	4	5	5	5	5	5	5	5
Silikon	4	5	5	5	4	5	5	5	4	5	5	5

Chemische Sicherheit

Eine toxische Gefährdung durch chemische Verbindungen kann durch das Lasermedium selbst, durch die verwendeten Materialien oder durch den medizinischen Einsatz auftreten. Bei älteren CO_2-Lasern kann im abgepumpten Gas giftiges CO auftreten. Eximerlaser werden mit Halogenen betrieben, beim Wechseln der Gasflaschen sind Gasmasken zu tragen, und es ist für eine gute Raumbelüftung zu sorgen. Bei Farbstofflasern werden oft toxische Lösungsmittel und Farbstoffe eingesetzt. Bei der Einwirkung von Laserstrahlen auf Gewebe treten an den Schnittkanten meist teerartige Zersetzungsprodukte sowie Rauchentwicklung auf. Abbrandprodukte, wie Nitrosamine und polyzyklische Kohlenwasserstoffe (Teer), beeinträchtigen nicht nur das Gesichtsfeld des Operateurs, sondern gefährden auch die Gesundheit von Personal und Patienten. Bei Bestrahlung von Kunststoffen entstehen Cyanwasserstoff sowie HCl und andere Verbindungen. Es wird geraten, geeignete Absaugsysteme einzusetzen, um die Arbeitsplatzbelastung gering zu halten.

Laserbereich

Tabelle 9.3 zeigt die Grenzwerte für einige wichtige medizinische Laser bei Wirkungszeiten von 1 s. Daraus kann man für das jeweils vorliegende Gerät den Laserbereich abschätzen. Meist ist es der gesamte Operationssaal. Eine Einengung des Bereiches durch Wände oder Vorhänge ist empfehlenswert. Es soll eine Eingangsschleuse nach Bild 9.2 vorgesehen werden, damit nicht die Tür die Grenze des Laserbereiches ist.

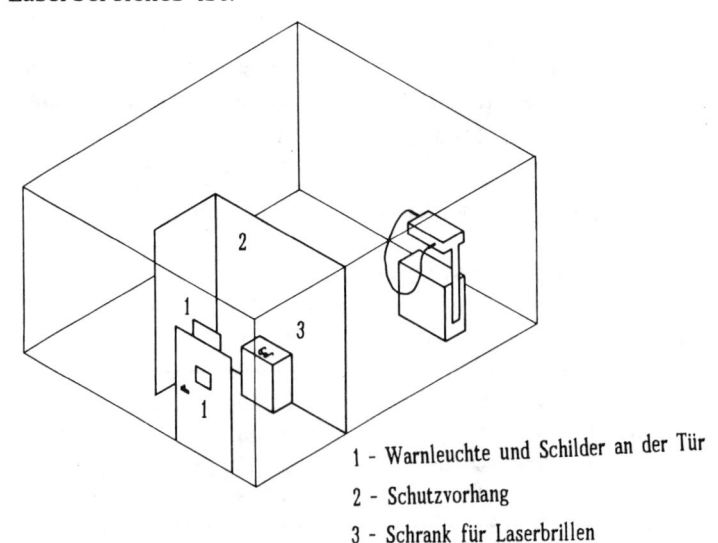

1 - Warnleuchte und Schilder an der Tür
2 - Schutzvorhang
3 - Schrank für Laserbrillen

Bild 9.2. Laserstrahlenschutz im Operationssaal (LMZ-Berlin)

Tabelle 9.3. Maximal zulässige Bestrahlung für einige medizinische Laser (Bestrahlungszeit 1 s)

Lasertyp	Wellenlänge (μm)	MZB für das Auge E (W/m^2)	MZB für die Haut E (W/m^2)
Ar$^+$	um 0,5	18	11 000
He-Ne	0,632	18	11 000
GaAs	0,9	46	11 000
Nd:YAG	1,06	90	11 000
CO$_2$	10,6	5600	5600

9.3.4 Laserstrahlenschutz in der Meßtechnik

Bei meßtechnischen Anwendungen über kurze Entfernungen, wie sie innerhalb von Maschinen und Geräten vorkommen, gibt es keine ernsthaften Probleme zum Strahlenschutz. Bei großen Entfernungen, auf Baustellen oder Tunnelarbeiten, kann dies anders sein. Meist werden Laser der Klassen 1, 2 oder 3A verwendet. Höhere Laserklassen 3B und 4 sind meldepflichtig.

Eine wichtige Sicherheitsmaßnahme zur Verringerung der Bestrahlungsstärke liegt in der Aufweitung des Strahles. Dabei ist jedoch zu beachten, daß dadurch die Strahldivergenz sinkt; dies kann zu einer Erhöhung der Gefährdung in großer Entfernung führen (siehe Aufgabe (1) und (2) in Abschnitt 6.5.2).

Geräte, welche die Strahlrichtung verändern, sollen so ausgelegt sein, daß die Pulsdauer beim Treffen des Auges und die Wiederholfrequenz eine Zuordnung in Klasse 1 ermöglichen (Abschnitt 6.4.2). Beim Auftreten von Defekten muß der Laser sofort abgeschaltet werden. Wird der Laserstrahl über große Entfernungen eingesetzt, so braucht ein Laserbereich nicht abgesichert werden. Es muß in jedem Fall eine Gefährdung ausgeschlossen werden. Werden die MZB-Werte in über 100 m Höhe überschritten, so muß die örtliche Flugsicherung benachrichtigt werden. Beim Lidar zur Messung der Bestandteile der Luft kann dies beispielsweise der Fall sein.

9.3.5 Informationstechnik

Laser setzen sich als Bauelemente in Systemen der Informations- und Kommunikationstechnik durch, z.B. im Laserdrucker und in Systemen der Nachrichtenübertragung mit Lichtleitfasern. Sie tauchen also zunehmend im Büro und privaten Bereich auf. Die Lasersicherheit spielt für den Verbraucher eine geringere Rolle, sofern er nicht in die Systeme eingreift. Dagegen müssen Wartungstechniker über die Regeln des Strahlenschutzes informiert werden.

Lichtwellenleiter
Besondere Verbreitung in der Informationstechnik finden Lichtwellenleiter mit Laserdioden. Die Laser besitzen typische Leistung mit 2 bis 10 mW um 850 nm. Arrays mit 100 bis 1000 integrierten monolithischen Lasern werden hauptsächlich in anderen Bereichen verwendet, z. B. zum Pumpen von Festkörperlasern. Da die Strahlung mit Winkeln von $20°$ bis $40°$ divergent ist, sinkt die Gefährdung stark mit der Entfernung ab. Betriebsfertig sind Lichtwellenleiter Systeme der Klasse 1. Im geöffneten Zustand oder beim Bruch können sie in die Klasse 3 A fallen, die Klasse 2 ist dem sichtbaren Bereich vorbehalten. Der Laserbereich am Faseraustritt ist relativ klein. Der Sicherheitsabstand kann aus Abschnitt 6.5.1 abgeschätzt werden.

9.3.6 Veranstaltungstechnik und Laser

Für Veranstaltungen mit Lichteffekten, z.B. Lasershows, werden zunehmend Laser der Klassen 3 und 4 hauptsächlich im Sichtbaren, seltener im UV eingesetzt. Zulässig sind Wellenlängen zwischen 380 und 780 nm. Es gelten die Unfallverhütungsvorschriften (VBG 93) sowie die Normen "Sicherheitstechnische Anforderungen für Bühnenlaser und Bühnenlaseranlagen" (DIN 56912). Zusätzlich gibt es verschiedene Informationsblätter (siehe Abschnitt 10.1.1).

Laserbereiche
Für Lasergeräte der Veranstaltungstechnik ist eine genaue Strahlenanalyse durchzuführen. Alle Bauelemente müssen Angaben enthalten, die eine Beurteilung des optischen Verhaltens zulassen. Es ist der Laserbereich abzugrenzen, in welchem die maximal zulässige Bestrahlung überschritten wird. Dieser Bereich wird um 1 m erweitert und als 'Bühnenlaserbereich' bezeichnet. Weiterhin wird ein 'Zuschauerbereich' definiert, der alle für Personen zugängliche Verkehrsflächen beinhaltet, einschließlich des darüberliegenden Raumes bis zu einer Höhe von 2,5 m. Der Bühnenlaserbereich darf nicht in den Zuschauerbereich eindringen, d.h. die MZB-Werte dürfen erst in 3,5 m überschritten werden.

Vereinfachte MZB-Werte

In den Normen für Bühnenlaser werden vereinfachte Werte für die maximal zulässige Bestrahlung (MZB) vorgeschlagen (Tabelle 9.4). Die Werte sind, insbesondere bei Bestrahlungen im Sekundenbereich, um 2 bis 3 Größenordnungen kleiner als die genauen MZB-Werte nach DIN VDE 0837, die ebenfalls verwendet werden dürfen. Auch für Pulsfolgen mit Frequenzen über 1 Hz sind die genauen MZB-Werte gültig (Kapitel 6). Man kann jedoch auch vereinfacht vorgehen:
- Für Pulsfolgen (f > 1 Hz) mit Pulsdauern zwischen 1 ns und 10 µs müssen die Werte nach Tabelle 9.4 mit dem Faktor 0,06 multipliziert werden.
- Für Pulsdauern zwischen 10 µs und 1 s ist die zulässige Bestrahlung H durch die Gesamtzahl der Pulse zu dividieren. Die Verkleinerung erfolgt nur so lange, bis die zulässige Bestrahlungsstärke E im Einzelpuls die Werte nach Tabelle 9.4 erreicht hat.
- Für alle Pulsfolgen ist die mittlere Bestrahlungsstärke zu berechnen; sie darf die Werte nach Tabelle 9.4 nicht überschreiten.

Tabelle 9.4. Maximal zulässige Grenzwerte am Auge, vereinfacht für Bühnenlaser nach DIN 56 912. Es können auch die weniger restriktiven Werte nach DIN VDE 0837 verwendet werden

Wellenlängen in nm	Zeit in s	Bestrahlung H in J/m^2	Zeit in s	Bestrahlungsstärke E in W/m^2
380 bis 620	10^{-9} bis 0,5	0,005	> 0,5	0,01
620 bis 780	10^{-9} bis 0,05	0,005	> 0,05	0,1

Bei Lasershows werden meist Krypton- und Argonlaser der Klasse 4 mit einigen Watt eingesetzt und mittels Laserscanner durch den Raum bewegt. Oft blickt der Zuschauer direkt in den Strahl. Die Abschwächung auf die maximal zulässige Bestrahlung wird dadurch erreicht, daß der Strahl aufgeweitet wird und durch die Bewegung nur kurzzeitig ins Auge fällt. Bei einem Strahl von 1 W mit 25 cm Durchmesser erreichen bei voll geöffneten Augen etwa 1 mW die Netzhaut. Liegt die Bestrahlungzeit kürzer als 0.25 s, so entspricht dies der Belastung durch einen Laser der Klasse 2; die MZB-Werte nach DIN VDE 0837 sind eingehalten. (Allerdings werden für dieses Beispiel die vereinfachten Grenzwerte nach Tabelle 9.4 (DIN 56 912) überschritten.)

Sicherheitseinrichtungen

Bühnenlaser müssen eine Sicherheitsabschaltung aufweisen, die den Strahl innerhalb von 50 ms unterbrechen kann. Eine Strahlüberwachung, möglichst nach dem letzten optischen Element, kontrolliert die richtige Funktion aller Ablenksysteme. Tritt eine Abweichung des Strahles von der vorgegebenen Richtung oder Leistung auf, wird die Sicherheitsabschaltung betätigt. Der Bühnenlaser muß standfest aufgestellt werden. In den vom Strahl getroffenen Bereichen darf keine unerwünschte Reflexion stattfinden. Auch bei dauernder Bestrahlung darf an beliebigen Auftreffpunkten im Raum die Temperatur von 80 °C nicht überschritten werden. Weitere Sicherheitsbestimmungen sind in Abschnitt 9.1 und 9.2 beschrieben.

9.3.7 Laser in Schulen

Die Unfallverhütungsvorschrift VBG 93 sieht keine Beschränkung für den Einsatz von Lasern im Bildungswesen vor; für schwache Laser unterhalb von 10 mW werden sogar Erleichterungen in den Sicherheitsmaßnahmen gewährt. Da eine Gefährdung durch die Schutzmaßnahmen der VGB 93 allein nicht ausgeschlossen ist, wurde die verschärfte Norm DIN 58 126 (Teil 6) "Sicherheitstechnische Anforderungen für Lehr-, Lern und Ausbildungsmittel: Laser" erlassen. Sie kann wie folgt zusammengefaßt werden:

- Laser der Klasse 1 sind unbeschränkt einsetzbar, da eine Gefährdung ausgeschlossen ist. Für kontinuierliche sichtbare Strahlung liegt die Leistungsgrenze bei 39 µW.
- Laser der Klasse 2 sind nur im Sichtbaren definiert; die maximale Leistung beträgt 1 mW. Sie sind nur eingeschränkt in Schulen zugelassen: die austretende Leistung darf normalerweise 0,2 mW nicht überschreiten. Laser der Klasse 2 müssen also eine Einrichtung aufweisen, die die Strahlleistung auf 0,2 mW begrenzt.
- Unter folgenden Bedingungen ist ein Betrieb zwischen 0,2 und 1 mW zulässig: Die Einrichtung zur Begrenzung auf 0,2 mW darf nur während der Betätigung eines Schaltelements durch den Benutzer unwirksam gemacht werden können und muß selbsttätig in die Ausgangsstellung zurückschalten. Diese Aussage ist so zu verstehen, daß der Lehrer durch das Festhalten eines Druckknopfes den Laser auf die Leistung zwischen 0,2 und 1 mW hochschalten kann. Für den Betrieb in diesem Bereich muß ein Leistungsmesser mit einer Meßblende von 7 mm Durchmesser zur Verfügung stehen. Die

Anzeige soll eine Entscheidung darüber ermöglichen, ob über 0,2 mW in die Eintrittspupille, als Modell des Auges, gelangen können.
- Die Laser in Schulen müssen folgende Merkmale aufweisen: Schlüsselschalter, Laserwarnschilder, Bezeichungen DIN 58 126-2 für Laser der Klasse 2, GS-Zeichen (=Geprüfte Sicherheit), ausführliche deutschsprachige Gebrauchsanweisung mit einem vorgeschriebenen Text über die Gefahren der Laserstrahlung u.a.
- In Schulen, in den mit Lasern gearbeitet wird, muß eine Lehrkraft als Laserschutzbeauftragter ernannt werden.

9.4 Sekundäre Gefahren

9.4.1 Elektrische Sicherheit

Zur Steuerung und Energieversorgung von Lasern dienen spezielle elektronische Geräte verschiedener Art. Die "VDE-Bestimmungen für die elektrische Sicherheit von Lasergeräten und -anlagen" sind in DIN 0836 festgelegt.

Große Gefahr geht von Netzgeräten und Lasern aus, die mit Hochspannung verknüpft sind. Netzgeräte für Pulslaser enthalten Kondensator-Batterien hoher Kapazität und Spannung. Beim "Explodieren" von Kondensatoren darf keine Gefährdung auftreten, auch dürfen keine Spannung zugänglich werden. Ähnliches gilt für die Pumpkammer. Bei Anregung von Lasern durch Hochfrequenzspannungen entsteht elektromagnetische Strahlung. Die Grenzwerte für die Störstrahlung sind in DIN VDE 0848 niedergelegt. Rundfunktechnische Auflagen entnimmt man DIN VDE 0871 oder DIN VDE 0875. Weiterhin ist darauf zu achten, daß Laser nicht durch äußere Störpulse zu unkontrollierten Reaktionen gebracht werden (DIN VDE 0843).

9.4.2 Sekundäre Strahlung

Optische Strahlung
Neben der Laserstrahlung kann beim Betrieb der Geräte auch intensive optische Strahlung durch die Pumplichtquellen auftreten. Bei der Materialbearbeitung, wie Laserschneiden oder -schweißen, entsteht durch die hohe Temperatur in der Wirkungszone intensives Licht, auch im UV. Diese Strahlung kann zu Schädigungen führen, und sie

soll daher weitgehend abgeschirmt werden. Bei der Materialbearbeitung mit Lasern können neben Laserschutzfiltern auch Schweißerschutzfilter (DIN 4647) eingesetzt werden. Die maximal zulässige Bestrahlung (MZB) hängt nicht davon ab, ob die Strahlung kohärent oder inkohärent ist.

UV-Strahlung
Besonders kritisch ist sekundäre UV-Strahlung. Dies liegt einerseits daran, daß die Grenzwerte niedrig sind. Zum anderen können auch sekundäre Wirkungen der UV-Strahlung auftreten. Unterhalb von 240 nm wird Ozon (O_3) erzeugt, welches giftig ist. Der Grenzwert wird mit 0,1 ppm angegeben, entsprechend einer maximalen Arbeitsplatzkonzentration von 0,2 mg/m^3. Ozon ist am Geruch erkennbar, so daß Schutzmaßnahmen vorgenommen werden können, z.B. Absaugen. Weiterhin kann UV unterhalb von 280 nm in chlorierten Kohlenwasserstoffen, die als Lösungs- oder Reinigungsmittel benutzt werden, giftige Gase erzeugen.

Röntgenstrahlung
Bei manchen Lasertypen, z. B. Excimerlaser hoher Leistung, wird Röntgenstrahlung zur Vorionisierung des Lasergases eingesezt. Auch schnelle Elektronenstrahlen können Röntgenstrahlung erzeugen. In Zukunft wird es auch Röntgenlaser geben. Überall wo Röntgenstrahlung auftritt, ist die Röntgenverordnung gültig (Verordnung über den Schutz vor Schäden durch Röntgenstrahlung vom 08.01.1987, BGBl. 1, Nr. 3, S. 114-134 (Bundesanzeiger-Verlag, Köln 1987).

9.4.3 Laserwirkung auf Materialien

Laserkomponenten
Laser können toxische oder gefährliche Stoffe als aktives Medium enthalten. Ein Bespiel sind Excimerlaser, die u.a. Hologene wie Fluor oder Chlor benötigen. Die Gase sind zu ensorgen, und die Dichtigkeit des Lasersystems muß gewährleistet sein. CO-Laser werden mit flüssigem Stickstoff gekühlt, der Verletzungen verursachen kann. Das Lasergas CO ist ebenfalls giftig, ebenso manche Laserfarbstoffe.

Optische Bauelemente, wie Linsen oder Lichtleitfasern, können durch die Laserstrahlung verdampft werden. Auf mögliche giftige Gase ist zu achten. Ähnliches gilt für Strahlfänger. Natursteine können zersplittern, Schamottesteine und Ziegel bilden durch Schmelzen glatte Flächen. Hochfeuerfeste Steine können möglicherweise durch Verdampfen Beryllium emittieren.

Brennbare Stoffe

Laserstrahlung hoher Leistungsdichte stellt eine Brandgefahr dar. Diese erhöht sich, falls zusätzlicher Sauerstoff oder brennbare Gase vorhanden ist. Wände, Decken, Fußböden, lagernde Stoffe, Abschirmungen und Abdeckmaterialien sind so auszulegen, daß eine Entzündung durch Laserstrahlung nicht auftreten kann.

Für Laser der Klasse 3 B und 4 müssen die "Richtlinien für die Vermeidung der Gefahren durch explosionsfähige Atmosphäre und Beispielsammlung-Explosionsschutz- Richtlinien (Ex-RL), ZH 1/10" (Ausgabe 3/85, 9.86), Carl Heymanns Verlag, Köln 1986) beachtet werden, falls zündfähige Gemische vorhanden sind. Die Bestrahlungsstärke für Lichtquellen, also auch für Laser, darf in Zone 0 und 10 den Wert von $0,5\ W/cm^2 = 5000\ W/m^2$ nicht überschreiten. Eine Aufstellung von Lasern in diesen beiden Zonen ist nicht zulässig. Gepulste Bestrahlung muß unterhalb von $10\ mJ/cm^2 = 100\ J/m^2$ liegen. Pulse mit Wiederholfrequenzen über 0,2 Hz werden als Dauerbestrahlung angesehen. In Zone 1, 11 und 2 liegen die entsprechenden Grenzwerte bei $10000\ W/m^2$ und $500\ J/m^2$. Spezielle Laser mit Explosionsschutz dürfen in Zone 1 und 11 aufgestellt werden.

Entstehung gefährlicher Stoffe

Bei der Wirkung von Laserstrahlung auf Materie, z. B. bei der Materialbearbeitung oder in der Medizin, können toxische und möglicherweise karzinogene Stoffe entstehen. Während in der Medizin relativ wenig darüber bekannt ist, gibt es für die Materialbearbeitung Untersuchungen und allgemeine Richtlinien.

Insbesondere beim Laserschneiden werden erhebliche Mengen an Gasen, Aerosolen und Stäuben freigesetzt. Aus Schnittbreite, Dicke und Geschwindigkeit kann die verdampfte Masse pro Zeiteinheit abgeschätzt werden. In manchen Fällen werden die Verhältnisse ähnlich sein, wie bei anderen Schneid- und Schweißprozessen, deren Emissionen relativ gut bekannt sind. Oft sind jedoch bei Laserschneiden die Bedingungen anders (höhere Temperaturen, kürzere Zeit, photochemische Reaktionen), so daß spezielle Untersuchungen durchgeführt wurden. Folgende Grenzwerte sind einzuhalten, die in den "Technischen Regeln für Gefahrenstoffe (TRGS)" (Wirtschaftsverlag NW, Bremerhaven) festgelegt sind.
- Maximale Arbeitsplatzkonzentration (MAK), TRGS 900
- Biologische Arbeitsstofftoleranzwerte (BAT), TRGS 410
- Technische Richtkonzentration (TRK), TRGS 102.

Als Schutzmaßnahme kommt insbesondere die Absaugung infrage. Bei Umluftbetrieb ist jedoch Vorsicht geboten. Schwierig wird die Kontrolle, wenn häufig neue Materialien bearbeitet werden.

IV Vorschriften

10 Normen und Vorschriften zum Laserstrahlenschutz

In diesem Buch werden eine Reihe von Normen und Vorschriften zum Laserstrahlenschutz zitiert, die in diesem Kapitel in einer Übersicht zusammengestellt werden.

10.1 Zusammenfassung von Vorschriften

10.1.1 Technische Regeln zum Laserstrahlenschutz

Unfallverhütungsvorschrift "Laserstrahlung" (VGB 93)
Da diese Vorschrift von grundsätzlicher Bedeutung ist, wird sie im Abschnitt 10.2 vollständig wiedergegeben.

Strahlungssicherheit (DIN VDE 0837)
Sämtliche Normwerte für die maximal zulässige Bestrahlung (MZB), die Klassifizierung von Anlagen, Anforderungen an den Hersteller, Benutzerrichtlinien sowie Rechenbeispiele sind in dieser grundlegenden Norm niedergelegt. Sie entspricht der internationalen Norm IEC 825 (International Electrotecnical Commission) und stellt die Basis für die Unfallverhütungsvorschrift VBG 93 dar. Die Rechenbeispiele aus DIN VDE 0837 sind in den Text des Buches eingegearbeitet. Im Dokument DIN VDE 0837 A 1 sind einige Änderungen enthalten.

Laserschutzbrillen und Filter (DIN 58 215 und 58 219)
Die Anforderungen und die Auswahl von Brillen und Filtern für den Augenschutz sind in "Laserschutzfilter und Laserschutzbrillen" (DIN 58 215) und "Laser-Justierbrillen" (DIN 58 219) niedergelegt. Allgemeine Richtlinien befinden sich auch in "Sichtscheiben und Augenschutzgeräte" (DIN 4646 Teil 1).

Schulen (DIN 58126 Teil 6)
Speziell für die Ausbildung Jugendlicher in Schulen wurde die Norm "Sicherheitstechnische Anforderungen für Lehr-, Lern- und Ausbildungsmittel-Laser" (DIN 58126 Teil 6) geschaffen. Sie erstreckt sich nicht auf die Forschung, Erwachsenenbildung oder individuelle Ausbildung. In Schulen ist der Einsatz von Lasern auf die Klassen 1 und 2 begrenzt. Bei Lasern der Klasse 2 ist eine weitergehende Beschränkung auf 0,2 mW gefordert. In den Schulen ist eine Lehrkraft als Strahlenschutzbeauftragter zu benennen. Auch die VBG 93 (§ 15) enthält Hinweise für den Einsatz des Lasers in Schulen.

Medizin (DIN VDE 0750)
Teil 1 von DIN VDE 0750 "Sicherheit elektromedizinischer Geräte, Allgemeine Festlegungen" wird durch spezielle Normen erweitert. Diese sind im Entwurf Teil 226 der gleicher Norm "Medizinische elektrische Geräte - Diagnostische und therapeutische Lasergeräte" niedergelegt. Es geht insbesondere um das Pilotlicht bei unsichtbarer Strahlung, Kontrolle und Einstellung der Laserleistung, Sicherheit der Schalteinrichtung und Explosionsschutz, z.B. bei Intubierung mit Sauerstoff.

Veranstaltungstechnik (DIN 56 912)
Die Norm "Sicherheitstechnische Anforderungen für Bühnenlaser und Bühnenlaseranlagen" (DIN 56912) beschreibt Maßnahmen der Strahlführung sowie die Durchführung von Sicherheitsanalysen. Für eine Begutachtung einer Anlage bei Lasershows mit richtungsveränderlicher Strahlung ist diese Norm heranzuziehen. Sie wird durch Merkblätter ergänzt: "Lasergeräte in Dikotheken und bei Show-Veranstaltungen" (herausgegeben vom Bayrischen Staatsministerium für Arbeit und Sozialordnung München, Nr. 00/12/55), "Disco-Laser" (ASI-Information, Berufsgenossenschaft Nahrungsmittel und Gaststätten, 8.70/79 D-Las, Mannheim 1979) und "Disco, Gefahr für Ohr und Auge" (Zentralstelle für Sicherheitstechnik der Gewerbeaufsicht, Düsseldorf, 1990).

Lichtwellenleiter
Für Lichtwellenleiter wurden die Normen DIN VDE 0888 und 0899 aufgestellt, für den Einsatz von Lasern in Fernmeldegeräten DIN VDE 0804.

Schaltzeichen
In DIN 40 700, Teil 98, werden unter dem Titel "Schaltzeichen: Mikrowellentechnik, Maser und Laser" einige Symbole eingeführt.

10.1.2 Allgemeine Sicherheit und Leistungsmessung

Elektrische Sicherheit
Laser benötigen eine umfangreiche elektrische Ausrüstung, deren Sicherheit hohe Bedeutung zukommt. Die entsprechenden Normen findet man in DIN 57836 (VDE 0836) "VDE-Bestimmungen für die elektrische Sicherheit von Lasergeräten und -anlagen". Eine Weiterentwicklung ist in DIN VDE 0836 A1 vorgesehen. Natürlich gelten auch die allgemeinen Normen, wie z.B. DIN 31000 (VDE 1000) "Allgemeine Leitsätze für das sicherheitsgerechte Gestalten technischer Erzeugnisse" oder Normen zur Funkt-Entstörung (DIN VDE 0871 Teil 1, DIN 57 875 Teil 3) oder zu Anfälligkeit durch Störstrahlung (DIN VDE 0843, Teil 1 bis 4).

Medizingeräteverordnung
Für Lasergeräte gelten die Vorschriften der "Verordnung über die Sicherheit medizinisch-technischer Geräte (Med GV)" BGBl. I, S. 93 (Bundesanzeiger-Verlag). Die Norm DIN VDE 0750 "Sicherheit elektromedizinischer Geräte: Allgemeine Festlegungen" wurde bereits in Abschnitt 10.1.1 erwähnt.

Röntgenstrahlung
Wird Röntgenstrahlung zur Vorionisierung von Lasergasen verwendet, so ist die "Verordnung über den Schutz vor Schäden durch Röntgenstrahlung" BGBl 1, Nr. 3, S. 114 bis 134 (Bundesanzeiger-Verlag) zu beachten.

Explosionsschutz
Es wird auf die "Richtlinien für die Vermeidung von Gefahren durch explosionfähige Atmosphären und Beispielsammlung, Explosionsschutz-Richtlinien (Ex-RL), ZH 1/10" hingewiesen.

Konzentration gefährlicher Stoffe
Beim Verdampfen von Materie sind die Richtlinien "Technische Regeln für Gefahrenstoffe (TRGS)" zu beachten, insbesondere TRGS 102, 410 und 900.

Leistungsmessung
Der Messung der Strahlparameter kommt hohe Bedeutung zu. Normen dazu sind in DIN VDE 0835 "Leistungs- und Energie-Meßgeräte für Laserstrahlung" festgelegt.

10.1.3 Ausländische Richtlinien

Die wichtigste deutsche Norm DIN VDE 0837 ist identisch mit dem internationalen Dokument IEC 825 (International Electrotecnical Commission).

USA

Auch außerhalb der USA sind Richtlinien des American National Standard Institute (ANSI) verbreitet. Der Standard ANSI Z 136.1 "Safe Use of Lasers" entspricht weitgehend der IEC 825. Weitere Veröffentlichungen sind ANSI Z 136.2 "Safe Use of Optical Fiber Communications Systems Utilizing Laser Diode and LED Sources" und ANSI Z 136.3 "Laser Safety in the Health Care Environment". Von der Food and Drug Administration wurden folgende Richtlinien bekannt gemacht: "Performance Standard for Laser Products" (CRF, 21 Part 1040), "Analysis of Some Laser Light Show Effects for Classification Purposes" (FDA 80-8103) und "Some Considerations of Hazard in the Use of Lasers for Artistic Displays".

Schweiz

Die schweizerische Unfallversicherung (SUVA) hat folgende Technische Mitteilungen herausgegeben: TM-Ph-045: Anleitung zur Dimensionierung von Laserschutz- und Justierbrillen, TM-Ph-046A: Anleitung zu Klassifizierung von Lasereinrichtungen, TM-Ph-046B: Anleitung zur Kennzeichnung von Lasereinrichtungen, TM-Ph-048: Sicheres Arbeiten mit Laserstrahlen, Allgemeine Grundsätze.

Großbritannien

Die British Standard Institution bearbeitet ihre Normen BS 4803 entsprechend IEC 825 weiter. Für den medizinischen Bereich wurde "Guidance on the Safe Use of Lasers in Medical Practice" vom Department of Health and Social Security (DHSS) herausgegeben.

Frankreich

Die Normen entwickeln sich wie überall in Europa entsprechend dem Dokument IEC 825 weiter. Für die Lasersicherheit wurden Empfehlungen "Les lasers: Risques et moyens de protecion" vom Institut National de Recherches et de Sécurité (INRS) herausgegeben.

10.2 Orginaltexte zum Laserstrahlenschutz

Vom Hauptverband der gewerblichen Berufsgenossenschaften wurde die Unfallverhütungsvorschrift VBG 93 herausgegeben, die auf den wichtigsten DIN-Normen basiert. Diese Vorschrift formuliert die Grundlagen des Laserstrahlenschutzes und sollte sich sich griffbereit in der Nähe von Laseranlagen befinden. Wegen der Bedeutung dieser Richtlinien wird im folgenden der Orginaltext der VBG 93 mit den entsprechenden Durchführungsanweisungen mit freundlicher Genehmigung der

> Berufsgenossenschaft der Feinmechanik
> und Elektrotechnik
> Postfach 51 05 80
> 5000 Köln 51

wiedergegeben.

10.2.1 Unfallverhütungsvorschrift VBG 93

I. Geltungsbereich

§ 1
Geltungsbereich

Diese Unfallverhütungsvorschrift gilt für die Erzeugung, Übertragung und Anwendung von Laserstrahlung. Die Vorschriften der Medizingeräteverordnung bleiben unberührt.

II. Begriffsbestimmungen

§ 2
Begriffsbestimmungen

(1) **Lasereinrichtungen** im Sinne dieser Unfallverhütungsvorschrift sind Geräte, Anlagen oder Versuchsaufbauten, mit denen Laserstrahlung erzeugt, übertragen oder angewendet wird.

(2) **Laserstrahlung** im Sinne dieser Unfallverhütungsvorschrift ist jede elektromagnetische Strahlung mit Wellenlängen im Bereich zwischen 100 nm und 1 mm, die als Ergebnis kontrollierter stimulierter Emission entsteht.

(3) **Die Klasse einer Lasereinrichtung** im Sinne dieser Unfallverhütungsvorschrift kennzeichnet das durch die zugängliche Laserstrahlung bedingte Gefährdungspotential nach Maßgabe folgender Bedingungen:

1. **Klasse 1:** Die zugängliche Laserstrahlung ist ungefährlich.
2. **Klasse 2:** Die zugängliche Laserstrahlung liegt nur im sichtbaren Spektralbereich (400 nm bis 700 nm). Sie ist bei kurzzeitiger Bestrahlungsdauer (bis 0,25 s) ungefährlich auch für das Auge.
3. **Klasse 3 A:** Die zugängliche Laserstrahlung wird für das Auge gefährlich, wenn der Strahlungsquerschnitt durch optische Instrumente verkleinert wird. Ist dies nicht der Fall, ist die ausgesandte Laserstrahlung im sichtbaren Spektralbereich (400 nm bis 700 nm) bei kurzzeitiger Bestrahlungsdauer (bis 0,25 s), in den anderen Spektralbereichen auch bei Langzeitbestrahlung, ungefährlich.
4. **Klasse 3 B:** Die zugängliche Laserstrahlung ist gefährlich für das Auge und in besonderen Fällen auch für die Haut.
5. **Klasse 4:** Die zugängliche Laserstrahlung ist sehr gefährlich für das Auge und gefährlich für die Haut. Auch diffus gestreute Strahlung kann gefährlich sein. Die Laserstrahlung kann Brand- oder Explosionsgefahr verursachen.

(4) **Der Grenzwert der zugänglichen Strahlung (GZS)** im Sinne dieser Unfallverhütungsvorschrift ist der Maximalwert, der für eine bestimmte Klasse nach den allgemein anerkannten Regeln der Technik zulässig ist.

(5) **Die maximal zulässige Bestrahlung (MZB)** im Sinne dieser Unfallverhütungsvorschrift stellt den Grenzwert für eine ungefährliche Bestrahlung des Auges oder der Haut dar.

(6) **Der Laserbereich** im Sinne dieser Unfallverhütungsvorschrift ist der Bereich, in welchem die Werte für die maximal zulässige Bestrahlung überschritten werden können.

III. Bau und Ausrüstung

§ 3

Allgemeines

Der Unternehmer hat dafür zu sorgen, daß Lasereinrichtungen entsprechend den Bestimmungen dieses Abschnittes III beschaffen sind.

§ 4

Lasereinrichtungen

(1) Lasereinrichtungen müssen den Klassen 1 bis 4 zugeordnet und entsprechend gekennzeichnet sein. Bei Änderung von Zuordnungsvoraussetzungen muß eine Änderung von Klassenzuordnung und -kennzeichnung vorgenommen werden.

(2) Lasereinrichtungen müssen entsprechend ihrer Klasse und Verwendung mit den für einen sicheren Betrieb erforderlichen Schutzeinrichtungen ausgerüstet sein.

(3) Lasereinrichtungen der Klassen 2 bis 4 müssen so eingerichtet sein, daß unbeabsichtigtes Strahlen verhindert ist.

(4) Optische Einrichtungen zur Beobachtung oder Einstellung an Lasereinrichtungen müssen so beschaffen sein, daß der Grenzwert der zugänglichen Strahlung für die Klasse 1 nicht überschritten wird.

(5) Optische Geräte, die vom Hersteller als Vorsatzgeräte für Lasereinrichtungen bestimmt sind, müssen, sofern sie nicht in einer klassifizierten Lasereinrichtung fest eingebaut sind, mit Angaben versehen sein, anhand deren die Änderung der Strahl- und Expositionsdaten einer Laserstrahlenquelle durch das Vorsatzgerät beurteilt werden kann.

(6) Lasereinrichtungen der Klassen 1 bis 3 A müssen so beschaffen sein, daß keine Vorsatzgeräte angebracht werden können, durch die sich Lasereinrichtungen der Klassen 3 B oder 4 ergeben würden.

IV. Betrieb

A. Gemeinsame Bestimmungen

§ 5
Anzeige

(1) Der Unternehmer hat den Betrieb von Lasereinrichtungen der Klassen 3 B oder 4 der Berufsgenossenschaft und der für den Arbeitsschutz zuständigen Behörde vor der ersten Inbetriebnahme anzuzeigen.

(2) Für den mobilen Einsatz von Lasereinrichtungen nach § 14 Abs. 1 genügt eine einmalige Anzeige.

§ 6
Laserschutzbeauftragte

(1) Der Unternehmer hat für den Betrieb von Lasereinrichtungen der Klassen 3 B oder 4 Sachkundige als Laserschutzbeauftragte schriftlich zu bestellen.

(2) Der Unternehmer hat dem Laserschutzbeauftragten folgende Aufgaben zu übertragen:
1. Überwachung des Betriebes der Lasereinrichtungen,
2. Unterstützung des Unternehmers hinsichtlich des sicheren Betriebs und der notwendigen Schutzmaßnahmen,
3. Zusammenarbeit mit den Fachkräften für Arbeitssicherheit bei der Erfüllung ihrer Aufgaben einschließlich Unterrichtung über wichtige Angelegenheiten des Laserstrahlenschutzes.

(3) Absatz 1 gilt nicht, wenn der Unternehmer der Berufsgenossenschaft nachweist, daß er selbst die erforderliche Sachkunde besitzt, und den Betrieb der Lasereinrichtungen selbst überwacht.

§ 7
Abgrenzung und Kennzeichnung von Laserbereichen

(1) Verläuft der Laserstrahl von Lasereinrichtungen der Klassen 2 oder 3 A im Arbeits- oder Verkehrsbereich, hat der Unternehmer dafür zu sorgen, daß der Laserbereich deutlich erkennbar und dauerhaft gekennzeichnet wird.

(2) Der Unternehmer hat dafür zu sorgen, daß Laserbereiche von Lasereinrichtungen der Klassen 3 B oder 4 während des Betriebes abgegrenzt und gekennzeichnet sind. Er hat außerdem dafür zu sorgen, daß in geschlossenen Räumen der Betrieb von Lasereinrichtungen der Klasse 4 an den Zugängen zu den Laserbereichen durch Warnleuchten angezeigt wird.

(3) Von den Absätzen 1 und 2 darf beim Einsatz von Laserstrahlung über größere Entfernung und im Freien abgewichen werden, wenn durch andere technische oder organisatorische Maßnahmen sichergestellt wird, daß Personen keiner Laserstrahlung oberhalb der maximal zulässigen Bestrahlung ausgesetzt sind.

§ 8
Schutzmaßnahmen beim Betrieb von Lasereinrichtungen

(1) Der Unternehmer hat durch technische oder organisatorische Maßnahmen dafür zu sorgen, daß eine Bestrahlung oberhalb der maximal zulässigen Bestrahlung, auch durch reflektierte oder gestreute Laserstrahlung, verhindert wird.

(2) Ist dies in Laserbereichen von Lasereinrichtungen der Klassen 3 B oder 4 nicht möglich, so hat der Unternehmer zum Schutz der Augen oder der Haut geeignete Augenschutzgeräte, Schutzkleidung oder Schutzhandschuhe zur Verfügung zu stellen.

(3) Der Unternehmer hat dafür zu sorgen, daß Versicherte, die Lasereinrichtungen der Klassen 2 bis 4 anwenden oder die sich in Laserbereichen von Lasereinrichtungen der Klassen 3 B oder 4 aufhalten, über das zu beachtende Verhalten unterwiesen worden sind.

(4) Die Schutzeinrichtungen nach § 4 Abs. 2 und die persönlichen Schutzausrüstungen nach Absatz 2 sind von den Versicherten zu benutzen.

§ 9
Instandhaltung von Lasereinrichtungen

Ändert sich während der Instandhaltung die Klasse von Lasereinrichtungen, so hat der Unternehmer dafür zu sorgen, daß die Bestimmungen dieses Abschnittes für die höhere Klasse eingehalten werden.

§ 10
Nebenwirkungen der Laserstrahlung

(1) Der Unternehmer hat dafür zu sorgen, daß Schutzmaßnahmen getroffen sind, sofern die Energie- oder Leistungsdichte der Laserstrahlung eine Zündung brennbarer Stoffe oder explosionsfähiger Atmosphäre herbeiführen kann.

(2) Der Unternehmer hat dafür zu sorgen, daß Schutzmaßnahmen getroffen sind, sofern durch Einwirkung von Laserstrahlung gesundheitsgefährdende Gase, Dämpfe, Stäube, Nebel, explosionsfähige Gemische oder Sekundärstrahlungen entstehen können.

§ 11
Beschäftigungsbeschränkung

(1) Der Unternehmer darf Jugendliche in Laserbereichen, in denen Lasereinrichtungen der Klasse 3 B oder 4 betrieben werden, nicht beschäftigen.

(2) Absatz 1 gilt nicht für die Beschäftigung Jugendlicher über 16 Jahre, soweit
1. dies zur Erreichung ihres Ausbildungszieles erforderlich ist und
2. ihr Schutz durch Aufsicht eines Fachkundigen gewährleistet ist.

§ 12
Ärztliche Versorgung bei Augenschäden

Besteht Grund zu der Annahme, daß durch Laserstrahlung ein Augenschaden eingetreten ist, hat der Unternehmer dafür zu sorgen, daß der Versicherte unverzüglich einem Augenarzt vorgestellt wird.

B. Zusätzliche Bestimmungen für besondere Anwendungen

§ 13
Lasereinrichtungen für Vorführ- und Anzeigezwecke

(1) Bei Lasereinrichtungen, die für Vorführungen, Anzeigen, Schaustellungen und Darstellungen von Lichteffekten verwendet werden, hat der Unternehmer den Versicherten Anweisungen zu erteilen, wie die zugängliche Bestrahlung möglichst niedrig gehalten werden kann. Die Versicherten haben diese Anweisungen zu befolgen.

(2) Bei Lasereinrichtungen nach Absatz 1, bei denen Laserbereiche entstehen, hat der Unternehmer dafür zu sorgen, daß sich in diesen Bereichen nur Versicherte aufhalten, deren Anwesenheit dort erforderlich ist.

§ 14
Lasereinrichtungen für Leitstrahlverfahren und Vermessungsarbeiten

(1) Der Unternehmer hat dafür zu sorgen, daß für Leitstrahlverfahren und Vermessungsarbeiten nur folgende Lasereinrichtungen verwendet werden:
1. Lasereinrichtungen der Klassen 1, 2 oder 3 A,
2. Lasereinrichtungen der Klasse 3 B, die nur im sichtbaren Wellenlängenbereich (400 bis 700 nm) strahlen, eine maximale Ausgangsleistung von 5 mW haben und bei denen Strahlachse oder Strahlfläche so eingerichtet und gesichert sind, daß eine Gefährdung der Augen verhindert wird.

(2) Von Absatz 1 darf abgewichen werden, wenn der Unternehmer die beabsichtigte Verwendung stärkerer Lasereinrichtungen und die hierbei zu treffenden Sicherheitsmaßnahmen der Berufsgenossenschaft mindestens 14 Tage vor Aufnahme der Arbeiten unter Angabe der Gründe schriftlich mitteilt und die Berufsgenossenschaft nicht widerspricht.

§ 15
Lasereinrichtungen für Unterrichtszwecke

(1) Der Unternehmer hat dafür zu sorgen, daß für Unterrichtszwecke nur Lasereinrichtungen der Klassen 1 oder 2 verwendet werden.

(2) Beim Betrieb von Lasereinrichtungen der Klasse 2 für Unterrichtszwecke hat der Unternehmer dafür zu sorgen, daß besondere Schutzmaßnahmen getroffen werden, insbesondere durch zusätzliche Leistungsbegrenzung, Abgrenzung, Kennzeichnung, spezielle Unterweisung und Unterrichtung.

(3) Die Absätze 1 und 2 gelten nicht für Lasereinrichtungen, die in der Lehre in Hochschulen, bei der individuellen Ausbildung und in der Erwachsenenbildung verwendet werden.

§ 16
Lasereinrichtungen für medizinische Anwendung

(1) Der Unternehmer hat dafür zu sorgen, daß bei der medizinischen Anwendung von Laserstrahlung im Bereich von Organen, Körperhöhlen und Tuben, die brennbare Gase oder Dämpfe enthalten können, Schutzmaßnahmen gegen Brand- und Explosionsgefahr getroffen werden.

(2) Müssen Instrumente bei medizinischer Anwendung in den Strahlengang gebracht werden, so hat der Unternehmer solche Instrumente zur Verfügung zu stellen, die durch Formgebung und Material gefährliche Reflexionen weitgehend ausschließen.

(3) Wird Laserstrahlung zu medizinischen Zwecken eingesetzt, so hat der Unternehmer dafür zu sorgen, daß dabei verwendete optische Einrichtungen zur Beobachtung oder Einstellung mit geeigneten Schutzfiltern ausgerüstet sind, sofern die maximal zulässige Bestrahlung überschritten werden kann.

(4) Der Unternehmer hat bei der medizinischen Anwendung der Laserstrahlung von Lasereinrichtungen der Klasse 4 mittels freibeweglichen Lichtleiterendes oder Handstücks dafür zu sorgen, daß Hilfsgeräte und Abdeckmaterialien, die dem Laserstrahl versehentlich ausgesetzt werden können, mindestens schwer entflammbar sind.

§ 17
Lichtwellenleiter-Übertragungsstrecken in Fernmeldeanlagen und Informationsverarbeitungsanlagen mit Lasersendern

(1) Der Unternehmer hat dafür zu sorgen, daß auch bei einer nicht bestimmungsgemäßen Trennung des Übertragungsweges von Lichtwellenleiter-Übertragungsstrecken Versicherte keiner Laserstrahlung oberhalb der maximal zulässigen Bestrahlung ausgesetzt werden.

(2) Kann bei der Errichtung, beim Einmessen, bei der Erprobung und bei der Instandhaltung von Lichtwellenleiter-Übertragungssystemen Laserstrahlung oberhalb der Werte der maximal zulässigen Bestrahlung austreten, darf der Unternehmer mit diesen Arbeiten nur Versicherte beauftragen, die für den Umgang mit diesen Systemen besonders unterwiesen sind.

V. Ordnungswidrigkeiten

§ 18

Ordnungswidrigkeiten

Ordnungswidrig im Sinne des § 710 Abs. 1 Reichsversicherungsordnung (RVO) handelt, wer vorsätzlich oder fahrlässig den Bestimmungen

- des § 3 in Verbindung mit § 4,
- der § 5 Abs. 1,
  § 6 Abs. 1 oder 2,
  § 7 Abs. 1 oder 2,
  §§ 8 bis 10,
  § 11 Abs. 1,
  §§ 12, 13 Abs. 2,
  § 14 Abs. 1,
  § 15 Abs. 1 oder 2,
  § 16
  oder
  § 17

zuwiderhandelt.

VI. Übergangs- und Ausführungsbestimmungen

§ 19

Übergangs- und Ausführungsbestimmungen

§ 4 Abs. 2 gilt nicht für Lasereinrichtungen, die vor dem Inkrafttreten dieser Unfallverhütungsvorschrift in Betrieb waren.

VII. Inkrafttreten

§ 20
Inkrafttreten

Diese Unfallverhütungsvorschrift tritt am 1. April 1988 in Kraft. Gleichzeitig tritt die Unfallverhütungsvorschrift „Laserstrahlen" (VBG 93) vom 1. April 1973 in der Fassung vom 1. Oktober 1984 außer Kraft.

Genehmigung

Die vorstehende Unfallverhütungsvorschrift „Laserstrahlen" (VBG 93) wird genehmigt.

Bonn, den 22. Januar 1988
III b 6 – 35480 – 3 – (1) – 34124 – 2

Der Bundesminister für Arbeit
und Sozialordnung

Im Auftrag:

(Siegel)

gez. Nöthlichs

10.2.2 Durchführungsanweisungen zur VBG 93

Zu § 1:

Diese Unfallverhütungsvorschrift enthält im wesentlichen Forderungen hinsichtlich des Schutzes vor gesundheitsgefährlicher Laserstrahlung.

Lasereinrichtungen können äußerst intensive, stark gebündelte Strahlung durch den Effekt der kontrollierten stimulierten Emission im Bereich des sichtbaren Lichtes oder im unsichtbaren infraroten oder ultravioletten Spektralbereich erzeugen. Durch Wärmewirkung und photochemische Wirkung kann die Laserstrahlung Schädigungen erzeugen. In erster Linie besteht die Gefahr irreparabler Augenschäden.

Der Geltungsbereich der Unfallverhütungsvorschrift erstreckt sich deshalb auf alle Möglichkeiten des Auftretens von Laserstrahlung. Zur Anwendung von Laserstrahlung gehören die Erprobung, die bestimmungsgemäße Verwendung und die Instandhaltung von Lasereinrichtungen.

Bei der medizinischen Anwendung (diagnostische, chirurgische oder therapeutische Behandlungen) ist diese Unfallverhütungsvorschrift zum Schutz des medizinischen Personals erforderlich.

Für die Erzeugung und Anwendung von Laserstrahlung sind auch die staatlichen Arbeitsschutzvorschriften, die sonst geltenden Unfallverhütungsvorschriften und die allgemein anerkannten Regeln der Technik zu beachten.

Laserspezifische Regelungen sind z. B. enthalten in:

DIN VDE 0835	„Leistungs- und Energie-Meßgeräte für Laserstrahlung",
DIN VDE 0836	„VDE-Bestimmung für die elektrische Sicherheit von Lasergeräten und -anlagen",
DIN VDE 0837	„Strahlungssicherheit von Lasereinrichtungen; Klassifizierung von Anlagen, Anforderungen, Benutzer-Richtlinien",
DIN 4844 Teil 1	„Sicherheitskennzeichnung; Begriffe, Grundsätze und Sicherheitszeichen",
DIN 56912	„Sicherheitstechnische Anforderungen für Bühnenlaser und Bühnenlaseranlagen",
DIN 58126 Teil 6	„Sicherheitstechnische Anforderungen für Lehr-, Lern- und Ausbildungsmittel, Laser",
DIN 58215	„Laserschutzfilter und Laserschutzbrillen; Sicherheitstechnische Anforderungen und Prüfung",
DIN 58219	„Laser-Justierbrillen; Sicherheitstechnische Anforderungen und Prüfung",

„Richtlinien für die Vermeidung der Gefahren durch explosionsfähige Atmosphäre mit Beispielsammlung — Explosionsschutz-Richtlinien — (EX-RL)" (ZH 1/10),
Merkblatt „Lasergeräte in Diskotheken und bei Show-Veranstaltungen",
Merkblatt „Disco-Laser".

Zu § 2:

Weitere Begriffsbestimmungen siehe Anhang 1.

Zu § 2 Abs. 3:

Die Klasseneinteilung erfolgt nach den durch die Laserstrahlung bedingten unterschiedlichen Gefährdungsgraden ansteigend von Klasse 1 nach Klasse 4. Dabei wird die Gefährdung der Augen besonders berücksichtigt, denn wenn Auge oder Haut in gleicher Weise bestrahlt werden können, ist das Auge stets das gefährdetere Organ.

Die Klassifizierung erfolgt nach DIN VDE 0837 „Strahlungssicherheit von Lasereinrichtungen; Klassifizierung von Anlagen, Anforderungen, Benutzer-Richtlinien".

Zu § 2 Abs. 3 Nr. 1:

Lasereinrichtungen der Klasse 1 enthalten meistens eingebaute Laser höherer Klassen, deren Strahlung aber so abgeschirmt oder abgeschwächt wird, daß die bei bestimmungsgemäßer Verwendung austretende Laserstrahlung ungefährlich ist. Bei der Instandhaltung von Lasereinrichtungen der Klasse 1 ändert sich deshalb oft die Klasse der Lasereinrichtung; es sind dann die Schutzmaßnahmen für die auftretende Klasse zu treffen; siehe § 9.

Zu § 2 Abs. 3 Nr. 2:

Bei Lasereinrichtungen der Klasse 2 ist das Auge bei zufälligem, kurzzeitigem Hineinschauen in die Laserstrahlung durch den Lidschlußreflex geschützt. Lasereinrichtungen der Klasse 2 dürfen deshalb ohne weitere Schutzmaßnahmen eingesetzt werden, wenn sichergestellt ist, daß weder ein absichtliches Hineinschauen über längere Zeit als 0,25 s noch wiederholtes Hineinschauen in die Laserstrahlung bzw. direkt reflektierte Laserstrahlung erforderlich ist.

Für kontinuierlich strahlende Laser der Klasse 2 beträgt der Grenzwert der zugänglichen Strahlung (GZS) 1 mW.

Zu § 2 Abs. 3 Nr. 3:

Sofern keine optischen Instrumente verwendet werden, die den Strahlquerschnitt verkleinern, besteht bei Lasereinrichtungen der Klasse 3 A, die nur im sichtbaren Spektralbereich strahlen, die gleiche Gefährdung wie bei Lasereinrichtungen der Klasse 2, bei Lasereinrichtungen der Klasse 3 A, die nur im nicht sichtbaren Spektralbereich strahlen, wie bei Lasereinrichtungen der Klasse 1.

Zu § 2 Abs. 3 Nr. 4:

Die Betrachtung diffuser Reflexionen der unfokussierten Laserstrahlung von Lasereinrichtungen der Klasse 3 B ist ungefährlich bei einem Betrachtungsabstand von mehr als 13 cm und einer Beobachtungszeit von weniger als 10 s.

Eine Gefährdung der Haut durch die zugängliche Laserstrahlung kann bei Lasereinrichtungen der Klasse 3 B im oberen Leistungsbereich bestehen, wenn die Werte der maximal zulässigen Bestrahlung (MZB) nach Anhang 2 Tabelle IV überschritten werden.

Zu § 2 Abs. 3 Nr. 5:

Lasereinrichtungen der Klasse 4 sind Hochleistungslaser, deren Ausgangsleistung bzw. -energien die Grenzwerte der zugänglichen Strahlung (GZS) für Klasse 3 B übertreffen.

Die Laserstrahlung von Lasereinrichtungen der Klasse 4 ist so intensiv, daß bei jeglicher Art von Exposition der Augen oder der Haut mit Schädigungen zu rechnen ist.

Außerdem muß bei der Anwendung von Lasereinrichtungen der Klasse 4 immer geprüft werden, ob ausreichende Maßnahmen gegen Brand- und Explosionsgefahren getroffen sind; siehe auch §§ 10 und 16.

Zu § 2 Abs. 4:

Die Grenzwerte der zugänglichen Strahlung (GZS) sind in DIN VDE 0837 „Strahlungssicherheit von Lasereinrichtungen; Klassifizierung von Anlagen, Anforderungen, Benutzer-Richtlinien" festgelegt.

In dieser Norm sind für Wellenlängen unter 200 nm noch keine Grenzwerte festgelegt. Bis zu einer solchen Festlegung ist der Grenzwert für die Wellenlänge 200 nm zu verwenden.

Zu § 2 Abs. 5:

Hinsichtlich des Verfahrens zur Ermittlung und der Werte der maximal zulässigen Bestrahlung (MZB) siehe Anhang 2.

Zu § 2 Abs. 6:

Der Laserbereich endet dort, wo die Werte der maximal zulässigen Bestrahlung (MZB) unterschritten werden. Dabei ist die Möglichkeit einer unbeabsichtigten Ablenkung des Laserstrahls zu berücksichtigen.

Wo mit unkontrolliert reflektierten Strahlen zu rechnen ist, erstreckt sich der Laserbereich vom Laser aus in alle Richtungen.

Gefährliche Reflexe werden besonders von spiegelnden oder glänzenden Oberflächen verursacht. Solche vagabundierenden Strahlen gehen häufig von blankem Metall (z. B. Werkzeugen, chirurgischen Instrumenten, Geräteoberflächen) oder Glas (z. B. Fenster, Flaschen) aus. Sehr intensive Laserstrahlung kann auch nach diffuser Reflexion an rauhen Flächen noch gesundheitsgefährlich sein; siehe auch Anhang 2.

Da die Bestrahlung bzw. Bestrahlungsstärke infolge der geringen Divergenz der gebündelten Strahlung mit der Entfernung nur allmählich abnimmt, kann sich der Laserbereich über ein weites Gebiet erstrecken. Im allgemeinen wird er durch undurchlässige Abschirmungen begrenzt.

Für Lasereinrichtungen der Klasse 1, die intern einen Laser höherer Klasse enthalten, bleibt der Laserbereich auf den unzugänglichen Bereich innerhalb der Abschirmung beschränkt.

Zu § 4 Abs. 1:

Diese Forderung ist erfüllt, wenn die Klassenzuordnung und -kennzeichnung durch den Hersteller nach DIN VDE 0837 „Strahlungssicherheit von Lasereinrichtungen; Klassifizierung von Anlagen, Anforderungen, Benutzer-Richtlinien" vorgenommen wurde.

Beispiele für die Kennzeichnung der verschiedenen Laserklassen sind in Anhang 3 enthalten.

Hinsichtlich der Änderung der Zuordnungsvoraussetzungen ist diese Forderung erfüllt, wenn bei Änderung der Klasse einer Lasereinrichtung, z. B. durch Umbau, Funktionsänderung, Anbringen von Zusatzeinrichtungen oder Schutzeinrichtungen, eine Neuklassifizierung und -kennzeichnung durch denjenigen erfolgt, der die Änderung vornimmt.

Die Neuklassifizierung kann z. B. anhand der Angaben des Herstellers der Lasereinrichtung erfolgen. Ist der Unternehmer nicht in der Lage, die Neuklassifizierung vorzunehmen, sollte er sich sachverständig beraten lassen, z. B. durch Hersteller, Meß- und Prüfstellen.

Zu § 4 Abs. 2:

Diese Forderung ist für eine Lasereinrichtung einer bestimmten Klasse erfüllt, wenn sie mit Schutzeinrichtungen entsprechend den Abschnitten 4 und 7 DIN VDE 0837 „Strahlungssicherheit von Lasereinrichtungen; Klassifizierung von Anlagen, Anforderungen, Benutzer-Richtlinien" augerüstet sind. Diese Schutzeinrichtungen sind in der Regel wesentliche Bestandteile der Klasseneinteilung.

Dabei ist zu beachten, daß auch andere erzeugte Strahlungen, z. B. UV- oder Röntgenstrahlung, abgeschirmt werden müssen. Bei Lasern mit Blitzlampen kann von diesen eine ungerichtete intensive Ultraviolettstrahlung ausgehen, die Augenschäden und gegebenenfalls Hautschäden verursachen kann. Diese Strahlung ist so abzuschirmen, daß schädliche Wirkungen beim Menschen auszuschließen sind; dies wird erreicht, wenn die im Anhang 2 angegebenen Grenzwerte auch für diese Strahlung unterschritten werden. Eine Lasereinrichtung, deren Hochspannungsteil mit Spannungen über 5 kV betrieben wird, kann Elektronenröhren enthalten, die nach außen dringende Röntgenstrahlen erzeugen. Eine solche Lasereinrichtung unterliegt der Röntgenverordnung.

Für medizinische Lasereinrichtungen der Klasse 4 gilt die Forderung nach einer Emissionswarneinrichtung entsprechend Abschnitt 4.6 DIN VDE 0837 „Strahlungssicherheit von Lasereinrichtungen; Klassifizierung von Anlagen, Anforderungen, Benutzer-Richtlinien" als erfüllt, wenn während der Leistungsabgabe z. B. ein akustisches Signal mit einer Lautstärke von mindestens 50 dB (A) abgegeben wird.

Für Lasereinrichtungen für Unterrichtszwecke — außer solchen, die in der Lehre in Hochschulen, bei der individuellen Ausbildung und in der Erwachsenenausbildung verwendet werden —, gilt diese Forderung als erfüllt, wenn diese Lasereinrichtungen zusätzlich DIN 58126 Teil 6 „Sicherheitstechnische Anforderungen für Lehr-, Lern- und Ausbildungsmittel; Laser" entsprechen.

Für Lasereinrichtungen, die in Diskotheken eingesetzt werden, ist diese Forderung erfüllt, wenn diese Lasereinrichtungen zusätzlich den Merkblättern „Disco-Laser" und „Lasergeräte in Diskotheken und bei Show-Veranstaltungen" entsprechen.

Für Lasereinrichtungen, die auf Bühnen und in Studios eingesetzt werden, ist diese Forderung erfüllt, wenn diese Lasereinrichtungen zusätzlich DIN 56912 „Sicherheitstechnische Anforderungen an Bühnenlaser und Bühnenlaseranlagen" entsprechen.

Zu § 4 Abs. 3:

Unbeabsichtigtes Strahlen liegt vor, wenn

— Laserstrahlung ohne Betätigung der vorgesehenen Stellteile von Befehlseinrichtungen aus der Lasereinrichtung austritt, z. B. durch schadhafte Isolation oder Störimpulse,

— nicht verhindert ist, daß Stellteile unbeabsichtigt betätigt werden können; siehe auch Durchführungsanweisungen zu § 11 Abs. 3 UVV „Kraftbetriebene Arbeitsmittel" (VBG 5).*)

Diese Forderung schließt ein, daß die Lasereinrichtung so konstruiert sein muß, daß die Laserstrahlung das Schutzgehäuse der Lasereinrichtung nicht zerstören kann.

Für Lasereinrichtungen, bei denen die Laserstrahlung über ein bewegliches Handstück austritt, ist diese Forderung erfüllt, wenn beim Loslassen des Handstücks der Austritt der Laserstrahlung unterbrochen wird oder ein vergleichbares Sicherheitsniveau durch andere Maßnahmen erreicht wird.

Für Lasereinrichtungen für die medizinische Anwendung ist diese Forderung z. B. erfüllt, wenn sie über einen geeigneten Sicherheitshand/fußschalter ohne Selbsthaltung zur Auslösung ihrer Leistung durch die behandelnde Person verfügen. Ein Sicherheitsschalter ist geeignet, wenn er als Handschalter mindestens eine Auslösekraft von 10 N, als Fußschalter mindestens eine Auslösekraft von 30 N erfordert, gegen zufällige Berührung abgedeckt ist, bei Versagen eines Bauteiles Fehlschaltungen ausschließt und den Anforderungen der Zone M für den Explosionsschutz in medizinisch genutzten Räumen genügt.

Zu § 4 Abs. 4:

Diese Forderung ist erfüllt, wenn optische Einrichtungen so verriegelt sind, daß eine Beobachtung nur bei abgeschaltetem Laser möglich ist. Ist dies aus betriebstechnischen Gründen nicht durchführbar, kann das Schutzziel unter anderem dadurch erreicht werden, daß solche optischen Einrichtungen mit einem ausreichend bemessenen Schutzfilter (siehe auch Durchführungsanweisungen zu § 8 Abs. 2) oder einem Strahlenverschluß versehen werden, der während des Laserbetriebs in der Schutzstellung verriegelt ist.

---

*) Die Unfallverhütungsvorschrift „Kraftbetriebene Arbeitsmittel" (VBG 5) ist bei dieser Berufsgenossenschaft nicht erlassen.

Zu § 4 Abs. 5:

Vorsatzgeräte sind z. B. Teleskopvorsätze, die den Laserstrahl aufweiten, Filtervorsätze, die den Laserstrahl abschwächen, Lichtleiter, die an eine Lasereinrichtung angeschlossen werden können.

Diese Forderung ist z. B. für Teleskopvorsätze erfüllt, wenn die Vergrößerung angegeben ist, für Filtervorsätze, wenn der spektrale Transmissionsgrad oder die spektrale optische Dichte für die Laserwellenlänge angegeben sind.

Zu § 4 Abs. 6:

Diese Forderung ist erfüllt, wenn nicht auf einfache Weise, z. B. durch Aufdrehen, Aufschrauben, Aufklemmen eines Vorsatzgerätes, die Erhöhung der Klasse auf Klasse 3 B oder 4 möglich ist. Desgleichen darf es auch nicht möglich sein, durch einfaches Entfernen von Vorsatzgeräten mittels Hand oder einfacher Werkzeuge die Klasse auf 3 B oder 4 zu erhöhen.

Zu § 5 Abs. 1:

Die Anzeige soll folgende Angaben enthalten: Hersteller der Lasereinrichtung, Laserklasse, Strahlungsleistung bzw. -energie, Wellenlänge(n), gegebenenfalls Impulsdauer und Impulswiederholfrequenz.

Der Unternehmer, in dessen Betrieb Lasereinrichtungen hergestellt, erprobt oder vorgeführt werden, hat diese Forderung erfüllt, wenn Art und Zahl der in der Regel im Betrieb befindlichen Lasereinrichtungen angezeigt werden.

Sofern Lasereinrichtungen der Klassen 3 B oder 4 bereits betrieben werden, muß nicht jeder einzelne neu in Betrieb genommene Laser angezeigt werden, solange es sich um gleichartige Lasereinrichtungen handelt, die mit den gleichen Schutzmaßnahmen wie die bisherigen sicher betrieben werden können.

Führt ein Unternehmer Instandhaltungsarbeiten an Lasereinrichtungen durch, bei denen dabei Laserstrahlung oberhalb der Grenzwerte für Klasse 3 A auftritt, so erfüllt er diese Forderung durch eine einmalige Anzeige mit Angaben über die Art der Lasereinrichtungen sowie Art und Umfang der Arbeiten.

Für den mobilen Einsatz von Lasereinrichtungen, ausgenommen Lasereinrichtungen nach § 14 Abs. 1, gilt eine Inbetriebnahme an einem anderen Einsatzort als erste Inbetriebnahme.

Zu § 6 Abs. 1:

Diese Forderung ist erfüllt, wenn in der schriftlichen Bestellung die für die Ausfüllung der Aufgaben erforderlichen Befugnisse eingeräumt werden.

Der Laserschutzbeauftragte gilt als Sachkundiger, wenn er aufgrund seiner fachlichen Ausbildung oder Erfahrung ausreichende Kenntnisse über die zum Einsatz kommenden Laser erworben hat und so eingehend über die Wirkung der Laserstrahlung, über die Schutzmaßnahmen und Schutzvorschriften unterrichtet ist, daß er die notwendigen Schutzvorkehrungen beurteilen und auf ihre Wirksamkeit prüfen kann.

Es wird empfohlen, daß der Laserschutzbeauftragte an einem berufsgenossenschaftlichen oder von der Berufsgenossenschaft anerkannten Kurs für Laserschutzbeauftragte teilnimmt.

Der Unternehmer kann dem Laserschutzbeauftragten durch eine Pflichtübertragung gemäß § 12 UVV „Allgemeine Vorschriften" (VBG 1) weitere ihm aus dieser Unfallverhütungsvorschrift obliegende Pflichten übertragen; in diesem Falle sind der betriebliche Entscheidungsbereich und die zusätzlichen Befugnisse schriftlich festzulegen.

Zum sicheren Betrieb gehören auch die erforderlichen Prüfungen von Lasereinrichtungen entsprechend § 39 UVV „Allgemeine Vorschriften" (VBG 1).

Der Laserschutzbeauftragte kann für mehrere Anlagen oder Geräte eingesetzt sein, wenn die örtlichen Verhältnisse es gestatten, daß er deren Betrieb überwachen kann. Innerhalb eines Raumes soll es nur einen Laserschutzbeauftragten geben.

Zu § 6 Abs. 2:

Zu den Aufgaben des Laserschutzbeauftragten gehören insbesondere

— die Beratung des Unternehmers und der verantwortlichen Vorgesetzten in Fragen des Laserschutzes bei der Beschaffung und Inbetriebnahme von Lasereinrichtungen und die Festlegung der betrieblichen Schutzmaßnahmen,

— die fachliche Auswahl der persönlichen Schutzausrüstungen,

— die Unterweisung der Beschäftigten an Lasereinrichtungen und in Laserbereichen über Gefahren und Schutzmaßnahmen,

— die Mitwirkung bei der Prüfung von Lasereinrichtungen gemäß § 39 UVV „Allgemeine Vorschriften" (VBG 1),

— die Überwachung der Einhaltung der Sicherheits- und Schutzmaßnahmen, insbesondere der ordnungsgemäßen Benutzung der Augenschutzmittel, Abgrenzung und Kennzeichnung der Laserbereiche,

— die Information des Unternehmers und der verantwortlichen Vorgesetzten über Mängel und Störungen an Lasereinrichtungen,

— die innerbetriebliche Mitteilung und Untersuchung von Unfällen durch Laserstrahlung unter Einschaltung der Fachkräfte für Arbeitssicherheit.

Zur besseren Wirksamkeit des Laserstrahlenschutzes kann es zweckmäßig sein, Vorgesetzte als Laserschutzbeauftragte zu bestellen oder die Laserschutzbeauftragten durch weitere Pflichtenübertragung gemäß § 12 UVV „Allgemeine Vorschriften" (VBG 1) mit Weisungsbefugnissen und Verantwortung für den Betrieb von Lasereinrichtungen auszustatten.

Hierzu können gehören

— Festlegung der technischen und organisatorischen Schutzmaßnahmen,

- Weisungsrecht gegenüber den Beschäftigten an Lasereinrichtungen und in Laserbereichen,
- Abstellen von Mängeln, gegebenenfalls Stillsetzung von Anlagen,
- Veranlassung von ärztlichen Untersuchungen bei vermuteten Laserunfällen gemäß § 12,
- Anzeigeverfahren gegenüber Berufsgenossenschaft und Behörden.

Zu § 7:

Bei Lasereinrichtungen der Klasse 1 entsteht bei bestimmungsgemäßer Verwendung kein Laserbereich. Ändert sich bei der Instandhaltung von Lasereinrichtungen der Klasse 1 die Klasse, kann dabei die Einrichtung eines Laserbereichs erforderlich werden; siehe § 9.

Zur Feststellung, ob ein Laserbereich vorliegt, ist zu prüfen, ob die Werte für die maximal zulässige Bestrahlung (MZB) überschritten werden können. Die MZB-Werte hängen in komplizierter Weise von Bestrahlungszeit und Wellenlänge ab. In der folgenden Tabelle 1 wird deshalb ein vereinfachter Zahlensatz gemäß Abschnitt 4.1.1 DIN 58215 angegeben, der mit den vollständigen MZB-Werten im Anhang 2 übereinstimmt oder kleiner ist; siehe auch Bild 1. Lediglich bei Impulsfolgen mit Frequenzen über 1 Hz ist Vorsicht geboten. In diesen Fällen sind genaue Berechnungen der MZB-Werte nach Anhang 2 durchzuführen.

Als Anhaltspunkt kann folgendes dienen:

- Bei Impulsfolgen, deren Einzelimpulse kürzer als 10 μs sind, sind im Wellenbereich zwischen 400 nm und 1400 nm die Werte der Tabelle 1 mit dem Faktor 0,06 zu multiplizieren.
- Für Impulsfolgen, deren Einzelimpulse länger als 10 μs sind, ist die zulässige Bestrahlung nach Tabelle 1 durch die Gesamtzahl der Impulse zu dividieren. Diese Verkleinerung der Grenzwerte erfolgt nur solange, bis die zulässige Bestrahlungsstärke im Einzelimpuls die Werte nach Tabelle 1 erreicht (horizontaler Teil von Bild 1).
- Ferner ist für alle Impulsfolgen die mittlere Bestrahlungsstärke zu berechnen und mit den zulässigen Grenzwerten aus Tabelle 1 zu vergleichen.

Die Bestrahlungsstärke bzw. Bestrahlung läßt sich aus der Geometrie und den Leistungsdaten des Laserstrahlenbündels berechnen. Dabei ist der gefährlichste Fall zu berücksichtigen. Für den Spektralbereich zwischen 400 nm und 1400 nm ist zur Berechnung der Bestrahlungsstärke bzw. Bestrahlung über eine Fläche von 7 mm Durchmesser zu mitteln, sonst über eine Fläche von 1 mm Durchmesser.

Zu § 7 Abs. 1:

Bei Lasereinrichtungen der Klassen 2 oder 3 A entsteht im allgemeinen kein Laserbereich, wenn beim Betrieb dieser Lasereinrichtungen nur eine zufällige Bestrahlung von Personen möglich ist und im Falle von Lasereinrichtungen der Klasse 3 A

Tabelle 1: Zulässige Bestrahlungsstärke E bzw. Bestrahlung H (vereinfachte Darstellung nach DIN 58215; vollständige Werte siehe Anhang 2, Tabelle II).

Wellenlängenbereich in nm	Bestrahlungszeit in s	E in W/m² max.	Bestrahlungszeit in s	H in J/m² max.	Bestrahlungszeit in s	E in W/m² max.
200 bis 620	$< 10^{-9}$	$5 \cdot 10^6$	10^{-9} bis 0,5	0,005	$> 0,5$	0,01
über 620 bis 1050	$< 10^{-9}$	$5 \cdot 10^6$	10^{-9} bis 0,05	0,005	$> 0,05$	0,1
über 1050 bis 1400	$< 10^{-9}$	$5 \cdot 10^7$	10^{-9} bis 0,005	0,05	$> 0,005$	10
über 1400 bis 10^6	$< 10^{-9}$	10^{11}	10^{-9} bis 0,1	100	$> 0,1$	1000

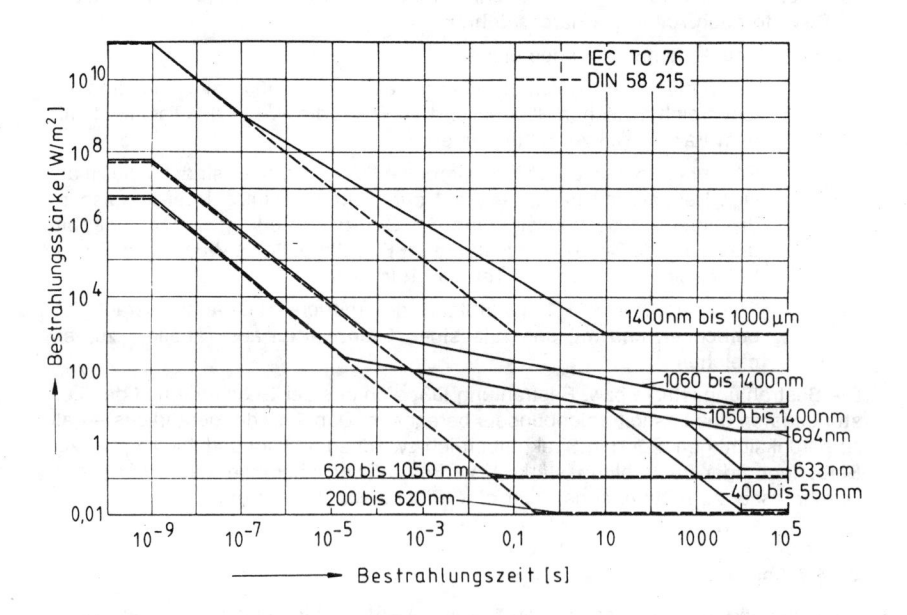

Bild 1: Vergleich der zulässigen Grenzwerte nach IEC (identisch mit MZB-Werten des Anhanges 2) mit den Werten nach Tabelle 1.

keine optisch sammelnden Instrumente verwendet werden. Treffen diese Voraussetzungen nicht zu, sind die Bestimmungen des § 8 sinngemäß zu erfüllen.
Für Lasereinrichtungen der Klasse 2 für Unterrichtszwecke gilt § 15.

Zu § 7 Abs. 1 und 2:

Die Forderung nach Kennzeichnung ist erfüllt, wenn das Warnzeichen „Warnung vor Laserstrahl" nach DIN 4844 Teil 1 „Sicherheitskennzeichnung; Begriffe, Grundsätze und Sicherheitszeichen" angebracht ist.

Zu § 7 Abs. 2:

Unter Abgrenzen ist zu verstehen, daß Unbefugte nicht unbeabsichtigt in den Laserbereich gelangen können. Dies gilt insbesondere für Laser, deren Strahlung so intensiv ist, daß diese auch nach diffuser Reflexion an einer rauhen Oberfläche noch gesundheitsgefährlich ist, also insbesondere Laser der Klasse 4.
Derartig leistungsstarke Laser sollen — wenn die Art der Anwendung dies nicht ausschließt — in geschlossenen Räumen betrieben werden.
Der Zugang zu Laserbereichen, in denen Lasereinrichtungen der Klasse 4 betrieben werden, ist während des Laserbetriebes durch geeignete Einrichtungen oder Maßnahmen auf befugte Personen zu begrenzen, die vor der Einwirkung von Laserstrahlung geschützt sind.
Je nach dem Grad der Gefahr, der von der Lasereinrichtung ausgeht, kann es erforderlich sein, den Zugang schleusenartig auszubauen oder Einrichtungen mit Schutzfunktion, z. B. Türkontakte, vorzusehen, durch die der Laser beim Betreten des Laserbereiches ausgeschaltet wird.
Die Anforderungen an Rettungswege und Notausgänge entsprechend § 30 UVV „Allgemeine Vorschriften" (VBG 1) sind dabei zu beachten; Maßnahmen der Ersten Hilfe entsprechend UVV „Erste Hilfe" (VBG 109), insbesondere die sofortige Leistung Erster Hilfe nach einem Arbeitsunfall, müssen trotz der genannten Einrichtungen möglich sein.
Der Einschaltzustand kann z. B. durch rote Warnleuchten angezeigt werden, bei Einsätzen im Freien durch Blinkleuchten oder Rundumleuchten.

Zu § 7 Abs. 3:

Dies kann z. B. in Diskotheken der Fall sein, wenn der Laserbereich außerhalb des Arbeits- und Verkehrsbereiches verläuft und im übrigen das Merkblatt „Disco-Laser" beachtet wird.
Auf Bühnen und in Studios sind Abweichungen zulässig, wenn

- der Laserbereich außerhalb des Arbeits- und Verkehrsbereiches verläuft oder
- der Laserbereich aus szenischen Gründen zugänglich sein muß und durch eine Absperrung begrenzt bzw. bei Vorliegen szenischer Gründe, die eine Absperrung nicht gestatten, durch Markierungen, die auch im Dunkeln erkennbar sein müssen, gekennzeichnet ist

und zusätzlich DIN 56912 „Sicherheitstechnische Anforderungen für Bühnenlaser und Bühnenlaseranlagen" eingehalten ist.

Für Lasereinrichtungen der Klassen 3B oder 4, die im Freien oder in vergleichbaren Anordnungen, z. B. in größeren Hallen, betrieben werden, sind Abweichungen zulässig, wenn diese Einrichtungen nur durch Versicherte mit besonderen Fachkenntnissen betrieben werden, die vom Unternehmer bzw. Laserschutzbeauftragten dazu beauftragt sind. Durch Absperrungen, Abschirmungen, Verriegelungen, Strahlenachsensicherung oder andere geeignete Vorrichtungen oder Maßnahmen ist sicherzustellen, daß Personen, die keine persönliche Schutzausrüstung tragen, nicht in die Nähe des Strahlungsweges gelangen.

Innerhalb des berechneten Laserbereiches soll der Laserstrahl nicht auf Personenbeförderungsmittel zu Wasser, zu Lande und in der Luft oder auf sonstige Einrichtungen, bei denen eine Gefährdung von Menschen möglich ist, gerichtet werden. Die Strahlenwege sind, soweit das möglich ist, frei von allen Oberflächen zu halten, die unerwünschte gefährliche Reflexionen erzeugen können. Andernfalls sind die Gefahrbereiche, die als Laserbereiche zu behandeln sind, entsprechend weit festzulegen und zu sichern.

Beispielsweise kann der Laserstrahl zur Nachrichtenübermittlung oder Entfernungsmessung auf ein höhergelegenes, unzugängliches Ziel gerichtet werden, so daß niemand in den Strahl geraten kann. Das Wirkungsfeld sollte frei von gut reflektierenden Gegenständen oder Flächen sein. Bei Hochleistungslasern können sogar feuchte Blätter gefährliche Reflexe erzeugen.

Bei LIDAR-Anwendungen, bei Verwendung von Bühnenlasern oder anderen Lasereinrichtungen im Freien, bei denen eine Gefährdung des Luftverkehrs möglich ist, ist eine Meldung des Betriebes bei der örtlichen Flugsicherung erforderlich.

Bei der Vorführung von Lasereinrichtungen der Klassen 3B oder 4 auf Ausstellungen oder Messen ist diese Forderung erfüllt, wenn sichergestellt ist, daß keine unkontrolliert reflektierte Strahlung auftreten kann und der Laserbereich um die Lasereinrichtungen durch mit Laserwarnzeichen gekennzeichnete Abschrankungen oder Verdeckungen räumlich so eng begrenzt wird, daß er Personen nicht zugänglich ist.

Zu § 8 Abs. 1:

Diese Forderung beinhaltet ein Minimierungsgebot sowohl hinsichtlich der räumlichen Größe des Laserbereichs als auch der Zahl der sich im Laserbereich aufhaltenden Personen. Der Laserbereich ist deshalb im Rahmen der vorgegebenen Aufgabenstellung räumlich möglichst klein zu halten. Im Laserbereich sollen sich nur Personen aufhalten, deren Aufenthalt dort erforderlich ist.

Da das Auge bereits durch Laserstrahlung sehr geringer Energie- bzw. Leistungsdichte (siehe Durchführungsanweisungen zu § 2 Abs. 5 und Anhang 2) gefährdet wird, sind in erster Linie Schutzmaßnahmen zum Schutze der Augen notwendig. Hohe Leistungs- bzw. Energiedichte gefährden jedoch auch die Haut.

Einen optimalen Schutz vor Laserstrahlung bietet eine Anlage, bei der auch die Nutzstrahlung allseitig und lückenlos von einem Schutzgehäuse umschlossen wird, also eine Lasereinrichtung der Klasse 1. Ein derartiger Vollschutz ist vor allem bei der Anwendung von Lasern in der industriellen Fertigung anzustreben.

Bei der bestimmungsgemäßen Verwendung einer Lasereinrichtung der Klasse 1 sind keine weiteren Schutzmaßnahmen erforderlich. Ändert sich bei der Instandhaltung von Lasereinrichtungen der Klasse 1 die Klasse, sind die Schutzmaßnahmen für die auftretende höhere Klasse zu treffen; siehe § 9.

Laserstrahlung, die von Lasereinrichtungen der Klassen 2, 3 A, 3 B oder 4 emittiert wird, darf sich nur soweit erstrecken, wie es für die Art des Einsatzes notwendig ist. Der Strahl ist — soweit dies möglich ist — am Ende der Nutzentfernung durch eine diffus reflektierende Zielfläche so zu begrenzen, daß eine Gefährdung durch direkte oder diffuse Reflexionen möglichst gering ist. Soweit möglich soll der unabgeschirmte Laserstrahl außerhalb des Arbeits- und Verkehrsbereiches in einem möglichst kleinen, nicht leicht zugänglichen Bereich verlaufen, insbesondere ober- oder unterhalb der Augenhöhe.

In Räumen, die zum Betrieb von Lasereinrichtungen der Klassen 3 B oder 4 bestimmt sind, sind im Laserbereich gut reflektierende Flächen zu vermeiden, da beim Auftreffen von Laserstrahlen auf solche Oberflächen gefährliche Reflexionen entstehen können. Fußboden, Decken, Wände oder sonstige zur baulichen Ausrüstung eines Raumes gehörige Einrichtungen sollen im Laserbereich diffus reflektierende Oberflächen aufweisen; für blanke Flächen, z. B. Fenster, sollen geeignete Abdeckungen vorhanden sein.

Gut reflektierende Oberflächen im Laserbereich können erforderlich sein aus Gründen der Anwendung, z. B. bei Laseranwendung in Diskotheken, Bühnen und Studios, im Forschungs- und Entwicklungsbereich, bei bestimmten Vermessungsaufgaben, aus Gründen des Arbeitsschutzes, z. B. in chemischen und radiochemischen Labors, beim Umgang mit Gefahrstoffen, aus Gründen des Gesundheitsschutzes, z. B. bei der medizinischen Anwendung in Operationsräumen. In solchen Fällen ist dafür zu sorgen, daß der Laserbereich möglichst klein gehalten wird, z. B. durch zusätzliche Verdeckungen oder Abschirmungen. Bei der medizinischen Anwendung von Lasereinrichtungen können z. B. die Wände von Operationssälen gut reflektierende Oberflächen aufweisen, wenn um das Operationsfeld z. B. ein gegen Streustrahlung dichter Vorhang aus einem brandhemmenden, reflexionsarmen Material angebracht wird. Es empfiehlt sich, das OP-Feld mit dunklen, matten, nicht brennbaren Tüchern abzudecken.

Bei der medizinischen Anwendung sollen sämtliche zur Beobachtung des OP-Feldes erforderlichen Einrichtungen den Bestimmungen des § 4 Abs. 5 entsprechen.

Für die jeweilige Anwendung sind möglichst Laser niedriger Laserklassen zu verwenden. Auch durch Vorschalten abschwächender Filter oder durch Strahlenaufweitung kann eine Bestrahlung oberhalb der MZB-Werte gegebenenfalls verhindert werden.

Lasereinrichtungen der Klassen 3 A, 3 B oder 4 sind einschließlich im Strahlengang befindlicher Vorrichtungen so aufzustellen oder zu befestigen, daß eine unbeabsichtigte Änderung ihrer Position und der Strahlrichtung vermieden wird.

Unkontrolliert reflektierte Strahlen von Lasereinrichtungen der Klassen 3 B oder 4 sind zu vermeiden; spiegelnde oder glänzende Gegenstände oder Flächen sind aus der Umgebung des Laserstrahls soweit wie möglich fernzuhalten, zu entfernen oder abzudecken.

Zum Schutz vor gefährlichen Reflexionen sollen Werkzeuge, Zubehör und Justiergeräte, die im Laserbereich verwendet werden, keine gut reflektierenden Oberflächen aufweisen und Anwesende im Laserbereich keine gut reflektierenden Gegenstände sichtbar mitführen.

Werden mehrere Lasereinrichtungen gleichzeitig in demselben Raum betrieben, sind deren Strahlengänge gegenseitig abzuschirmen. Falls erforderlich, sollte der Strahlengang nur von einer Seite aus zugänglich sein; die optische Achse sollte nicht auf Fenster gerichtet werden.

Für Grundjustierungen sollen in Labors möglichst keine stärkeren Laser als Klasse 3 A verwendet werden. Bei Verwendung abstimmbarer Farbstofflaser und Excimer-Laser sind Grobjustierungen nach Möglichkeit in benachbarten Wellenlängenbereichen durchzuführen, für die Schutzbrillen vorhanden sind. Sind die auftretenden Wellenlängen nicht sicher bekannt, sollen die entsprechenden Untersuchungen von einem sicheren Platz aus erfolgen.

Die unabgeschirmte Laserstrahlung von Lasereinrichtungen der Klassen 3 B und insbesondere 4 ist — soweit es die beabsichtigte Anwendung zuläßt — mit für die jeweilige Laserstrahlung undurchdringlichen Verkleidungen zu versehen, die mit entsprechenden Warn- und Hinweiszeichen zu kennzeichnen sind. Hier soll der Strahlengang so abgeschirmt oder angeordnet sein, daß Personen weder vom direkten Laserstrahl noch von einem reflektierten getroffen werden können.

Bei der Anwendung von Hochleistungslasern der Klasse 4 im infraroten Wellenlängenbereich ist der Brandgefahr durch Verwendung geeigneter Strahlenbegrenzungen zu begegnen (z. B. wassergekühlter Hohlkegel).

Personen sollen nicht absichtlich Laserstrahlung oberhalb der MZB-Werte ausgesetzt werden.

Beim Einschalten einer Lasereinrichtung der Klassen 3 B oder 4 sind die im Laserbereich Anwesenden unmittelbar vorher zu verständigen. Die im Laserbereich Anwesenden haben dadurch Gelegenheit, rechtzeitig alle notwendigen Schutzmaßnahmen zu treffen, insbesondere die Laserschutzbrillen aufzusetzen.

Zu § 8 Abs. 2:

Eine Gefährdung durch Laserstrahlung kann ausgeschlossen werden, wenn z. B. beim Betrieb von Lasereinrichtungen der Klassen 3 B oder 4 unkontrolliert reflektierte Strahlung nicht auftreten kann und ein Eingriff in den Strahlengang durch Umwehrungen oder Verdeckungen verhindert ist.

Geeignete Schutzkleidung ist in Laserbereichen, in denen Lasereinrichtungen der Klassen 3 B oder 4 benutzt werden, dann erforderlich und von den Beschäftigten zu benutzen, wenn eine Gefährdung der Haut durch Laserstrahlung nicht durch andere Maßnahmen verhindert werden kann. So können z. B. Schutzhandschuhe eine Gefährdung der Hände verhindern, wenn im Bereich gefährlicher Strahlung gearbeitet werden muß.

Geeignete Augenschutzgeräte bieten Schutz gegen direkte, spiegelnd reflektierte oder diffus gestreute Laserstrahlung. Trotz Augenschutzgeräten ist jedoch der Blick in den direkten Strahl zu vermeiden.

Geeignete Augenschutzgeräte sind z. B. Laserschutzbrillen, die DIN 58215 „Laserschutzfilter und Laserschutzbrillen; Sicherheitstechnische Anforderungen und Prüfung" entsprechen.

Laserschutzbrillen müssen eine deutliche Kennzeichnung aufweisen. Die Kennzeichnung ist in DIN 58215 geregelt. Sie enthält die Wellenlänge oder den Wellenlängenbereich, gegen die die Brille schützt, den Grad der Abschwächung (Schutzstufe), Kennbuchstaben des Herstellers und gegebenenfalls ein zusätzliches Kennzeichen für eine bestimmte Laserbetriebsart.

Die Schutzfilter und die Tragkörper müssen der betreffenden Laserstrahlung entsprechend DIN 58215 standhalten.

Die Schutzstufen der Laserschutzfilter werden über den spektralen Transmissionsgrad τ für die Laserwellenlänge definiert. Die Schutzstufe ist der ganzzahlige abgerundete dekadische Logarithmus des spektralen Transmissionsgrades.

Die nachstehend aufgeführte Tabelle 2 (aus DIN 58215) gibt für die verschiedenen Schutzstufen in Abhängigkeit von Wellenlänge und Betriebsdauer die zulässigen Bestrahlungsstärken bzw. Bestrahlungen an. In der Tabelle sind Vereinfachungen zur sicheren Seite hin vorgenommen worden. Zur Berechnung der Bestrahlungsstärke bzw. der Bestrahlung ist, sofern der Strahldurchmesser größer als die in Anhang 2 Abschnitt 2 genannte Grenzblende ist, über den Strahlquerschnitt zu mitteln, sonst über die Fläche der Grenzblende.

Bei der **Ermittlung der Schutzstufe** nach Tabelle 2 ist die Art des Lasers zu berücksichtigen:

1. Für Dauerstrichlaser wird die Bestrahlungsstärke E in W/m^2 ermittelt, anschließend wird die Spalte mit dem entsprechenden Wellenlängenbereich aufgesucht und die erforderliche Schutzstufe in der entsprechenden Zeile entnommen.

2. Für Einzelimpulslaser und für langsame Impulsfolgen (Frequenz kleiner als 1 Hz) wird entsprechend die Bestrahlung H in J/m^2 ermittelt, die Spalte mit dem entsprechenden Wellenlängenbereich aufgesucht (dabei entspricht die Betriebsdauer der Impulsdauer) und die erforderliche Schutzstufe in der entsprechenden Zeile entnommen.

3. Für schnelle Impulsfolgen (Frequenzen größer als 1 Hz) ergibt sich folgende Vorgehensweise:

    3.1 Die Bestrahlung für den Einzelimpuls ist wie unter Nummer 2 zu ermitteln und dafür die Schutzstufe zu entnehmen.

    3.2 Für Impulsfolgen im Wellenlängenbereich zwischen 400 nm bis 1400 nm ist für

    a) Impulsfolgen, deren Einzelimpulse kürzer als 10 μs sind, die Bestrahlung H des Einzelimpulses nach Nummer 2 zu ermitteln und durch 0,06 zu teilen; für die sich ergebende Bestrahlung ist die Schutzstufe zu entnehmen,

Tabelle 2: Schutzstufen und Verwendung der Laserschutzfilter bzw. Laserschutzbrillen.

Schutz-stufe	Maximaler spektraler Transmissions-grad bei den Laserwellen-längen	Verwendung bis zu einer maximalen Bestrahlungsstärke bzw. Bestrahlung im Wellenlängenbereich							
		200 nm bis 620 nm		über 620 nm bis 1050 nm		über 1050 nm bis 1400 nm		über 1400 nm bis 1000 µm	
		E in W/m² max. bei Betriebsdauer $>0{,}5$ s	H in J/m² max. bei Betriebsdauer $<10^{-9}$ s bis $0{,}5$ s	E in W/m² max. bei Betriebsdauer $>0{,}05$ s	H in J/m² max. bei Betriebsdauer $<10^{-9}$ s bis $0{,}05$ s	E in W/m² max. bei Betriebsdauer $>0{,}005$ s	H in J/m² max. bei Betriebsdauer $<10^{-9}$ s bis $0{,}005$ s	E in W/m² max. bei Betriebsdauer $>0{,}1$ s	H in J/m² max. bei Betriebsdauer $<10^{-9}$ s bis $0{,}1$ s
L 1A	10^{-1}	$0{,}1$	$0{,}05$	1	$0{,}05$	10^{2}	$0{,}5$	10^{4}	10^{3}
L 2A	10^{-2}	1	$0{,}5$	10	$0{,}5$	10^{3}	5	10^{5}	10^{4}
L 3A	10^{-3}	10	5	10^{2}	5	10^{4}	50	10^{6}	10^{5}
L 4A	10^{-4}	10^{2}	50	10^{3}	50	10^{5}	$5\cdot 10^{2}$	10^{7}	10^{6}
L 5A	10^{-5}	10^{3}	$5\cdot 10^{2}$	10^{4}	$5\cdot 10^{2}$	10^{6}	$5\cdot 10^{3}$	10^{8}	10^{7}
L 6A	10^{-6}	10^{4}	$5\cdot 10^{3}$	10^{5}	$5\cdot 10^{3}$	10^{7}	$5\cdot 10^{4}$	10^{9}	10^{8}
L 7A	10^{-7}	10^{5}	$5\cdot 10^{4}$	10^{6}	$5\cdot 10^{4}$	10^{8}	$5\cdot 10^{5}$	10^{10}	10^{9}
L 8A	10^{-8}	10^{6}	$5\cdot 10^{5}$	10^{7}	$5\cdot 10^{5}$	10^{9}	$5\cdot 10^{6}$	10^{11}	10^{10}
L 9A	10^{-9}	10^{7}	$5\cdot 10^{6}$	10^{8}	$5\cdot 10^{6}$	10^{10}	$5\cdot 10^{7}$	10^{12}	10^{11}
L 10A	10^{-10}	10^{8}	$5\cdot 10^{7}$	10^{9}	$5\cdot 10^{7}$	10^{11}	$5\cdot 10^{8}$	10^{13}	10^{12}
L 11A	10^{-11}	10^{9}	$5\cdot 10^{8}$	10^{10}	$5\cdot 10^{8}$	10^{12}	$5\cdot 10^{9}$	10^{14}	10^{13}

Anmerkung: Neben der Verwendung einer Laserschutzbrille ist bei einer Bestrahlung über 100 J/m² oder einer Bestrahlungsstärke über 100 W/m² auf einen Hautschutz zu achten. Bei Laserleistungen über 0,5 W besteht Brandgefahr.

b) Impulsfolgen, deren Einzelimpulse länger als 10 μs sind, die Gesamtzahl n der Impulse innerhalb der gesamten Bestrahlungszeit zu ermitteln und die Bestrahlung H des Einzelimpulses nach Nummer 2 mit $n^{0,25}$ zu multiplizieren; für die sich so ergebende Bestrahlung ist die Schutzstufe zu ermitteln.

3.3 Die mittlere Bestrahlungsstärke E für die Impulsfolge ist zu ermitteln und dafür die Schutzstufe zu entnehmen. Dabei ist die mittlere Bestrahlungsstärke E das Produkt aus Bestrahlung H des Einzelimpulses und der Frequenz f.

3.4 Der höchste Wert der Schutzstufe aus Nummer 3.1, 3.2 und 3.3 ist die erforderliche Schutzstufe.

Sollen in einem Laserbereich Laserstrahlen unterschiedlicher Wellenlänge gleichzeitig erzeugt werden, so gelten nur solche Schutzbrillen als geeignet, deren Schutzwirkung für alle auftretenden Strahlungen ausreichend ist. Da eine ausreichende Schutzwirkung bei Laserschutzbrillen im allgemeinen nur in einem schmalen Wellenlängenbereich vorhanden ist, läßt sich diese Anforderung häufig nur dadurch erfüllen, daß Laser unterschiedlicher Wellenlänge nicht gleichzeitig oder aber in getrennten Laserbereichen betrieben werden. Besonders wichtig ist die Verwendung der jeweils geeigneten Schutzbrillen bei Lasern, die unterschiedliche Wellenlängen ausstrahlen können.

Zum Einsatz bei Justierarbeiten an Lasereinrichtungen der Klassen 3 B oder 4, die nur im sichtbaren Spektralbereich zwischen 400 nm und 700 nm strahlen, gelten auch Laser-Justierbrillen als geeignete Augenschutzmittel, wenn diese DIN 58 219 „Laser-Justierbrillen; Sicherheitstechnische Anforderungen und Prüfung" entsprechen. Die Laserstrahlung wird bei Verwendung von Laser-Justierbrillen am Auge auf Werte abgeschwächt, die denen von Lasereinrichtungen der Klasse 2 entsprechen. Die mittlere Leistung der Laser darf bei Benutzung von Laser-Justierbrillen 10 W nicht überschreiten. Die Benutzung dieser Brillen gewährt keinen vollständigen Schutz; dafür sind Brillen nach DIN 58 215 zu verwenden. Das Auge ist nur dann gegen Schäden geschützt, wenn der Lidschlußreflex eintritt; dieser Reflex darf nicht unterdrückt werden.

Die Kennzeichnung von Laser-Justierbrillen ist in DIN 58 219 geregelt. Sie enthält das Wort „Justierbrille", den Kennbuchstaben des Herstellers, Wellenlänge bzw. Wellenbereich und die maximal zulässige Laserleistung.

Vor der Benutzung der Augenschutzmittel oder der Schutzkleidung hat sich der Versicherte zu vergewissern, daß sie für den jeweiligen Anwendungsfall geeignet sind und keine offensichtlichen Mängel aufweisen. Im Zweifelsfall ist der Laserschutzbeauftragte hinzuzuziehen.

Offensichtliche Mängel sind z. B. mit dem Auge erkennbare Veränderungen am Schutzfilter wie Sprünge, Farbänderungen, Änderungen der Lichtdurchlässigkeit sowie Fehler des Tragkörpers, die den Schutz vor seitlich einfallender Strahlung beeinträchtigen.

Sofern besondere Betriebsbedingungen die Anwendung betriebstechnischer Maßnahmen nicht zulassen, wie das im Forschungs- und Entwicklungsbereich möglich sein kann, und bei den Arbeiten weder Laserschutzbrillen nach DIN 58 215 noch

Laser-Justierbrillen nach DIN 58219 verwendet werden können, sollen diese Arbeiten von besonders unterwiesenen, zuverlässigen Personen durchgeführt werden; außerdem soll dafür die Zustimmung des Laserschutzbeauftragten vorliegen.

Zu § 8 Abs. 3:

Die Unterweisungen sind entsprechend § 7 Abs. 2 UVV „Allgemeine Vorschriften" (VBG 1) mindestens einmal jährlich zu wiederholen.

Die Unterweisung hat das Ziel, die Versicherten über die Gefahren der Laserstrahlung zu informieren und sie mit den vorhandenen Sicherheitseinrichtungen und mit den erforderlichen Schutzmaßnahmen vertraut zu machen, damit Schädigungen durch Laserstrahlung verhindert werden. Inhalt der Unterweisung sollte also sein:

> Laserstrahlung und ihre Gefahren, Wirkung der Laserstrahlen auf das Auge, sonstige Gefährdungsmöglichkeiten und Nebenwirkungen, Schutzvorschriften und betriebliche Anweisungen, Verhalten im Laserbereich, Schutzmaßnahmen und -vorrichtungen am Arbeitsplatz, Benutzung von Körperschutzmitteln, Kontrolle baulicher und apparativer Schutzvorrichtungen, Verhalten im Schadensfall.

Es wird empfohlen, über die Unterweisungen Aufzeichnungen zu führen.

Wenn sich Versicherte nur kurzzeitig in Laserbereichen aufhalten, genügt eine Kurzunterweisung ohne Aufzeichnung, sofern sie sich in Begleitung einer hierzu beauftragten Person befinden.

Zu § 8 Abs. 4:

Diese Forderung ist erfüllt, wenn

— der Fernverriegelungsstecker einer Lasereinrichtung der Klasse 3 B oder 4 an einen Not-Aus-Schalter, einen Türkontakt oder an eine andere gleichwertige Einrichtung mit Schutzfunktion angeschlossen ist,

— Lasereinrichtungen der Klassen 2 für Unterrichtszwecke, 3 A, 3 B oder 4 bei Nichtbenutzung gegen unbefugten Gebrauch durch das Abnehmen des Schlüssels des Schlüsselschalters gesichert sind,

— Lasereinrichtungen der Klassen 3 A, 3 B oder 4 bei Nichtbenutzung durch die Verwendung der Strahldämpfungseinrichtungen gesichert sind.

Zu § 9:

Eine Änderung der Klasse während der Instandhaltung kann vor allem bei Lasereinrichtungen der Klasse 1 auftreten, die eingebaute Laser höherer Klasse enthalten.

Solche Lasereinrichtungen sind z. B. Laserdrucker, Laserscanner zum Abtasten von Strich-Codes in Handel und Industrie, Bearbeitungslaser, Laser-Entfernungsmeßgeräte, Laser-Platten- und Bildplattenspieler, Laser-Kopierer, Lichtwellenleiter-Übertragungsstrecken mit Lasersendern.

Für die erforderlichen Schutzmaßnahmen hat der Unternehmer zu sorgen, der die Instandhaltung durchführt. Auf die Pflicht zur Koordinierung entsprechend § 6 UVV „Allgemeine Vorschriften" (VBG 1) wird hingewiesen.

Können die Bestimmungen der §§ 7 und 8 nicht völlig eingehalten werden, ist durch besondere Maßnahmen und durch den Zeitpunkt der Instandhaltung sicherzustellen, daß eine Bestrahlung von Personen durch Laserstrahlung oberhalb der MZB-Werte verhindert ist.

Können bei bestimmten Lasereinrichtungen Laserbereiche auftreten, die vorher nicht eindeutig festlegbar sind, z. B. bei Bruch von Lichtleitern, sind die Beschäftigten, die die Instandhaltung durchzuführen haben, so auszurüsten, daß sie gegen die maximal mögliche Laserstrahlung geschützt sind.

Zu § 10:

Siehe auch §§ 43 bis 45 UVV „Allgemeine Vorschriften" (VBG 1).

Zu § 10 Abs. 1:

Diese Forderung ist erfüllt, wenn der Laserbereich von brennbaren Stoffen und explosionsfähiger Atmosphäre freigehalten wird. Werden solche Stoffe für eine spezielle Anwendung der Laserstrahlung benötigt, dürfen nur die dafür erforderlichen Mindestmengen im Laserbereich vorhanden sein. Es sind Maßnahmen zu treffen, die eine Gefährdung der Beschäftigten durch das Zünden dieser Mengen verhindern.

Brennbare Stoffe im Sinne dieser Unfallverhütungsvorschrift sind hochentzündliche, leicht entzündliche und entzündliche Stoffe gemäß Gefahrstoffverordnung sowie sonstige brennbare Materialien, wie Holz, Papier, Textilien, Kunststoffe.

Siehe „Richtlinien für die Vermeidung der Gefahren durch explosionsfähige Atmosphäre mit Beispielsammlung — Explosionsschutz-Richtlinien — (EX-RL)" (ZH 1/10), insbesondere Abschnitte E 2.3.9 und E 2.3.10.

Zu § 10 Abs. 2:

Bevor ein Stoff der Einwirkung intensiver Laserstrahlung ausgesetzt wird, ist zur Erfüllung dieser Forderung zu prüfen, ob durch Verdampfen, Verbrennen, durch chemische Reaktionen oder durch Bildung von Aerosolen gesundheitsgefährliche Konzentrationen von Gasen, Dämpfen, Stäuben oder Nebeln oder explosionsfähige Gemische entstehen können; siehe Technische Regeln für Gefahrstoffe TRGS 900 „MAK-Werte-Liste" (ZH 1/401).

Beispielsweise können bei der Bearbeitung von Kunststoffen mit CO_2-Lasern giftige Zersetzungsprodukte auftreten.

Bei der Einwirkung gepulster Laserstrahlen auf ein Material kann es neben der Bildung von Gasen vor allem zu einer Zerstäubung (Aerosolbildung) kommen.

Eine geeignete Schutzmaßnahme gegen das Auftreten gesundheitsgefährlicher oder explosionsfähiger Gemische ist ein wirksames Absaugsystem.

Besondere Vorsicht ist angebracht, wenn Stoffe wie Beryllium, berylliumhaltende Materialien oder auch radioaktive Stoffe intensiver Laserstrahlung ausgesetzt werden. Gefährliche Berylliumkonzentrationen können unter Umständen auch durch die Einwirkung von hochintensiver Laserstrahlung auf feuerfeste Steine entstehen. Nach der Gefahrstoffverordnung ist Beryllium krebserzeugend. Ein MAK-Wert besteht nicht, weil keine noch als unbedenklich anzusehende Konzentration angegeben werden kann. Das gleiche gilt für Asbest.

Für Asbest und Beryllium sind Richtwerte in den Technischen Regeln für Gefahrstoffe TRGS 102 „Technische Richtkonzentrationen (TRK) für gefährliche Stoffe" festgelegt. Die TRGS 102 ist auch in der MAK-Werte-Liste abgedruckt.

Asbest soll als Strahlfänger für Hochleistungslaser nicht verwendet werden, da beim Schmelzen und Verdampfen von Asbest in den Dämpfen nadelförmige kristalline Aerosole auftreten, die Krebs erzeugen können.

Beim Auftreten hochintensiver Strahlung auf Schamottesteine oder Tonziegel können sich durch Abschmelzen glatte spiegelnde Oberflächenbereiche bilden, die zu Reflexionen in nicht vorher bestimmbare Richtungen führen.

Bei der Anwendung intensiver Laserstrahlung, insbesondere beim Schweißen, Schneiden, Abtragen und Erhitzen von Material, kann eine intensive, nicht kohärente Sekundärstrahlung entstehen. Die Versicherten sind daher durch zusätzliche Schutzfilter (Graufilter) gegen diese Gefährdungen zu schützen.

Zu § 12:

Die Annahme einer Augenschädigung ist gerechtfertigt, wenn ein Versicherter eine Bestrahlung mit Laserstrahlung feststellt und die MZB-Werte überschritten sein können.

Der Augenarzt soll eine Fluoreszenzangiographie durchführen können; in der Regel ist dies in Augenkliniken und Universitätskliniken der Fall.

Auf die Pflicht zur ärztlichen Versorgung entsprechend UVV „Erste Hilfe" (VBG 109) bei anderen Verletzungen durch Laserstrahlung wird hingewiesen.

Zu § 13:

Für den Betrieb von Lasereinrichtungen, die in Diskotheken eingesetzt werden, siehe auch Merkblatt „Disco-Laser".

Für den Betrieb von Bühnenlasern siehe DIN 56912 „Sicherheitstechnische Anforderungen für Bühnenlaser und Bühnenlaseranlagen".

Zu § 14 Abs. 1 Nr. 1:

Bei der Anwendung von Lasereinrichtungen der Klasse 3 A ist sicherzustellen, daß der Laserstrahl nicht durch optisch sammelnde Instrumente, wie z. B. Nivelliergeräte, Ferngläser oder Teleskope, beobachtet wird.

Zu § 14 Abs. 1 Nr. 2:

Bei der Verwendung von Lasereinrichtungen der Klasse 3 B mit maximal 5 mW Ausgangsleistung im sichtbaren Wellenlängenbereich (400 nm bis 700 nm), bei denen die Strahlrichtung konstant ist, haben sich folgende Maßnahmen bewährt:

1. Die Ausgangsleistung des Lasers wird auf das für die Anwendung erforderliche Maß beschränkt. Dieser Forderung kann durch die Auswahl des Lasergerätes oder durch Vorschalten abschwächender Filter entsprochen werden.
2. Der Laserstrahl soll möglichst außerhalb des Arbeits- und Verkehrsbereiches verlaufen (siehe auch Nummer 4).
3. Die Strahlachse wird so gesichert, daß ein Auswandern des Laserstrahls nicht möglich ist. Diese Sicherung kann beispielsweise aus einem Rohr vor dem Lasergerät bestehen, das als Strahlfänger dient.
4. Der Bereich um den Laserstrahl wird in einem Abstand von wenigstens 1,5 m z. B. mit einer Flatterleine abgegrenzt und mit Laserwarnschildern gekennzeichnet. Kann die Abgrenzung nicht durchgeführt werden (z. B. unter Tage), ist auf andere Weise, z. B. durch Warnposten, zu verhindern, daß Versicherte in den Bereich des Laserstrahls geraten können.

    An gefährlichen Stellen sind folgende Ersatzmaßnahmen geeignet:
    — Umwehren des Strahlenganges z. B. mit Maschendraht,
    — Anbringen von Vorrichtungen zur Strahlunterbrechung, z. B. Klappen, die eine matte Oberfläche besitzen, wobei wichtig ist, daß diese Vorrichtungen betätigt werden können, ohne dabei in den gefährlichen Bereich zu geraten,
    — Hochlegen des Strahls.
5. Ein Laserstrahl darf sich nur soweit erstrecken, wie es für die Art des Einsatzes notwendig ist. Der Strahl wird am Ende dieser Nutzentfernung durch eine matte Zielfläche aufgefangen. Zu beachten bleibt, daß die Bestrahlungsstärke mit der Entfernung nur wenig abnimmt. Der Strahl kann beispielsweise noch in einer Entfernung von 100 m und mehr für das Auge gefährlich sein.
6. Spiegelnde oder glänzende Gegenstände (z. B. Metallteile, Fahrzeugscheiben, Rückspiegel) sind aus der Umgebung des Laserstrahls zu entfernen oder abzudecken.

Werden Lasereinrichtungen der Klasse 3 B mit maximal 5 mW Ausgangsleistung im sichtbaren Wellenlängenbereich verwendet, bei denen wahlweise eine Umschaltung auf richtungsveränderliche Laserstrahlung möglich ist (Ablenk- oder Scanning-Betrieb), so dürfen nur solche Lasereinrichtungen verwendet werden, die im Ablenk-Betrieb der Klasse 1 entsprechen. Dabei muß sichergestellt sein, daß eine Mindest-Ablenkungsgeschwindigkeit nicht unterschritten werden kann; anderenfalls muß eine automatische Abschaltung oder eine andere Leistungsbegrenzung erfolgen.

Zu § 15 Abs. 1:

Siehe auch Durchführungsanweisungen zu § 4 Abs. 2.

Zu § 15 Abs. 2:

Diese Forderung ist erfüllt, wenn

1. der Laserbereich durch Abschirmung auf das notwendige Maß begrenzt und durch Abgrenzung gegen unbeabsichtigtes Betreten gesichert ist,
2. Zugänge zu Laserbereichen mit Laserwarnzeichen und entsprechendem Hinweiszeichen gekennzeichnet sind,
3. Lasereinrichtungen der Klasse 2 nur von befugten und unterwiesenen Personen betrieben werden,
4. bei der Vorbereitung von Versuchen und Vorführungen nur Personen beteiligt oder zugegen sind, die zuvor über die Gefahren der Laserstrahlung und die erforderlichen Schutzmaßnahmen unterrichtet worden sind,
5. Beobachter bzw. Teilnehmer vor Beginn des Versuches bzw. der Vorführung über die Gefahren der Laserstrahlung unterrichtet worden sind,
6. Versuche und Vorführungen mit der jeweils geringsten notwendigen Laserleistung durchgeführt werden.

Zu § 16 Abs. 1:

Diese Forderung ist z. B erfüllt, wenn Tuben, die brennbare Narkosegase führen, aus Materialien bestehen oder mit Materialien umhüllt sind, die ausreichend standfest gegen die verwendete Laserstrahlung sind bzw. wenn Organe frei von explosionsfähiger oder brennbarer Atmosphäre sind.

Zu § 16 Abs. 2:

Diese Forderung ist erfüllt, wenn die Instrumente für medizinische Anwendung im Laserbereich dunkle oder matte Oberflächen aufweisen und über möglichst kleine Radien verfügen. Plane Flächen sind zu vermeiden.

Zu § 16 Abs. 3:

Optische Einrichtungen zur Beobachtung oder Einstellung sind z. B. Endoskope oder Mikroskope.

Diese Forderung ist für optische Einrichtungen, die ausschließlich für den Lasereinsatz bestimmt sind, durch in die Betrachtungsoptik fest eingebaute Filter erfüllt bzw. für gelegentlich beim Lasereinsatz verwendete optische Einrichtungen durch die Verwendung zusätzlicher geeigneter Vorsatzfilter.

Geeignete Filter sind Filtergläser, die den Anforderungen an Filtergläser für Laserschutzbrillen entsprechen, in nur mit Hilfswerkzeugen entfernbaren Aufsteck- oder Einschraubfassungen, deren Einbauzustand deutlich erkennbar ist.

Schutzfilter für die Anwendung an optischen Betrachtungseinrichtungen in medizinischer Anwendung müssen entsprechend DIN 58215 „Laserschutzfilter und Laserschutzbrillen" gekennzeichnet sein.

Zu § 16 Abs. 4:

Diese Forderung ist erfüllt, wenn die versehentlich bestrahlten Materialien nach Strahlabschaltung nicht weiter brennen oder glimmend abtropfen.

Zu § 17 Abs. 1:

Diese Forderung ist erfüllt, wenn die MZB-Werte in einer Entfernung von 130 mm von der Austrittsstelle der Laserstrahlung bei einer Bestrahlungsdauer von 1000 s unterschritten werden. Können diese Bedingungen nicht eingehalten werden, sind besondere Schutzmaßnahmen erforderlich, z. B. automatisches Abschalten des Lasers bei Unterbrechung der Übertragungsstrecke, konstruktive Maßnahmen bei Stecksystemen.

Diese Forderung ist auch erfüllt, wenn an der Austrittsstelle die Grenzwerte der zugänglichen Strahlung für Klasse 3 A eingehalten sind.

Eine Lichtwellenleiter-Übertragungsstrecke entspricht im zusammengeschalteten Zustand der Klasse 1, da in der Regel aus dem Gesamtsystem (optischer Sender, angeschlossene Fasern und Kabel, Stecker, feste Verbindungen sowie gegebenenfalls weitere zusammengeschaltete Komponenten) keine Laserstrahlung austritt.

Bei nicht bestimmungsgemäßer Trennung des Übertragungsweges, z. B. bei Kabelriß durch Bagger, unzulässigem Öffnen einer Steckverbindung, tritt im allgemeinen divergente Laserstrahlung aus, deren Leistungsdichte mit dem Quadrat der Entfernung von der Austrittsstelle abnimmt.

Zu § 17 Abs. 2:

Die Unterweisung hat alle notwendigen Schutzmaßnahmen nach § 8 zu behandeln.

Schutzmaßnahmen können gegebenenfalls schon dann erforderlich sein, wenn abweichend von den Durchführungsanweisungen zu § 17 Abs. 1 die MZB-Werte bei einem kleineren Abstand als 130 mm überschritten werden, z. B. bei der Benutzung von optischen Hilfsmitteln, wie Mikroskopen, Lupen.

Anhang 1

Begriffsbestimmungen

Die folgenden Begriffsbestimmungen sind DIN VDE 0837 „Strahlungssicherheit von Lasereinrichtungen; Klassifizierung von Anlagen, Anforderungen, Benutzer-Richtlinien" entnommen, ausgenommen die Begriffe im Zusammenhang mit Instandhaltung, die DIN 31051 Teil 1 „Instandhaltung, Begriffe und Maßnahmen" entnommen sind. Soweit wie möglich wurde eine Anpassung an DIN 5030 „Spektrale Strahlungsmessung", DIN 5031 „Strahlungsphysik im optischen Bereich und Lichttechnik" und DIN 5036 „Strahlungsphysikalische und lichttechnische Eigenschaften von Materialien" vorgenommen.

In dieser Unfallverhütungsvorschrift und den zugehörigen Durchführungsanweisungen werden neben den Begriffsbestimmungen des § 2 folgende Begriffe verwendet:

Ausgedehnte Quelle: Eine Laserstrahlungsquelle, welche vom Auge unter einem Winkel gesehen wird, der größer ist als der Grenzwinkel α_{min}.
Anmerkung: Die Quelle kann ein direkt oder indirekt über spiegelnde oder diffuse Reflexionen betrachteter Laserstrahl sein.

Bestrahlung: Die Strahlungsenergie, welche auf ein Oberflächenelement trifft, geteilt durch den Flächeninhalt dieses Elements.

Symbol H $\qquad H = \dfrac{dQ}{dA} = \int E\, dt$

Einheit: Joule pro Quadratmeter, $J\, m^{-2}$

Bestrahlungsstärke: Die Strahlungsleistung, die auf ein Oberflächenelement trifft, geteilt durch den Flächeninhalt dieses Elements.

Symbol E $\qquad E = \dfrac{d\Phi}{dA}$

Einheit: Watt pro Quadratmeter, $W\, m^{-2}$

Dauerstrich-Laser (kontinuierlich strahlender Laser): In dieser Unfallverhütungsvorschrift wird ein Laser, welcher über mehr als einen Zeitraum von 0,25 s andauernd strahlt, als Dauerstrichlaser betrachtet.

Diffuse Reflexion: Veränderung der räumlichen Verteilung eines Strahlenbündels nach der Streuung durch eine Oberfläche oder eine Substanz in viele Richtungen. Ein vollkommen diffus streuendes Material zerstört jede Korrelation zwischen den Richtungen der einfallenden und wieder austretenden Strahlung.

Emissionsdauer: Die zeitliche Dauer eines Impulses, einer Impulsfolge oder des Dauerbetriebes, in welcher der Zugang zur Laserstrahlung möglich ist, wenn die Lasereinrichtung betrieben, gewartet oder instandgesetzt wird.

Expositionsdauer: Die Zeitdauer eines Impulses, einer Impulsfolge oder einer Daueremission von Laserstrahlung, welche auf den menschlichen Körper einfällt.

Fernbedienbarer Verriegelungsanschluß: Ein Stecker, welcher es ermöglicht, externe Steuerelemente anzuschließen, die von anderen Komponenten der Lasereinrichtung getrennt aufgestellt sind.

Gebündelter Strahl: Ein „paralleles" Lichtbündel mit sehr geringer Winkeldivergenz oder -konvergenz.

Grenzblende: Die maximale kreisförmige Fläche, über welche Strahldichte und Bestrahlung gemittelt werden dürfen.

Grenzwinkel α_{min}: Der Sehwinkel, unter welchem eine Laserquelle oder ein diffuser Reflex vom Auge des Betrachters aus erscheint. Er wird benutzt, um zwischen der Punktquellenbetrachtung und der Betrachtung einer ausgedehnten Quelle zu unterscheiden; siehe Bild 8.

Impulsdauer: Das Zeitintervall zwischen den Halbwerten der Spitzenleistung am Beginn und Ende eines Impulses.

Impulslaser: Ein Laser, der seine Energie in Form eines Einzelimpulses oder einer Impulsfolge abgibt. Dabei ist die Zeitdauer eines Impulses kleiner als 0,25 s.

Inspektion: Maßnahmen zur Feststellung und Beurteilung des Istzustandes.

Instandhaltung: Gesamtheit der Maßnahmen zur Bewahrung und Wiederherstellung des Sollzustandes sowie zur Feststellung und Beurteilung des Istzustandes.

Instandsetzung: Maßnahmen zur Wiederherstellung des Sollzustandes.

Maximale Ausgangsstrahlung: Die maximale Leistung, bzw. die maximale Strahlungsenergie pro Impuls der gesamten zugänglichen Strahlung, die eine Lasereinrichtung in irgend eine Richtung bei Nutzung aller apparativen Möglichkeiten zu einer beliebigen Zeit nach der Herstellung abgeben kann.

Meßblende: Eine Öffnung, die dazu dient, die Fläche zu definieren, über welche Strahlung gemessen wird.

Modenkopplung: Ein regelmäßiger Mechanismus oder eine Erscheinung innerhalb eines Laserresonators, welcher zur Erzeugung eines Zuges sehr kurzer Impulse führt. Diese Erscheinung kann absichtlich herbeigeführt werden, oder auch spontan als „selbständige Modenkopplung" vorkommen. Die dabei auftretenden Spitzenleistungen können beträchtlich höher sein als die mittlere Leistung.

Optische Dichte: Logarithmus zur Basis 10 des Reziprokwertes des Transmissionsgrades.

Symbol D $\quad D = -\log_{10} \tau$

Direkter Blick in den Strahl (Punktquellenbetrachtung): Alle Sehbedingungen, unter denen das Auge der Laserstrahlung ausgesetzt ist, ausgenommen Betrachtung ausgedehnter Quellen.

Reflexionsgrad: Das Verhältnis der gesamten reflektierten Strahlungsleistung zur gesamten einfallenden Strahlungsleistung.

Symbol ϱ

Richtungsveränderliche Laserstrahlung (scanning): Laserstrahlung, die bezüglich eines festen Bezugssystems eine mit der Zeit variierende Richtung, einen zeitlich veränderlichen Ursprungsort oder ein zeitlich veränderliches Strahlungsdiagramm hat.

Schutzabdeckung: Eine Vorrichtung, die den Zugang von Menschen zur Laserstrahlung verhindert, ausgenommen die Fälle, in welchen der Zugang für die vorgesehene Funktion der Anlage notwendig ist (vom Benutzer installiert).

Schutzgehäuse: Jene Teile einer Laser-Einrichtung (einschließlich Einrichtungen mit gekapselten Lasern), die dafür konstruiert sind, zugängliche Strahlung zu verhindern, welche die vorgeschriebenen Grenzwerte der zugänglichen Strahlung (GZS) übersteigt (gewöhnlich vom Hersteller angebracht).

Sicherheitsabstand (nominal optical hazard distance NOHD): Die Entfernung, bei welcher die Bestrahlungsstärke oder die Bestrahlung unter den entsprechenden Grenzwert der maximal zulässigen Bestrahlung (MZB) abgefallen ist. Schließt man beim Sicherheitsabstand auch die Möglichkeit der Betrachtung mit optischen Hilfsmitteln ein, so wird vom „Erweiterten Sicherheitsabstand" gesprochen.

Sichtbare Strahlung (Licht): Jede Strahlung, die direkte Lichtempfindungen im Auge hervorrufen kann.

Anmerkung: In dieser Unfallverhütungsvorschrift bedeutet dies die elektromagnetische Strahlung, deren monochromatische Komponenten im Wellenlängenbereich zwischen 400 nm und 700 nm liegen.

Spiegelnde Reflexion: Eine Reflexion an einer Oberfläche, bei welcher die Korrelation zwischen den einfallenden und reflektierenden Strahlen aufrechterhalten wird, wie bei der Reflexion an einem Spiegel.

Strahlaufweiter: Eine Kombination optischer Elemente, die den Durchmesser eines Laserstrahlenbündels erhöht.

Strahldichte: Die Strahlungsleistung pro Flächeneinheit der strahlenden Oberfläche pro Raumwinkeleinheit der Strahlung.

Anmerkung: Dies ist eine vereinfachte Definition, die für die Zwecke dieser Unfallverhütungsvorschrift ausreichend ist.

Symbol L $\quad L = \dfrac{d^2 \Phi}{d\Omega \cdot dA \cdot \cos\Theta}$

Einheit: Watt pro Steradiant pro Quadratmeter, $W \cdot sr^{-1} \cdot m^{-2}$

Strahlungsenergie: Energie, welche in Form von Strahlung ausgesandt, übertragen oder empfangen wird.

Symbol Q

Einheit: Joule, J

Strahlungsleistung: Leistung, die in Form von Strahlung emittiert, übertragen oder empfangen wird.

Symbol: Φ_e, Φ, P $\quad \Phi_e = \dfrac{dQ}{dt}$

Einheit: Watt, W

Transmissionsgrad: Das Verhältnis der gesamten durchgelassenen Strahlungsleistung zur gesamten einfallenden Strahlungsleistung.

Symbol τ

Wartung: Maßnahmen zur Bewahrung des Sollzustandes.

Zeitliches Integral der Strahldichte: Das Integral der Strahldichte über eine gegebene Expositionsdauer ausgedrückt als Strahlungsenergie pro Einheit einer strahlenden Oberfläche pro Raumwinkeleinheit der Strahlung (normalerweise $J \cdot m^{-2} \cdot sr^{-1}$.

Zugängliche Strahlung: Laserstrahlung, die in der Lage ist, einen Teil des menschlichen Körpers zu treffen und zu gefährden. Die Strahlung kann entweder durch eine Öffnung, durch Ablenkung mittels eines Reflektors oder durch einen Lichtleiter austreten. Die Exposition kann auch durch Hineinbringen von Teilen des Körpers durch Öffnungen im Gehäuse erfolgen oder im gestörten Betrieb der Lasereinrichtung auftreten.

Anhang 2

Hinweis: Der Anhang 2 ist sachlich übernommen aus Abschnitt 13 DIN VDE 0837 „Strahlungssicherheit von Laser-Einrichtungen; Klassifizierung von Anlagen, Anforderungen, Benutzer-Richtlinien".

Maximal zulässige Bestrahlung (MZB)

1 Allgemeine Bemerkungen

Die maximal zulässige Bestrahlung ist für die Benutzer so festgelegt, daß sie unterhalb der bekannten Gefahrenpegel liegen. Sie basieren auf den besten zur Verfügung stehenden Informationen aus experimentellen Studien. Die MZB-Werte sind als Richtwerte bei der Kontrolle von Bestrahlungen anzusehen; sie stellen keine präzis definierte Abgrenzung zwischen sicheren und gefährlichen Pegeln dar. Wenn ein Laser Strahlung bei einigen sehr unterschiedlichen Wellenlängen emittiert oder wenn einer kontinuierlichen Strahlung Impulse überlagert sind, können die Berechnungen der Gefährdung komplex sein.

Bei Einwirkungen mehrerer Wellenlängen ist ein additiver Effekt auf einer proportionalen Basis der spektralen Wirksamkeit entsprechend den MZB-Werten von Tabelle II, III oder IV anzunehmen, wenn

a) die Impulsbreite oder Einwirkungszeit von der gleichen Größenordnung sind

und

b) die Spektralbereiche in Tabelle I — durch die Symbole (a) für die Einwirkung auf das Auge und (h) für die Einwirkung auf die Haut — als additiv gekennzeichnet sind.

Dabei darf die Summe der Quotienten aus der jeweiligen Bestrahlung und dem zugehörigen MZB-Wert nicht größer als 1 sein.

Tabelle I: Additivität von Effekten am Auge (a) und an der Haut (h) in verschiedenen spektralen Bereichen.

Spektralbereich	UV-C und UV-B 200 nm bis 315 nm	UV-A 315 nm bis 400 nm	Sichtbares und IR-A 400 nm bis 1400 nm	IR-B und IR-C 1400 nm bis 10^6 nm
UV-C und UV-B 200 bis 315 nm	a h			
UV-A 315 bis 400 nm		a h	h	a h
Sichtbar und IR-A 400 bis 1400 nm		h	a h	h
IR-B und IR-C 1400 bis 10^6 nm		a h	h	a h

Wenn eine vom Unternehmer vorgenommene Modifikation einer zuvor klassifizierten Lasereinrichtung irgendeinen Gesichtpunkt ihrer Leistungsdaten oder ihrer beabsichtigten Funktionsweise im Rahmen dieser Unfallverhütungsvorschrift berührt, so ist der Unternehmer, der die Modifikation vornimmt, dafür verantwortlich, daß eine erneute Klassifizierung und Beschilderung der Lasereinrichtung gewährleistet ist, wobei er in den Stand des „Herstellers" tritt.

Wo die ausgestrahlten Wellenlängen nicht als additiv aufgezeigt sind, sind die Gefahren getrennt zu bewerten. Für Wellenlängen, bei denen die Wirkung als additiv bezeichnet ist, bei denen die Impulsbreiten oder Einwirkungszeiten aber nicht von gleicher Größenordnung sind, ist extreme Vorsicht erforderlich (z. B. im Fall gleichzeitiger Einwirkung von gepulster und kontinuierlicher Strahlung).

2 Grenzblenden, Meßblenden

2.1 Für alle Messungen und Berechnungen der MZB-Werte ist eine geeignete Blende, die sogenannte Grenzblende, zu verwenden. Diese Blende ist bestimmt durch den maximalen Durchmesser einer kreisförmigen Fläche, über die die Bestrahlungsstärke oder Bestrahlung zu mitteln ist. Die Werte für die Durchmesser der Grenzblenden betragen für die Wellenlängen

100 nm $\leq \lambda <\ 400$ nm : 1 mm
400 nm $\leq \lambda < 1400$ nm : 7 mm
1400 nm $\leq \lambda <\ 10^5$ nm : 1 mm
10^5 nm $\leq \lambda <\ 10^6$ nm : 11 mm

Anmerkung:

Die MZB-Werte für Augen-Bestrahlung mit Strahlung im sichtbaren oder nahen Infrarotbereich sind über eine 7 mm Durchmesser-Blende (Pupille) gemessen. Der MZB-Wert darf **nicht** angepaßt werden, um kleinere Pupillendurchmesser zu berücksichtigen.

2.2 Messungen von Werten der Strahldichte oder des zeitlichen Integrals der Strahldichte haben durch Messung der Strahlungsleistung oder der Strahlungsenergie zu erfolgen, die durch eine kreisförmige Meßblende von 7 mm Durchmesser tritt und innerhalb eines effektiven Aufnahmeraumwinkels von 10^{-5} sr liegt, geteilt durch diesen Raumwinkel und durch die Fläche der Meßblende.

2.3 Messungen an richtungsveränderlicher Laserstrahlung haben mit einer stillstehenden Meßblende mit 7 mm Durchmesser zu erfolgen (die entstehende zeitliche Schwankung der aufgenommenen Strahlung soll als Impuls oder als Impulsfolge betrachtet werden).

3 Wiederholt gepulste oder modulierte Laser

Da es nur wenige Daten über die Bestrahlung mit Mehrfachimpulsen gibt, muß bei der Abschätzung der zulässigen Bestrahlung durch wiederholt gepulste Strahlung besondere Vorsicht walten. Die folgenden Verfahren sollen angewandt werden, um die auf wiederholt gepulste Laserstrahlung anzuwendende MZB zu bestimmen.

3.1 Der MZB-Wert für die Augenbestrahlung bei Wellenlängen von 400 nm $\leq \lambda$ < 1 400 nm wird durch Anwendung derjenigen nachfolgenden Forderungen a), b) und c) oder a), b) und d) bestimmt, die die größte Einschränkung darstellt. Der MZB-Wert für die Augenbestrahlung bei anderen Wellenlängen oder für die Hautbestrahlung wird durch die Anwendung derjenigen nachfolgenden Forderungen a) und b) bestimmt, die die größte Einschränkung darstellt:

a) Die Bestrahlung durch einen Impuls einer Impulsfolge darf nicht den MZB-Wert für einen Einzelimpuls überschreiten,

b) die mittlere Bestrahlungsstärke für eine Impulsfolge der Dauer T darf nicht den MZB-Wert (Tabelle II, III, IV) für einen einzelnen Impuls der Dauer T übersteigen,

c) wenn die Dauer eines einzelnen Impulses geringer als 10^{-5} s ist, dann ist auf jeden Impuls einer Impulsfolge mit gleichmäßiger Impulsfolgefrequenz (PRF) größer als 1 Hz der MZB-Wert eines einzelnen isolierten Impulses, reduziert durch den Korrekturfaktor C_5 (siehe Bild 7), anzuwenden. Der Korrekturfaktor C_5 hängt von der Impulsfolgefrequenz N wie folgt ab:

Für N zwischen 1 Hz und 278 Hz ist $C_5 = 1/\sqrt{N}$

für N größer als 278 Hz ist $C_5 = 0{,}06$,

d) wenn die einzelne Impulsdauer größer ist als 10^{-5} s, dann ist die folgende Formel zur Ermittlung des MZB-Wertes für jeden Impuls zu verwenden:

$$MZB_{Einzelimpuls} = \frac{MZB_{nt}}{n}$$

mit n = Zahl der Impulse in der Folge, t = Einzelimpulsdauer und MZB_{nt} = MZB-Wert, der auf einen Impuls der Breite nt Sekunden anzuwenden ist.

3.2 Für Impulsfolgen, die eine ungleichmäßige oder veränderliche Impulsfolgefrequenz (PRF) haben (z. B. Impulsfolgefrequenzmodulation), ist der maximal erreichbare Wert der PRF zu verwenden und der MZB-Wert aus der Berechnung nach Abschnitt 3.1 auf jeden Fall anzuwenden.

3.3 Wenn eine Impulsfolge aus einer Reihe oder einer Gruppe von 10 oder weniger einzelnen Impulsen besteht, wobei die Reihe in periodischen oder teilweise periodischen Intervallen wiederholt wird, kann die Analyse dadurch vereinfacht werden, daß jede einzelne Gruppe von Impulsen auf einen einzelnen äquivalenten Impuls reduziert wird und die Bedingungen der Abschnitte 3.1 und 3.2 angewendet werden. Das Verfahren zur Bestimmung des äquivalenten Impulses lautet wie folgt:

a) Wenn die Impulsbreite der Gruppe bzw. der Reihe kleiner als 10^{-5} s ist, muß der äquivalente Einzelimpuls eine Impulsbreite haben, die gleich der kleinsten Impulsbreite innerhalb der Gruppe ist und eine Bestrahlung haben, die gleich der gesamten Bestrahlung der Gruppe ist,

b) wenn die Impulsbreite der Gruppe bzw. der Reihe größer ist als 10^{-5} s, muß der äquivalente Einzelimpuls eine Impulsbreite haben, die gleich der

Summe der einzelnen Impulse ist, mit einer Bestrahlung, die gleich der gesamten Bestrahlung der Gruppe ist,

c) sofern in manchen Fällen der oben abgeleitete MZB-Wert restriktiver ist, als wenn die Bedingungen nach den Abschnitten 3.1 und 3.2 auf die ursprüngliche Impulsfolge angewendet wird, dann darf unter diesen Umständen der **weniger** restriktive MZB-Wert verwendet werden.

Wenn ein Impulszug aus einer Reihe oder einer Gruppe von mehr als 10 Impulsen besteht, die in periodischen oder teilweise periodischen Intervallen wiederholt wird, sind die Vorschriften nach den Abschnitten 3.1 und 3.2 mit einer Impulsfolgefrequenz PRF anzuwenden, die durch die höchste auftretende momentane PRF innerhalb der Gruppe bestimmt wird.

4 Wellenlängenbereich von 100 nm bis 200 nm

Für den Wellenlängenbereich von 100 nm bis 200 nm sind noch keine speziellen Werte für die maximal zulässige Bestrahlung festgelegt. Bis zu einer solchen Festlegung sind die MZB-Werte für die Wellenlänge 200 nm zu verwenden.

Tabelle II: Maximal zulässige Bestrahlung (MZB) für direkte Einwirkung von Laserstrahlung auf die Hornhaut des Auges (Direkter Blick in den Strahl).

Wellenlänge λ (nm) \ Einwirkungszeit t (s)	$<10^{-9}$	10^{-9} bis 10^{-7}	10^{-7} bis $1{,}8\times10^{-5}$	$1{,}8\times10^{-5}$ bis 5×10^{-5}	5×10^{-5} bis 10	10 bis 10^3	10^3 bis 10^4	10^4 bis 3×10^4
200 bis 302,5	3×10^{10} W·m^{-2}	\multicolumn{7}{c}{30 J·m^{-2}}							
302,5 bis 315	3×10^{10} W·m^{-2}	C_1 J·m^{-2} ($t<T_1$) / C_2 J·m^{-2} ($t>T_1$)				C_2 J·m^{-2}		10^4 bis 3×10^4
315 bis 400	5×10^6 W·m^{-2}	C_1 J·m^{-2}			10^4 J·m^{-2}	100 J·m^{-2}	10 W·m^{-2}	
400 bis 550	5×10^6 W·m^{-2}	5×10^{-3} J·m^{-2}			$18\,t^{0{,}75}$ J·m^{-2}	$t>T_2$: $C_3\times10^2$ J·m^{-2}; $t<T_2$	10^{-2} W·m^{-2}	$C_3\times10^{-2}$ W·m^{-2}
550 bis 700								
700 bis 1050	$5\times C_4\times10^6$ W·m^{-2}	$5\times10^{-3}\times C_4$ J·m^{-2}			$18\times C_4\,t^{0{,}75}$ J·m^{-2}		$3{,}2\times C_4$ W·m^{-2}	
1050 bis 1400	5×10^7 W·m^{-2}	5×10^{-2} J·m^{-2}			$90\times t^{0{,}75}$ J·m^{-2}		16 W·m^{-2}	
1400 bis 10^6	10^{11} W·m^{-2}	100 J·m^{-2}			$5600\times t^{0{,}25}$ J·m^{-2}		1000 W·m^{-2}	

Durchmesser für die Grenzapertur:
- 1 mm, 200 nm $<\lambda<$ 400 nm
- 7 mm, 400 nm $<\lambda<$ 1400 nm
- 1 mm, 1400 nm $<\lambda<$ 10^5 nm
- 11 mm, 10^5 nm $<\lambda<$ 10^6 nm

Anmerkung: Bei wiederholt gepulsten Lasern sind die Festlegungen in Abschnitt 3 (Seite 30) zu beachten.

Tabelle III: Maximal zulässige Bestrahlung (MZB) für die Hornhaut der Augen für die Betrachtung einer ausgedehnten Laserquelle oder eines Laserstrahls nach diffuser Reflexion.

Einwirkungszeit t (s) / Wellenlänge λ (nm)	$< 10^{-9}$	10^{-9} bis 10^{-7}	10^{-7} bis 10	10 bis 10^3	10^3 bis 10^4	10^4 bis 3×10^4
200 bis 302,5				$30\ \mathrm{J \cdot m^{-2}}$		
302,5 bis 315	$3 \times 10^{10}\ \mathrm{W \cdot m^{-2}}$	$C_1\ \mathrm{J \cdot m^{-2}}$ $t < T_1$ / $C_2\ \mathrm{J \cdot m^{-2}}$ $t > T_1$		$C_2\ \mathrm{J \cdot m^{-2}}$		
315 bis 400		$C_1\ \mathrm{J \cdot m^{-2}}$		$10^4\ \mathrm{J \cdot m^{-2}}$		$10\ \mathrm{W \cdot m^{-2}}$
400 bis 550	$10^{11}\ \mathrm{W \cdot m^{-2}\ sr^{-1}}$	$10^9 \times t^{0,33}\ \mathrm{J \cdot m^{-2}\ sr^{-1}}$		$2{,}1 \times 10^3\ \mathrm{J \cdot m^{-2}\ sr^{-1}}$		$21\ \mathrm{W \cdot m^{-2}\ sr^{-1}}$
550 bis 700	$10^{11}\ \mathrm{W \cdot m^{-2}\ sr^{-1}}$	$10^9 \times t^{0,33}\ \mathrm{J \cdot m^{-2}\ sr^{-1}}$		$t < T_2$: $3{,}8 \times 10^4 \times t^{0,75}\ \mathrm{J \cdot m^{-2}\ sr^{-1}}$ / $t > T_2$: $2{,}1 \times C_3 \times 10^5\ \mathrm{J \cdot m^{-2}\ sr^{-1}}$		$21 \times C_3\ \mathrm{W \cdot m^{-2}\ sr^{-1}}$
700 bis 1050	$10^{11} \times C_4\ \mathrm{W \cdot m^{-2}\ sr^{-1}}$	$10^5 \times C_4 \times t^{0,33}\ \mathrm{J \cdot m^{-2}\ sr^{-1}}$		$3{,}8 \times 10^4 \times C_4\ \mathrm{J \cdot m^{-2}\ sr^{-1}}$	$6{,}4 \times 10^3 \times C_4\ \mathrm{W \cdot m^{-2}\ sr^{-1}}$	
1050 bis 1400	$5 \times 10^{11}\ \mathrm{W \cdot m^{-2}\ sr^{-1}}$	$5 \times 10^5 \times t^{0,33}\ \mathrm{J \cdot m^{-2}\ sr^{-1}}$		$1{,}9 \times 10^5 \times t^{0,75}\ \mathrm{J \cdot m^{-2}\ sr^{-1}}$	$3{,}2 \times 10^4\ \mathrm{W \cdot m^{-2}\ sr^{-1}}$	
1400 bis 10^6	$10^{11}\ \mathrm{W \cdot m^{-2}}$	$100\ \mathrm{J \cdot m^{-2}}$	$5600 \times t^{0,25}\ \mathrm{J \cdot m^{-2}}$	$1000\ \mathrm{W \cdot m^{-2}}$		

Tabelle IV: Maximal zulässige Bestrahlung (MZB) für die Einwirkung von Laserstrahlen auf die Haut.

Wellenlänge λ (nm) \ Einwirkungszeit t (s)	$< 10^{-9}$	10^{-9} bis 10^{-7}	10^{-7} bis 10	10 bis 10^3	10^3 bis 3×10^4
200 bis 302,5	3×10^{10} Wm^{-2}		30 Jm^{-2}		
302,5 bis 315	3×10^{10} Wm^{-2}	$t < T_1$ $\;\; C_1$ Jm^{-2}	$t > T_1$ $\;\; C_2$ Jm^{-2}		$C_2\times10^{-3}$ Wm^{-2}
315 bis 400		C_1 Jm^{-2}		10^4 Jm^{-2}	10 Wm^{-2}
400 bis 1400	2×10^{11} Wm^{-2}	200 Jm^{-2}	$11\times10^3\, t^{0,25}$ Jm^{-2}		2000 Wm^{-2}
1400 bis 10^6	10^{11} Wm^{-2}	100 Jm^{-2}	$5600\, t^{0,25}$ Jm^{-2}		1000 Wm^{-2}

Grenzblende = 1 mm für $\lambda < 10^5$ nm und 11 mm für $\lambda > 10^5$ nm.

Hinweise zu den Tabellen II bis IV

1. Es gibt nur ein begrenztes Wissen über Effekte von Bestrahlungszeiten, die kleiner sind als 10^{-9} s. Die MZB-Werte für diese Bestrahlungszeiten sind aus den Werten abgeleitet worden, die sich für die Bestrahlungstärke, Strahldichte oder Bestrahlung für 10^{-9} s ergeben.

2. Die Korrekturfaktoren C_1 bis C_4 und die Knickstellen T_1 und T_2, die in den Tabellen II bis IV verwendet werden, sind durch die folgenden Beziehungen definiert und in den Abbildungen Nummer 1 bis 6 gezeigt.

Parameter	Wellenlängenbereich λ	Abb. Nr.
$C_1 = 5{,}6 \times 10^3 \times t^{0{,}25}$	302,5 nm bis 400 nm	1
$T_1 = 10^{0{,}8\,(\lambda-295)} \times 10^{-15}$	302,5 nm bis 315 nm	2
$C_2 = 10^{0{,}2\,(\lambda-295)}$	302,5 nm bis 315 nm	3
$T_2 = 10 \times 10^{0{,}02\,(\lambda-550)}$	550 nm bis 700 nm	4
$C_3 = 10^{0{,}015\,(\lambda-550)}$	550 nm bis 700 nm	5
$C_4 = 10^{(\lambda-700)/500}$	700 nm bis 1050 nm	6

3. Der Korrekturfaktor C_5 ist zu benutzen, wenn es erforderlich ist, den MZB-Wert von einzelnen Impulsen in Impulsfolgen zu reduzieren (siehe Abschnitt 3).

Parameter	Impulsfolgefrequenz N	Abb. Nr.
$C_5 = 1/\sqrt{N}$	1 Hz bis 278 Hz	7
$C_5 = 0{,}06$	> 278 Hz	

4. Die Anwendung von Tabelle III wird meist auf Bestrahlung durch diffuse Reflexionen beschränkt sein. Sie kann auch für einige Laseranzeigen oder -spezialsysteme gelten. Tabelle III ist nur anzuwenden, wenn — bezogen auf das Auge — der Sehwinkel größer als der Grenzwinkel α_{min} ist.

Parameter	Einwirkungszeit t	Abb. Nr.
$\alpha_{min} = 8 \times 10^{-3}$ rad	$< 10^{-9}$ s	
$\alpha_{min} = 0{,}25 \times 10^{-3} \times t^{-0{,}17}$ rad	10^{-9} s bis 18×10^{-6} s	8
$\alpha_{min} = 15 \times 10^{-3} \times t^{0{,}21}$ rad	18×10^{-6} s bis 10 s	
$\alpha_{min} = 24 \times 10^{-3}$ rad	> 10 s	

Anmerkung: Für $\lambda > 1050$ nm und für $t < 50 \times 10^{-6}$ s ist α_{min} um den Faktor 1,4 zu erhöhen.

5. Der Wellenlängenbereich λ_1 bis λ_2 bedeutet $\lambda_1 \leq \lambda < \lambda_2$ (z. B. 200 bis 302,5 bedeutet 200 nm $\leq \lambda <$ 302,5 nm).

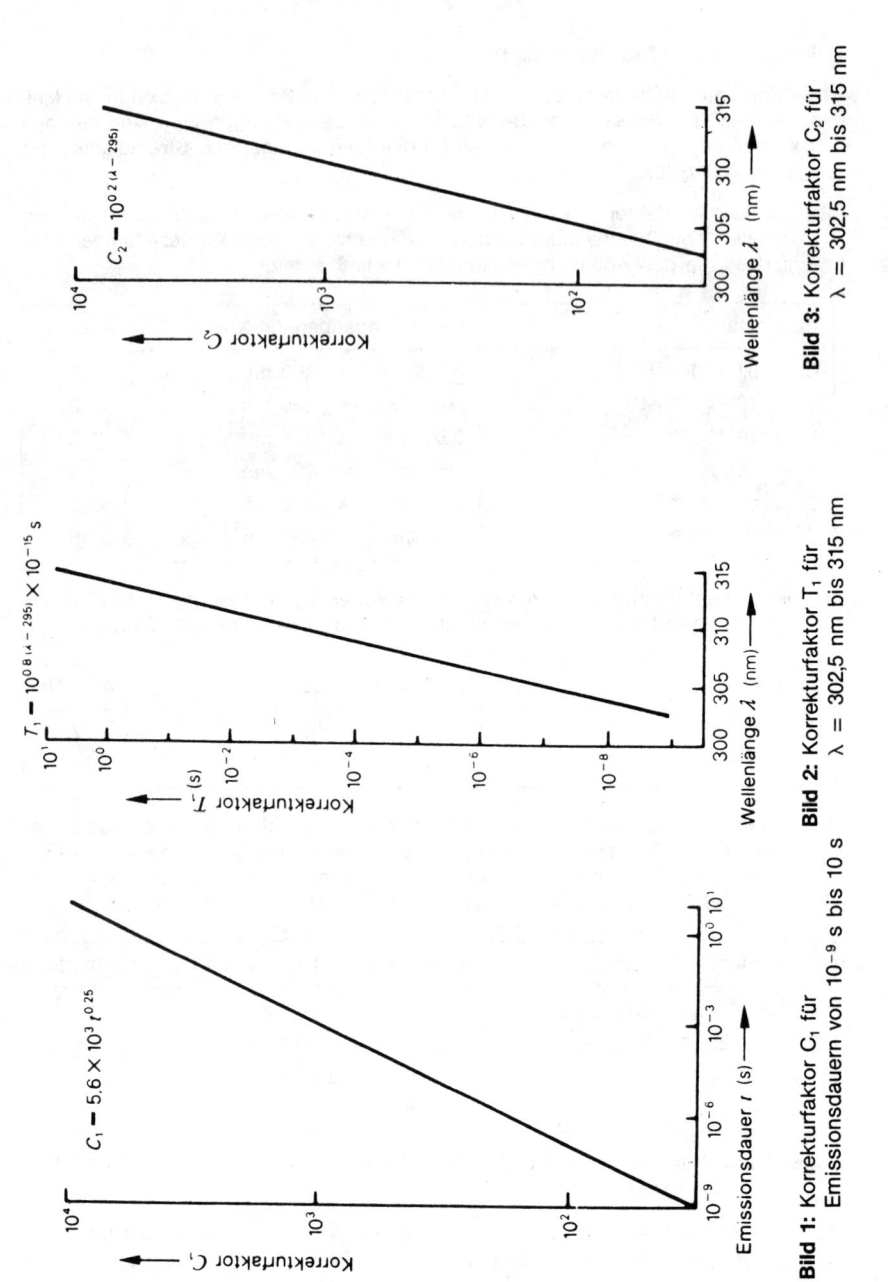

Bild 1: Korrekturfaktor C_1 für Emissionsdauern von 10^{-9} s bis 10 s

$C_1 = 5.6 \times 10^3 \, t^{0.25}$

Bild 2: Korrekturfaktor T_1 für $\lambda = 302{,}5$ nm bis 315 nm

$T_1 = 10^{0.8(\lambda - 295)} \times 10^{-15}$ s

Bild 3: Korrekturfaktor C_2 für $\lambda = 302{,}5$ nm bis 315 nm

$C_2 = 10^{0.2(\lambda - 295)}$

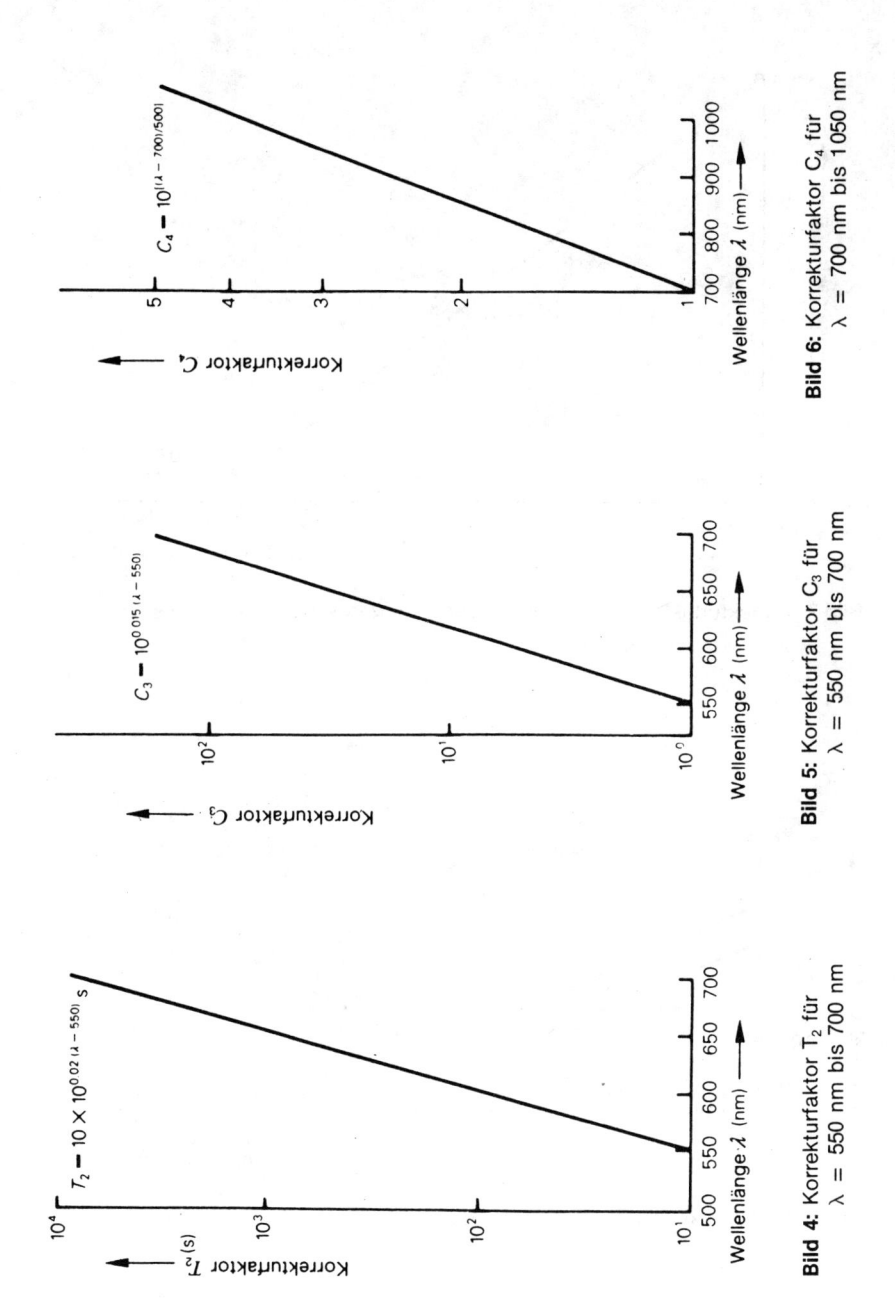

Bild 4: Korrekturfaktor T_2 für
λ = 550 nm bis 700 nm

$T_2 = 10 \times 10^{0,02(\lambda - 550)}$ s

Bild 5: Korrekturfaktor C_3 für
λ = 550 nm bis 700 nm

$C_3 = 10^{0,015(\lambda - 550)}$

Bild 6: Korrekturfaktor C_4 für
λ = 700 nm bis 1050 nm

$C_4 = 10^{(\lambda - 700)/500}$

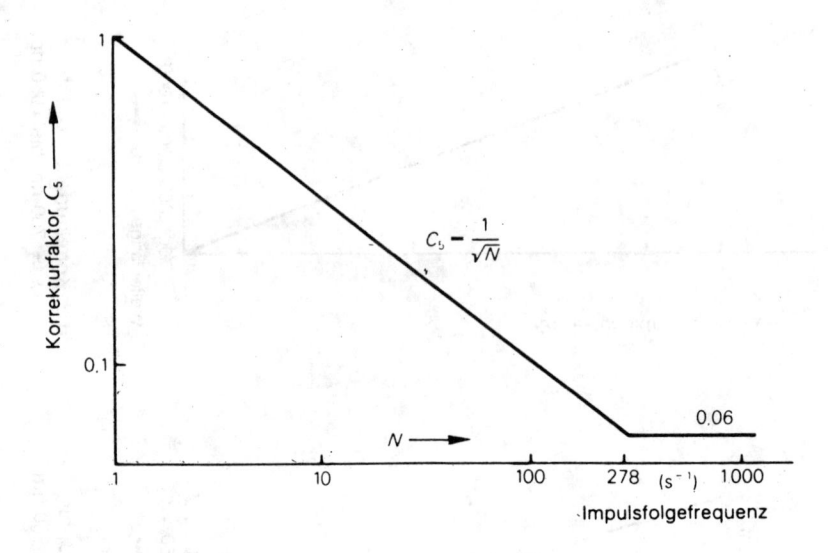

Bild 7: Korrekturfaktor C_5 für Impulsfolgefrequenzen von 1 s bis 1000 s^{-1}

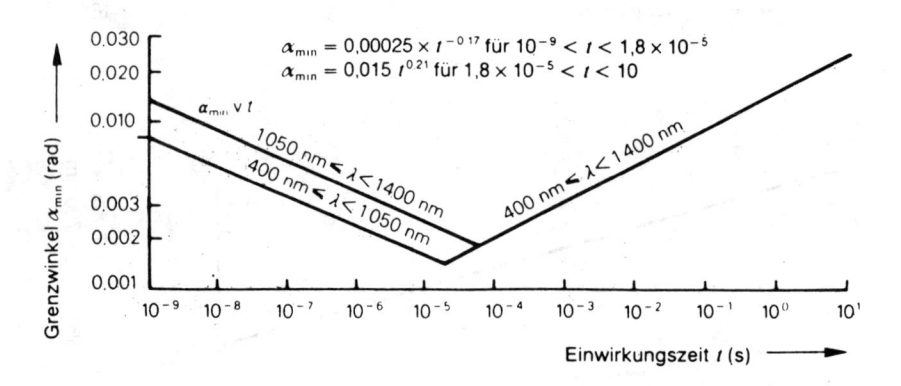

$\alpha_{min} = 0{,}00025 \times t^{-0{,}17}$ für $10^{-9} < t < 1{,}8 \times 10^{-5}$
$\alpha_{min} = 0{,}015\, t^{0{,}21}$ für $1{,}8 \times 10^{-5} < t < 10$

Bild 8: Grenzwinkel (scheinbarer Sehwinkel) α_{min} für λ = 400 nm bis 1400 nm

Anhang 3

Beispiele für die Kennzeichnung der Laserklassen (nach DIN VDE 0837 Abschnitt 5)

Hinweis: Form, Farbe und Gestaltung der Zeichen siehe DIN 4844 „Sicherheitskennzeichnung", Teile 1, 2 und 3.

Laser Klasse 1
a) allgemein

LASER KLASSE 1

b) Zeitbasis 1000 s

LASER KLASSE 1
Zeitbasis 1000 s

Laser Klasse 2

LASERSTRAHLUNG
NICHT IN DEN STRAHL BLICKEN
LASER KLASSE 2

Laser Klasse 3A
a) sichtbare Laserstrahlung

LASERSTRAHLUNG
NICHT IN DEN STRAHL BLICKEN
AUCH NICHT MIT
OPTISCHEN INSTRUMENTEN
LASER KLASSE 3A

b) unsichtbare Laserstrahlung

UNSICHTBARE LASERSTRAHLUNG
NICHT IN DEN STRAHL BLICKEN
AUCH NICHT MIT
OPTISCHEN INSTRUMENTEN
LASER KLASSE 3A

Laser Klasse 3B

a) sichtbare Laserstrahlung

b) unsichtbare Laserstrahlung

LASERSTRAHLUNG
NICHT DEM STRAHL AUSSETZEN
LASER KLASSE 3B

UNSICHTBARE LASERSTRAHLUNG
NICHT DEM STRAHL AUSSETZEN
LASER KLASSE 3B

Laser Klasse 4

a) sichtbare Laserstrahlung

b) unsichtbare Laserstrahlung

LASERSTRAHLUNG
BESTRAHLUNG VON AUGE ODER
HAUT DURCH DIREKTE ODER
STREUSTRAHLUNG VERMEIDEN
LASER KLASSE 4

UNSICHTBARE LASERSTRAHLUNG
BESTRAHLUNG VON AUGE ODER
HAUT DURCH DIREKTE ODER
STREUSTRAHLUNG VERMEIDEN
LASER KLASSE 4

Anhang 4

Bezugsquellenverzeichnis

Nachstehend sind die Bezugsquellen der in den Durchführungsanweisungen aufgeführten Vorschriften und Regeln zusammengestellt:

1. **Gesetze/Verordnungen**

    Bezugsquelle: Buchhandel oder Carl Heymanns Verlag KG, Luxemburger Straße 449, 5000 Köln 41.

2. **Unfallverhütungsvorschriften**

    Bezugsquelle: Berufsgenossenschaft oder Carl Heymanns Verlag KG, Luxemburger Str. 449, 5000 Köln 41.

3. **Berufsgenossenschaftliche Richtlinien und Merkblätter**

    Bezugsquelle: Berufsgenossenschaft oder Carl Heymanns Verlag KG, Luxemburger Str. 449, 5000 Köln 41.

    für Merkblatt „Disco-Laser"

    Bezugsquelle: Berufsgenossenschaft Nahrungsmittel und Gaststätten, Steubenstraße 46, 6800 Mannheim.

4. **DIN-Normen**

    Bezugsquelle: Beuth Verlag GmbH, Burggrafenstraße 6, 1000 Berlin 30.

5. **VDE-Bestimmungen**

    Bezugsquelle: VDE-Verlag GmbH, Bismarckstraße 33, 1000 Berlin 12.

6. **Merkblatt „Lasergeräte in Diskotheken und bei Show-Veranstaltungen" Nr. 00/12/55**

    Bezugsquelle: Bayerisches Staatsministerium für Arbeit und Sozialordnung, Postfach 132, 8000 München 43.

Literatur

Bücher über Laserstrahlenschutz und Sicherheit

D. Sliney, M. Wolbarsht: Safety with Lasers and other Optical Sources, Plenum Press, New York 1985

E. Sutter, P. Schreiber, G. Ott: Handbuch Laserstrahlenschutz, Springer Berlin 1989

DIN-VDE-Taschenbuch: Sicherheitstechnische Festlegungen für Lasergeräte und -anlagen, Beuth, Berlin 1987

A. Mallow, L. Chabot: Laser Saferty Handbook, Van Nostrand 1979

D.C. Winbum: Practical Laser Saferty, Marcel Dekker, New York 1989

M. Nöthlichs, H. Weber: Sicherheitsvorschriften für medizinisch-technische Geräte, Schmidt, Berlin 1988

Bücher über Laserphysik und -technik

J. Eichler, H.-J. Eichler: Laser-Grundlagen, Systeme, Anwendungen, Springer, Berlin 1990

K. Tradowsky: Laser, Vogel, Würzburg 1979

W. Brunner, K. Junge: Lasertechnik, Hüthing, Heidelberg 1987

F. Kneubühl, M. Sigrist: Laser, Teubner, 1989

W. Lange: Einführung in die Laserphysik, Wiss. Buchges., Darmstadt 1983

D. Bimberg: Laser in Industrie und Technik, Expert. Sindelfingen 1985

Anwendungen des Lasers: Spektrum der Wissenschaft, Verlagsgesellschaft 1989

J. Eichler, T. Seiler: Lasertechnik in der Medizin, Springer, Berlin 1991

A. Berlien, G. Müller: Angewandte Lasermedizin, Ecomed, Landsb. 1989

Bücher über allgemeine Optik

L. Bergmann, C. Schäfer: Lehrbuch der Experimentalphysik, Bd III, Optik, Walther de Gruyter, Berlin 1987

G. Schröder: Technische Optik, Vogel, Würzburg 1989

M. Klein, T. Furtak: Optik, Springer, Berlin 1986

Normen und Vorschriften

VBG 93: Unfallverhütungsvorschrift "Laserstrahlung" mit Durchführungsanweissungen, Hauptverband der gewerblichen Berufsgenosenschaften, Carl Heymanns Verlag, 1988

DIN VDE 0837: Strahlungssicherheit von Lasereinrichtungen, Klassifizierung von Anlagen, Anforderungen, Benutzer-Richtlinien, Beuth, Berlin

DIN 58 215: Laserschutzfilter und Laserschutzbrillen, Sicherheitstechnische Anforderungen und Prüfung, Beuth, Berlin

DIN 58 219: Laser-Justierbrillen; Sicherheitstechnische Anforderungen und Prüfung, Beuth, Berlin

DIN VDE 0836: VDE-Bestimmungen für die elektrische Sicherheit von Lasergeräten und -anlagen. Beuth, Berlin

DIN VDE 0835: Leistungs- und Energie-Meßgeräte für Laserstrahlung, Beuth, Berlin

DIN 56 912: Sicherheitstechnische Anforderungen für Bühnenlaser und Bühnenlaseranlagen, Beuth, Berlin

DIN 58 126, Teil 6: Sicherheitstechnische Anforderungen für Lehr-, Lern- und Ausbildungsmittel-Laser, Beuth, Berlin

DIN VDE 0750, Teil 226 (Entwurf): Medizinische elektrische Geräte - Diagnostische und therapeutische Lasergeräte - Besondere Festlegungen für die Sicherheit, Beuth. Berlin

Merkblatt: Lasergeräte in Diskotheken und bei Show-Veranstaltungen, Nr. 00/12/55, Bayrisches Landesinstitut für Arbeitsschutz, Pfarrstr. 3, 8000 München 2

Merkblatt: Disco-Laser, ASI-Information, 8.70/79 D-Las, Berufsgenossenschaft Nahrungsmittel und Gaststätten, Dynamostr. 7-9, 6800 Mannheim 1971

Merkblatt: Disco, Gefahr für Auge und Ohr?, Zentralstelle für Sicherheitstechnik, Uhlenbergstr. 127-131, 4000 Düsseldorf

Allgemeine Normen und Vorschriften

EX-RL: Richtlinien für die Vermeidung der Gefahren durch explosionsfähige Atmosphäre mit Bespielsammlung - Explosionsschutz - Richtlinien - (EX-RL) (ZH 1/10), Carl Heyermann Verlag

Verordnung über den Schutz von Schäden durch Röntgenstrahlung von 8.1.1987, BGBl. 1, Nr. 3, S. 114-134, Bundesanzeiger-Verlag, Köln 1987

Gesetz über technische Arbeitsmittel (Gerätesicherheitsgesetzt) vom 24.06.68, geändert am 18.02.1986, BG l. I, S. 272, Bundesanzeiger Verlag, Köln 1986

DIN 31 000 (VDE 1005): Allgemeine Leitsätze für das sicherheitsgerechte Gestalten technischer Erzeugnisse, Beuth, Berlin

DIN 4646, Teil 1: Sichtscheiben für Augenschutzgeräte-Grundlagen, Anforderungen, Maße, Kennzeichnungen, Beuth, Berlin

DIN VDE 0871 Teil 1 (Entwurf): Funk-Entstörung von Hochfrequenzgeräten für industrielle, wissenschaftliche, medizinische und ähnliche Zwecke, Beuth, Berlin

DIN 57 875 Teil 3 (Entwurf): Funk-Entstörung von elektrischen Betriebsmitteln und Anlagen, Beuth, Berlin

DIN VDE 0843 Teil 1 bis 4 (IEC 801): Elektromagnetische Verträglichkeit von Meß-, Steuer- und Regeleinrichtungen in der industriellen Prozeßtechnik, Beuth, Berlin

DIN VDE 0848 Teil 2 (Entwurf): Gefährdung durch elektromagnetische Feder-Schutz von Personen im Frequenzbereich von 0 Hz bis 3000 GHz, Beuth, Berlin

Sicherheit und Materialbearbeitung

G. Müller, H. Berlien, R. Hagemann: in Sicherheitstechnik in der Materialbearbeitung, VDI-Verlag, Düsseldorf (1990)

H. Haferkamp, F. Bach, T. Vinke, J. Wittberger: Ermittlung der Schadstoffemission beim thermischen Trennen nach dem Laserprinzip, Forschungsbericht der Bundesanstalt für Arbeitsschutz (Fb 615), Verlag für neue Wissenschaft, Bremerhaven (1990)

VDI-Expertengespräch: Sicherheitstechnik und Gesundheitschutz in der Laseranwendung, VDI (1990)

Stichwortverzeichnis

A
Abschirmungen	188
Absolutgeräte	74, 80
Absorptionsgrad	68
Additive Wirkung	142
Aerosole	201
Alexandrit-Laser	43
Argonlaser	31
Auge, Anatomie	103
Auge, opt. Daten	113
Augenlinse, Transmission	116
Ausgedehnte Quelle	130
Ausgedehnte Quelle, Auge	111

B
Baumaßnahmen	182
Belehrung, Beschäftigte	185
Beryllium	200
Bestrahlung	64
Bestrahlungsstärke	63
Bestrahlungsstärke, Brille	169
Beton	71
Betrieb von Lasern	179
Beugung	55
Beugung, Auge	108
Bilderzeugung, Auge	107
Bildwandler	79
Bilogische Wirkung	93
Biostimultaion	102
Bolometer	73
Brandschutz	193, 201
Brechzahl, Auge	105
Brennweite, Auge	104
Brillen	167
Brillenfassung	175
Bühnenlaser, MZB	197
Bühnenlaserbereich	196

C
Cavity-dumping	58
CCD-Anordnung	77
Chemikalien, toxische	194
Chemische Laser	27
CO	200
CO-Laser	26
CO_2-Laser	23
CO_2-Laser, Strahlenschutz	189
Cornea, Absorption	115
Cr:Nd:GSGG-Laser	40

D
Detektoren	76
Diffuse Streuung	69
DIN-Normen	203
Diodengepumpte Laser	41
Divergenz	54
Druckwelle	101

E
Eindringtiefe, Ablation	98
Eindringtiefe, Auge	112
Eindringtiefe, Haut	89
Elektrische Feldstärke	100
Elektrische Sicherheit	199
Elektronenlaser	50
Empfindlichkeit, Auge	106
Empfindlichkeit, Detektor	77
Energiedichte	64
Energiemessung	80
Erbiumlaser	42
Erweiterter Laserbereich	153
Excimerlaser	35
Excimerlaser, Strahlenschutz	189
Explosionsschutz	193, 201

F
Farbstofflaser	45
Farbzentrenlaser	44
Faseroptik	150, 196
Faseroptik, Verdampfen	200

Ferninfrarotlaser	22	J	
Festkörperlaser	36	Jodlaser	30
Filter, optische	73	Justierbrillen	178
Fliesen	71	K	
Fokussierung	55	Kadmiumlaser	33
Freie-Elekronen-Laser	50	Karbonisierung	96
G		Kavitation	101
GaAlAs-Laser	48	Klasse 1 bis 4	157
Gauß-Verteilung	53	Klassifizierung, Laser	160
Gewebe, opt. Verhalten	83	Koagulationszone	97
Gewebe, therm. Verhalten	90	Kryptonlaser	33
Glas	189	Kunststoffe, Brennen	193
Glas, Reflexion	68	Kunststoffe, Strahlenschutz	189
Glas, Transmission	72		
Glaslaser	41	Kupferlaser	29
Golay-Detektor	76	L	
Goldlaser	29	Laboreinrichtungen, Strahlenschutz	186
Grenzapertur, MZB	154		
Grenzwerte, Experimente	123	Laser-Justierbrillen	178
Grenzwerte, Messungen	153	Laseranwendungen	20
Grenzwinkel	130	Laserbereich	146,152
GSGG-Laser	40	Laserbrillen	167
Güteschaltung	57	Laserdioden	48, 150
H		Laserinduzierter Durchbruch	100
Halbleiter-Detektoren	76		
Halbleiterlaser	48	Laserklassen	155
Haut, opt. Verhalten	88	Laserklassen, Messungen	164
He-Cd-Laser	34	Laserschilder	162
He-Se-Laser	34	Lasershow	197
HF-Laser	28	Lasertypen	14,22
Holmiumlaser	42	Leistungsdichte	63
Hornhaut, Absorption	115	Leistungsmesser	74
I		Lichtwellenleiter	196
Informationstechnik, Strahlenschutz	195	M	
		MAK	201
Infrarotlaser	22	Materialbearbeitung, Strahlenschutz	187
InGaAsP-Laser	48		
Installationen, Laser	182	Materialien, Laserwirkung	200
Instandhaltung, Laser	181	Materialien, Reflexion	71
Integrierte Strahldichte	66	Materialien, Transmission	72
Ionenlaser	31	Maximal zulässige Bestrahlung	125
IR-Strahlung, Auge	114,121		
Isotrope Streuung	70		

Maximale Arbeitsplatzkonzentration	201
MedGV	190
Medizin, Strahlenschutz	190
Medizingeräteverordnung	190
Metalldampflaser	28
Metalle, opt. Verhalten	68
Meßgeräte	74
Meßtechnik, Strahlenschutz	195
Mode-locking	59
Moden	51
Modenkopplung	59
Molekülllaser	22
MZB	126
MZB, Auge	136
MZB, direkter Laserstrahl	126
MZB, Experimente	123
MZB, Haut	137
MZB, Wellenlängen	140
MZB, Pulse	142
MZB, Punktquellen	126
MZB, Streustrahlung	130
MZB, Tabelle	129, 132
MZB, Auge	126

N

Nachtsehen	107
Nd-Laser, Strahlenschutz	189
Nd:YAG-Laser	38
Nd:YLF-Laser	40
Ne-Ne-Laser	28
Nedodymlaser	38
Nekrosezone	95
Netzhaut, Absorption	117
Netzhaut, Bestrahlung	109
Normen, Ausland	206
Normen, DIN, VDE	203

O

OP-Besteck	192
Operationssaal	194
Optische Dichte	73
Optische Dichte, Brillen	168
Optische Strahlung, sekundäre	199
Organisation, Strahlenschutz	183

P

Photoablation	98
Photoablation, Auge	123
Photochemische Wirkung	102
Photodiode	77
Photodisruption	100
Photodisruption, Auge	122
Photometrische Größen	62
Photomultiplier	79
Photowiderstand	77
Plexiglas	72,189
Porzellan	71
Pulsauskopplung	58
Pulse, Laserklassen	161
Pulse, Schutzbrille	172
Pulsfolgen, MZB	142
Pupille, Auge	105
Pyroelektrische Empfänger	76

Q

Q-switch	57

R

Radiometrische Größen	61
Reflexion, Gewebe	85
Reflexionsgrad	67
Resonator	51
Roboter, Laser	190
Rubinlaser	37
Röntgenlaser	50
Röntgenstrahlung	200

S

Scanner	179,198
Schamotte	71, 200
Schilder	162
Schockwelle	101
Schulen, Strahlenschutz	198
Schutzbrille	73
Schutzbrillen	167
Schutzfilter	73,167
Schutzstufe, Justierbrille	178

Schutzstufen, Brillen	168	Transmissionsgrad	72
Schwächung, Atmosphäre	147	Türkontakt	191
Schädigung, Auge	112	Türschalter	191
Sekundäre Gefahren	199	**U**	
Selenlaser	33	Ultrakurze Pulse	47
Sicherheitsabstand	146	Unfall, Maßnahmen	186
Sicherheitsbelehrung	185	Unfallverhütungsvorschrift	
Sicherheitsmaßnahmen	180	VBG 93	207
Sichtfenster	177	Untersuchung,	
Sklera, opt. Eigenschaften	116	Beschäftigte	185
Stickstofflaser	34	US-Strahlung, senkundäre	200
Strahlablenker	179,198	UV-Moleküllaser	34
Strahldichte	64	UV-Strahlung, Auge	114,118
Strahldurchmesser	54	Uvea, Absorption	117
Strahlenschutz	125,179	**V**	
Strahlenschutzkurse	184	Vakuumpdiode	79
Strahlfänger	179	VBG 93	207
Strahlschutzbeauftragter	183	Veranstaltungstechnik,	
Strahlungsenergie	62	Strahlenschutz	196
Strahlungsleistung	62	Verdampfung, Gewebe	96
Streuung	69	Verputz	71
Streuung, Gewebe	83	Vibronische	
Stäube	201	Festkörperlaser	42
T		**W**	
Tagsehen	107	Warnlampen	191
TEA-Laser	36	Warnschilder	162
TEMoo-Mode	53	Wartung, Laser	181
Tempax	72,189	Wechselwirkung,	
Temperatur, Gewebe	92	biologische	93
Thermische Detektoren	76	Wellenleiterlaser	24
Thermoelemente	76	Wände, Reflexion	71
Ti:Saphir-Laser	44	**Z**	
Toxische Gase	201	Zuschauerbereich	196
Transmission, Brillen	168		